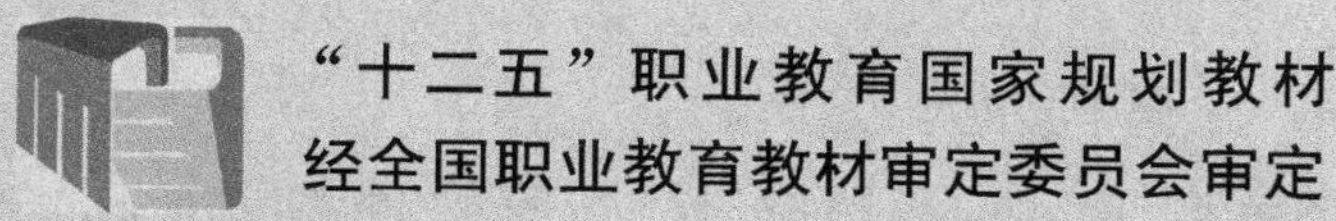

"十二五"职业教育国家规划教材
经全国职业教育教材审定委员会审定

高等职业院校教学改革创新示范教材·软件开发系列

JavaEE
主流开源框架
第2版

主　编　唐振明
副主编　王晓华　修雅慧　徐志立

電子工業出版社
Publishing House of Electronics Industry
北京·BEIJING

内 容 简 介

目前，很多企业应用中都会使用各种框架技术，其中Struts2、Hibernate、Spring是三个常用的Java EE开源框架，掌握这些主流框架技术是很多企业对开发人员的基本要求。本书将这三大框架"一网打尽"，是一把开启Java EE开源框架世界的钥匙。本教材主要分为三个部分，每部分学习一个框架，而每部分却不是孤立的，教材使用一个案例贯穿始终。在每个部分，都将结合学习到的新技能不断修改完善案例，直到最终将三大框架都应用到了案例当中，能够帮助读者深入理解三大框架如何应用在真实应用中。

本书适合各层次的Java EE开发人员阅读。

图书在版编目（CIP）数据

JavaEE主流开源框架 / 唐振明主编. —2版. —北京：电子工业出版社，2014.8
"十二五"职业教育国家规划教材

ISBN 978-7-121-23920-5

Ⅰ. ①J… Ⅱ. ①唐… Ⅲ. ①JAVA语言—程序设计—高等职业教育—教材 Ⅳ. ①TP312

中国版本图书馆CIP数据核字（2014）第172900号

策划编辑：程超群
责任编辑：郝黎明
印　　刷：北京京华虎彩印刷有限公司
装　　订：北京京华虎彩印刷有限公司
出版发行：电子工业出版社
　　　　　北京市海淀区万寿路 173 信箱　邮编 100036
开　　本：787×1 092　1/16　印张：18.25　字数：467 千字
版　　次：2011 年 10 月第 1 版
　　　　　2014 年 8 月第 2 版
印　　次：2018 年 1 月第 6 次印刷
定　　价：39.00 元

凡所购买电子工业出版社图书有缺损问题，请向购买书店调换。若书店售缺，请与本社发行部联系，联系及邮购电话：（010）88254888，88258888。

质量投诉请发邮件至 zlts@phei.com.cn，盗版侵权举报请发邮件至 dbqq@phei.com.cn。

本书咨询联系方式：（010）88254577，ccq@phei.com.cn。

当我翻阅了“中软国际卓越人才培养系列丛书”后，不禁为这套丛书的立意与创新之处感到欣喜。教育部“卓越工程师教育培养计划”有三个主要特征：一是行业企业深度参与培养过程；二是学校按通用标准和行业标准培养工程人才；三是强化培养学生的工程能力和创新能力。这套丛书紧紧围绕“卓越计划”的要求展开，以企业人才需求为前提，同时又充分考虑了高校教育的特点，能让企业有效参与高校培养过程，是一套为“卓越计划”量身打造的丛书。

丛书的设计理念紧扣中软国际ETC的“5R”理念，即真实的企业环境、真实的项目经理、真实的项目案例、真实的工作压力、真实的就业机会，切实地将企业真实需求展现给读者。丛书中的知识点力求精简、准确、实用，显然是编著者经过反复推敲并精心设计的成果。丛书中对企业用之甚少的知识点，都进行了弱化，用较少篇幅讲解，而对于企业关注的知识点，都使用非常详尽的内容进行学习。这样的设计对初学者尤其是在校学生非常必要，能够节省很多学习时间，在有限的时间内学习到企业关注的技能，而不是花费很多精力去钻研并不实用的内容。

丛书非常强调“快速入门”这一法宝，能够对某门技术“快速入门”永远是激发学习兴趣的关键。丛书设计了很多“快速入门”章节，使用详尽丰富的图示以及代码示例，保证读者只要根据丛书的指导进行操作，就能够尽快构建出相关技术的实例。

丛书非常注重实际操作，很多知识点都是从提出问题引出，从而在解决这个问题的过程中讲解相关的技能。丛书中没有大篇幅的理论描述，尽力用最通俗、最简练的语言讲解每一个问题，而不是“故作高深”地使用很多新名词。

非常值得一提的是，丛书配备了对应的PPT讲义，并将PPT讲义显示到了相应章节，这种形式令人耳目一新。首先能起到提纲挈领的作用，帮助读者快速了解每个章节的主要内容，掌握完整的知识体系。另外，这种方式非常适合在高校教学中使用，能够完全与教材同步，方便学生课后复习及课前预习，可以有效提高教学效果。

这套丛书是中软国际多年行业经验的积累和沉淀，也是众多编者智慧与汗水的结晶，一定能在校企合作的道路上发挥积极长远的作用。

国家示范性软件学院建设工作办公室副主任
北京交通大学软件学院院长

“框架”一词是很长一段时间来，在 Java EE 开发领域炙手可热的一个名词。目前存在很多种框架技术，能够有效解决 Java EE 应用开发中很多通用的问题，其中 Struts2、Hibernate 以及 Spring 是目前使用较多的三个框架，每个框架专注于解决不同的问题，非常有代表性。本书将这三个框架“一网打尽”，提取每个框架中常用的内容，旨在帮助读者在有限时间内，能够掌握这三个框架在企业应用中最常用的功能，从而胜任 Web 应用开发。

Struts2 框架是一个 MVC 框架；Hibernate 框架是一个 ORM 框架；而 Spring 框架是一个综合性的框架，是一个轻量级的解决方案。这三个框架往往各司其职，在应用中的不同层面发挥作用。本书分为三个部分，每个部分学习一个框架，而这三个部分并不是互相独立的，而是设计了一个“教材案例”将这三部分联系在一起。在教材的第一部分，设计了一个“教材案例”，这个案例没有复杂的业务逻辑，主要作用是辅助学习相关知识点。第一部分结束，使用了 Struts2 框架以及 JDBC 技术实现了这个案例。第二部分学习 Hibernate，使用 Hibernate 框架替代了 JDBC 编程，完善了“教材案例”。第三部分学习 Spring，使用 Spring 框架整合了 Struts2、Hibernate，使得最终的“教材案例”中使用了三个框架进行实现。这样的设计和编写思路，能够帮助读者真正理解每个框架的作用，能够正确选择合适的框架解决问题。

编者认为，“快速入门是提高兴趣的捷径”。框架是相对比较复杂的技术，如果能帮助读者快速搭建其开发运行环境，并顺利部署运行成功第一个应用，那无疑会有效地提高读者兴趣。有了学习兴趣，掌握相关技术将不再是一件难事。教材中处处围绕这个思路展开，任何一个新的知识点，都尽量避免过于冗长的理论铺垫，而是先从简单的实例开始。相关实践步骤都配有详细截图和代码说明，能够帮助读者从“使用”开始，保证较好的学习效果。

本书配套的 PPT 也显示在对应的章节，这样的设计能够帮助读者快速了解每个章节的主要内容，起到提纲挈领的作用，也能够帮助读者建立一个完整的知识结构，而不仅仅是掌握了一些凌乱的知识点。另外，这样的设计也使得本书非常适合作为高校中 Java EE 主流框架相关课程的教材，能够方便教师授课，保证授课思路及内容与教材完全匹配、完全同步，从而达到较好的教学效果。另外，附录部分提供了企业关注的技能点，并从企业的角度给予了解析，能够帮助读者进一步整理书中内容，掌握企业需要的技能。

本书所有配套讲义、源代码及视频均可到华信教育资源网（www.hxedu.com.cn）免费下载。

“中软国际卓越人才培养系列丛书”由中软国际唐振明担任丛书主编。本书由王晓华、修雅慧、徐志立、李沁蓉、万安琪、高飞、程涛等编写，由王晓华统编和定稿。

在编写本书的过程中，得到了很多领导、同事以及朋友的帮助。感谢中软国际的所有领导以及 CTO 办公室的所有同事，是他们的帮助、鼓励以及支持才有这本书的问世。感谢电子工业出版社的编辑们，如果没有他们的辛苦工作以及真诚建议，这本书的出版将不会这么顺利。

由于编者水平有限，也由于时间仓促，书中一定存在一些不尽如人意的地方，甚至会有一些错误。如果您发现了任何内容方面的问题，烦请一定通知我们（wangxh@chinasofti.com），我们将争取尽快勘误。

编　者

第一部分 Struts2 框架

第二部分 Hibernate 框架

第三部分 Spring 框架

第一部分

Struts2 框架

如果精通 Servlet/JSP 等组件技术，就可以使用 Java EE 技术开发企业级 Web 应用。然而，Web 应用中有很多通用的功能，如页面跳转、输入页面的信息回显、用户输入信息校验等，如果使用 Servlet/JSP 技术实现这些通用功能，需要很多重复的代码，从而导致代码冗余、维护困难等后果。随着技术的发展，很多社区和开源组织开发了不同的 MVC 框架。

目前有很多 MVC 框架，其中 Struts 框架是一个被广泛使用的开源框架。本教材的第一部分将学习 Struts 框架的第二个版本，即 Struts2。Struts2 的前身并不是 Struts1，而是另一个优秀的 MVC 框架 WebWork，Struts2 综合了 Struts1 和 WebWork 两大框架的优点。

本部分从 Struts2 框架的工作原理开始学习，首先通过简单例子，帮助读者快速上手。Struts2 框架的最大改变是 MVC 中的控制器部分，Struts2 的控制器包括过滤器、拦截器、Action 三种组件，教材中将深入学习控制器的配置使用以及如何进行自定义开发。其中，Action 是 Struts2 应用中使用最为广泛的控制器，被称为业务控制器。本部分将详细学习 Action 有关的知识点，包括如何创建 Action 类、如何配置 Action、Action 类如何封装请求参数，以及 Action 类与 Servlet API 交互等。Struts2 框架对国际化、输入校验、类型转换、Ajax 技术都进行了支持，本部分将结合实例学习相关知识点。Struts2 可以支持多种视图技术，包括 JSP、FreeMarker、Velocity，框架对这些模板技术提供了功能强大的标签库，使得视图开发更为便捷。

本部分并不想“面面俱到”地罗列 Struts2 的所有功能和特征，而是尽量简洁地讲解在实际开发中常用的技术点，以帮助读者在短时间内掌握 Struts2 框架中的核心功能，能够快速胜任 Struts2 应用开发。

第 1 章

Struts2 快速入门

Struts2 是在 WebWork 基础上发展起来的一个新的 MVC 框架，与 Struts1 没有太多关系。本章将通过简单案例帮助读者快速理解 Struts2 框架的工作原理、开发部署步骤以及主要优点。

1.1 Struts2 概述

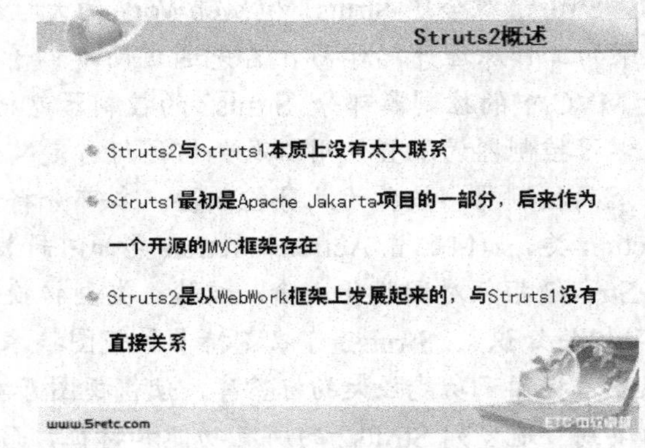

从名称上看，Struts2 应该是 Struts1 版本的扩展和升级。实际上，Struts2 和 Struts1 没有太多的关系。

Struts1 最初是 Apache Jakarta 项目的一部分，后来作为一个开源的 MVC 框架存在。Struts1 曾经被很多 Web 应用采用，作为构建 MVC 的基础框架使用。Struts1 最大的特点是提供了 JSP 标记库以及页面导航。

Struts2 是从 WebWork 框架上发展起来的。WebWork 是一个很优秀的 MVC 框架，然而，由于是一个新的框架，在一段时间内并没有被广泛应用。后来，Struts 和 WebWork 社区决定将二者合并，推出 Struts2 框架。Struts2 兼具 Struts1 和 WebWork 的优点，从而得到了广泛的使用。

为了尽快对 Struts2 框架有较为全面的了解，本节首先介绍 Struts2 的工作原理。Struts2 工作原理比较复杂，图 1-1-1 是官方提供的 Struts2 工作原理图。

下面结合图 1-1-1 展示的 Struts2 工作原理，对 Struts2 的基本工作过程进行总结：

（1）客户端向服务器端提交请求，容器初始化 HttpServletRequest 请求对象。

（2）请求对象被一系列的 Servlet 过滤器过滤。Struts2 中的过滤器有三种，如下所述：

① ActionContextCleanUp 过滤器：是一个可选的过滤器，主要用来集成其他框架。

② 其他插件的核心过滤器：如 SiteMesh 插件的过滤器。

③ FilterDispatcher 过滤器：是 Struts2 API 中提供的过滤器，必须使用。

（3）FilterDispatcher 过滤器调用 ActionMapper，决定该请求是否需要调用某个 Action。

（4）如果请求需要调用某个 Action，ActionMapper 将通知 FilterDispatcher 过滤器把请求的处理交给 ActionProxy 来处理。

（5）ActionProxy 通过 Configuration Manager 解析框架的配置文件 struts.xml，找到需要调用的 Action 类。

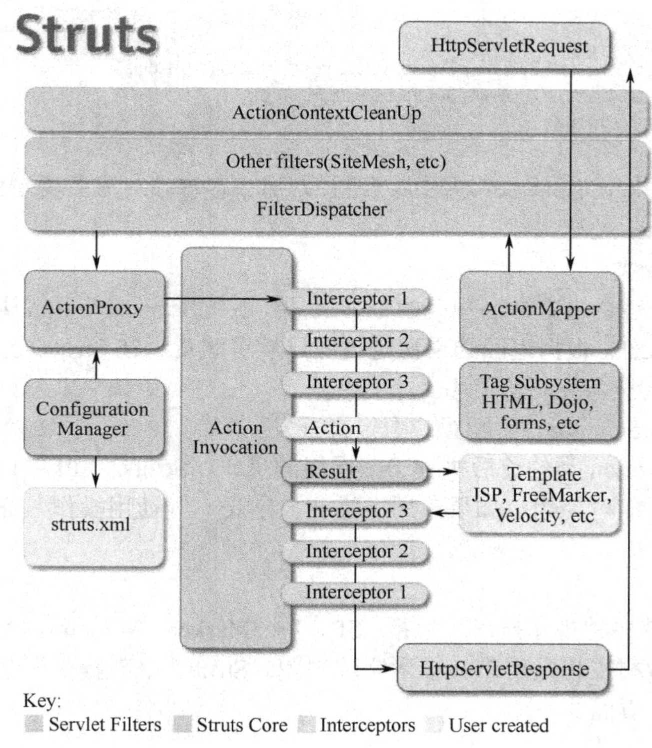

图 1-1-1　Struts2 工作原理

（6）ActionProxy 将创建一个 ActionInvocation 实例。

（7）ActionInvocation 实例使用命令模式回调 Action 中的 execute 方法，Action 调用业务逻辑类完成业务逻辑。在调用 Action 的前后，将调用该 Action 涉及的相关拦截器（Interceptor）。

（8）Action 执行完毕后，ActionInvocation 根据 struts.xml 中的配置找到对应的返回结果（称为 Result）。返回结果通常是 JSP、FreeMarker 等模板文件。

在阐述 Struts2 工作原理的过程中，涌现了很多新名词，如拦截器、返回结果等，读者暂时不需要深入考虑，在后续章节将继续详细学习。

为了帮助读者快速入门 Struts2 开发，下面总结 Struts2 应用开发过程中开发人员需要做的主要工作。

（1）Model 层开发。

Struts2 框架对于 Model 层没有特别要求，也没有特殊支持，Model 层可以使用任何开发技术实现，如 JavaSE 的普通 Java 类（POJO）、EJB 组件、WebService 等。Model 层的业务逻辑往往使用 Action 类调用。

（2）在 web.xml 中配置 FilterDispatcher。

FilterDispatcher 是 Struts2 中的核心控制器，在 Struts2 API 中已经定义。在 Struts2 应用中，必须通过 web.xml 配置 FilterDispatcher 过滤器，代码如下所示：

```
      <filter>
          <filter-name>FilterDispatcher</filter-name>
      <filter-class>org.apache.struts2.dispatcher.FilterDispatcher</filter-
class>
      </filter>
   <filter-mapping>
          <filter-name>FilterDispatcher</filter-name>
          <url-pattern>/*</url-pattern>
      </filter-mapping>
```

上述配置中将 FilterDispatcher 映射到/*路径，那么客户端对服务器端的任何路径的请求，都将被 FilterDispatcher 过滤。

（3）开发 Action 类。

Action 类是一个符合一定命名规范的 JavaSE 类，不是 Servlet。Action 实现的功能与 Servlet 类似，承担调用 Model、根据返回结果决定页面导航等职责。在 Struts2 应用中，需要编写大量的 Action 类，作为业务控制器使用。

（4）拦截器（Interceptor）的配置或自定义开发。

拦截器用来在 Action 类的前后执行一些通用的操作，Struts2 API 中已提供了常用的拦截器，只需要进行配置即可使用。如果应用中需要自定义一些通用操作，需要自定义拦截器，并通过配置使用。

（5）开发视图。

Struts2 可以支持多种视图技术，包括 JSP、FreeMarker、Velocity。目前，使用较多的仍然是 JSP 技术，本教材中也采用 JSP 技术实现视图。Struts2 框架提供了强大的 JSP 标记库，可以便捷地开发 JSP 页面。

1.2　Struts2 简单实例

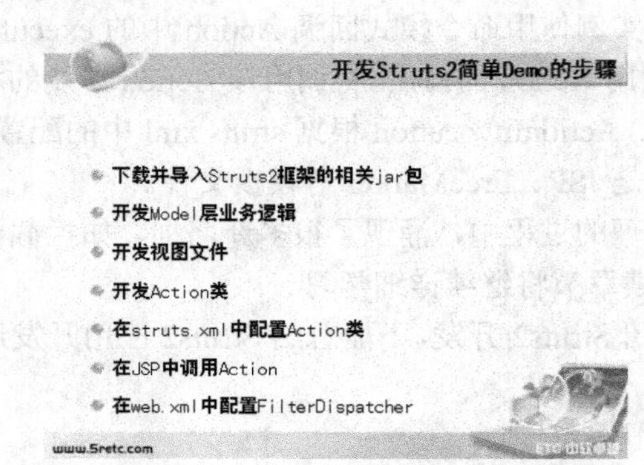

通过上一节的学习，读者已经了解 Struts2 基本概念以及工作原理，并且对 Struts2 应用开发中的主要工作也有所了解。本节将构建简单的 Struts2 实例，该实例实现如下逻辑：用户在

index.jsp 中输入用户名和密码，如果用户名和密码是 ETC 和 123，则登录成功，显示欢迎页面 welcome.jsp；否则，登录失败，跳转到 index.jsp 页面。该实例不注重业务逻辑，主要目的是帮助读者快速掌握开发 Struts2 应用的步骤。

（1）到 Struts 官方网站下载 Struts 的 jar 包（http://struts.apache.org/）。

（2）将下载到的 jar 包导入到 Web 工程中。

Struts2 框架有很多 jar 包，某些包是和其他插件有关的。如果将全部 jar 包都导入到工程中，需要同时导入其他插件的 jar 包，否则将出现错误。如果不需要使用其他插件，仅导入下面 5 个 jar 包即可实现 Struts2 的基本功能，如图 1-1-2 所示。

（3）开发 Model 层业务逻辑。

导入所需要的 jar 包后，下面使用 Java 类实现 Model 层的登录逻辑，代码如下所示：

```
public class LoginService {
   public boolean login(String custname,String pwd){
       if(custname.equals("ETC")&&pwd.equals("123")){
           return true;
       }else{
           return false;
       }}}
```

（4）开发视图文件。

完成业务逻辑后，进一步可以开发视图文件，视图使用 JSP 实现。JSP 文件中可以使用 Struts2 框架提供的 JSP 标记库，使用 Struts2 的标记与使用 JSTL 的标记步骤相同。Struts2 标记库只有一个 tld 文件，存在于 struts2-core.jar 包的 META-INF 目录下，如图 1-1-3 所示。

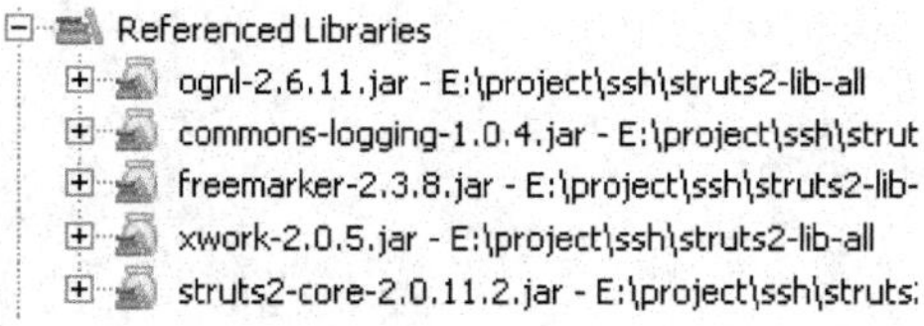

图 1-1-2　导入 Struts2 的 5 个核心包

图 1-1-3　struts-tags.tld 文件所在目录

首先编写 index.jsp 文件，用来输入用户名和密码进行登录，代码如下所示：

```
<body>
  <%@taglib uri="/struts-tags" prefix="s" %>
   <s:form action="">
     Input your custname:<s:textfield name="custname"></s:textfield><br>
      Input your password:<<s:password name="pwd"></s:password><br>
      <s:submit value="Login"></s:submit>
  </s:form>
</body>
```

上述代码中使用了 Struts2 框架的标记库来构建表单，如<s:textfield>表示文本框，<s:password>表示密码框。

接下来编写 welcome.jsp 文件，当登录成功后，显示欢迎信息，代码如下所示：

```
<body>
   Welcome,${param.custname}
 </body>
```

欢迎页面将显示登录的用户名，使用 EL 显示请求参数 custname 的值。

（5）定义 Action 类，调用业务逻辑，返回结果视图。

业务逻辑和视图都完成后，需要创建控制器，将二者联系起来，Action 是 Struts2 使用的业务控制器。Action 类不需要继承或实现任何父类或接口，只要遵守某些命名规范即可：如果该 Action 类是通过表单提交调用，且 Action 类中需要使用表单提交的请求参数，那么必须在 Action 类中声明与表单域的名字对应的变量，并为变量提供 getters/setters 方法；Action 类中必须有一个 public String execute(){}形式的方法，该方法将在访问 Action 时被 Struts2 框架自动调用，实现控制逻辑。

下面创建 LoginAction 类，调用 Model 中的登录逻辑，并根据登录结果不同而返回不同的结果，代码如下所示：

```
public class LoginAction {
    private String custname;
    private String pwd;
    public String getCustname() {
        return custname;
    }
    public void setCustname(String custname) {
        this.custname = custname;
    }
    public String getPwd() {
        return pwd;
    }
    public void setPwd(String pwd) {
        this.pwd = pwd;
    }
    public String execute(){
        LoginService ls=new LoginService();
        boolean flag=ls.login(custname, pwd);
        if(flag){
            return "success";
        }else{
            return "fail";
        }}}
```

可见，由于 LoginAction 类通过 index.jsp 中的表单提交请求，且 LoginAction 类中需要使用登录表单的请求参数值，所以 LoginAction 类中声明了与 index.jsp 中表单元素对应的属性 custname 和 pwd，并提供了 getters 和 setters 方法。在 LoginAction 类的 execute 方法中，可以直接使用请求参数 custname 和 pwd，不需要像 Servlet 中那样使用 request.getParameter 方法获取。请求参数的赋值过程将在后面章节学习。execute 方法通过调用 LoginService 类中的 login 方法进行登录验证，登录成功返回 success 字符串，否则返回 fail 字符串。

（6）在 struts.xml 中配置 Action 类。

前面的步骤已经创建了 Action 类 LoginAction，但必须在 struts.xml 中进行配置才能使用。在 Web 工程的 src 文件夹下，创建 struts.xml 文件，如图 1-1-4 所示。

框架在加载自定义的 struts.xml 文件前，会先加载框架自带的配置文件 struts-default.xml，所以首先了解一下 struts-default.xml 文件。struts-default.xml 文件存在于 struts2-core.jar 包中，定义了 Struts2 的基本配置信息，定义了名字为 struts-default 的包。struts-defualt.xml 的部分配置信息如下：

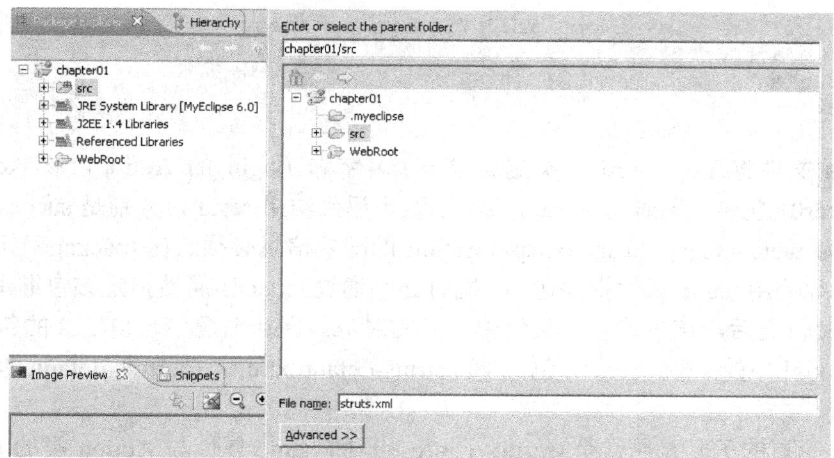

图 1-1-4　在 src 目录下创建 struts.xml 文件

```
    <package name="struts-default" abstract="true">
    <result-types>
    <result-type name="chain" class="com.opensymphony.xwork2.ActionChainResult"/>
    <result-type
name="dispatcher"class="org.apache.struts2.dispatcher.ServletDispatcherResult
"default= "true"/>
    <result-type name="freemarker" class="org.apache.struts2.views.freemarker.
FreemarkerResult"/>
    <result-type name="httpheader" class="org.apache.struts2.dispatcher. Http
HeaderResult"/>
    <result-type name="redirect" class="org.apache.struts2.dispatcher. Servlet
RedirectResult"/>
    <result-type name="redirectAction" class="org.apache.struts2.dispatcher.
ServletActionRedirectResult"/>
    <result-type name="stream" class="org.apache.struts2.dispatcher. Stream
Result"/>
    <result-type name="velocity" class="org.apache
    …
```

struts.xml 文件规范与 struts-default.xml 相同，可以根据 struts-default.xml 来修改 struts.xml。struts.xml 的基本结构如下：

```
    <?xml version="1.0" encoding="UTF-8" ?>
    <!DOCTYPE struts PUBLIC
        "-//Apache Software Foundation//DTD Struts Configuration 2.0//EN"
        "http://struts.apache.org/dtds/struts-2.0.dtd">
    <struts>
    </struts>
```

struts.xml 中的所有元素都必须在<struts></struts>标记之间。Action 必须在<package>元素中配置，使用<action>元素配置，主要指定 name 属性和 class 属性。name 属性可以是任意合法标记符，调用 Action 即通过 name 值调用；class 属性指定 Action 的完整类名。代码如下所示：

```
    <struts>
       <package name="com.etc.chapter01" extends="struts-default">
           <action name="Login" class="com.etc.LoginAction">
               <result name="success">/welcome.jsp</result>
```

```
            <result name="fail">/index.jsp</result>
        </action>
    </package>
</struts>
```

上述配置文件将 LoginAction 类定义成一个名字为 Login 的 Action，该 Action 存在于 com.etc.chapter01 包中，同时为 Action 定义了两个返回结果 result，分别是 success 和 fail，对应页面分别为 welcome.jsp 和 index.jsp。Action 的配置信息必须放在<package>元素中，每个<package>必须使用 name 属性指定包名，同时必须通过 extends 属性指定该包继承的父包。某个包继承了父包之后，该包就具有父包中定义的对象。默认情况下，自定义的包都应该继承 struts-default.xml 中的 struts-default 包，因为 struts-defautl.xml 中的 struts-default 包定义了很多必要的对象。

<action>元素的子元素通常是<result>，<result>的 name 属性与 Action 类的 execute 方法的返回值对应，例如，LoginAction 类的 execute 方法有 success 和 fail 两个返回值，代码如下所示：

```
if(flag){
        return "success";
    }else{
        return "fail";
    }
```

由于 LoginAction 中的 execute 方法有两个可能的返回值，即 success 和 fail，所以需要配置两个<result>，<result>的 name 属性值分别是 success 和 fail，对应 execute 方法返回不同值时的页面导航。通过在 struts.xml 中配置 LoginAction，定义了如下信息：

① 使用 LoginAction 时，通过 Action 的 name 值访问，即 Login。

② 容器根据 LoginAction 的 execute 方法返回值来匹配<result>的 name 属性，决定页面导航。如返回 success 时，跳转到 welcome.jsp 页面；返回 fail 时，跳转到 index.jsp 页面。

（7）在 index.jsp 中调用 LoginAction。

开发并配置 LoginAction 后，就可以在 JSP 中调用 LoginAction，代码如下所示：

```
<body>
    <%@taglib uri="/struts-tags" prefix="s" %>
     <s:form action="Login">
        <s:textfield name="custname" label="Input your custname"></
s:textfield>
        <s:password name="pwd" label="Input your password"></s:password>
        <s:submit value="Login"></s:submit>
    </s:form>
  </body>
```

上述代码中，将表单的 action 属性值指定为 LoginAction 的名字 Login，如<s:form action="Login">，从而，表单将被提交到 LoginAction。

（8）在 web.xml 中配置 FilterDispatcher。

如上节中演示的 Struts2 工作原理图，任何一个客户端的请求都必须经过 FilterDispatcher 进行过滤，才能进入 Struts2 架构流程。FilterDispatcher 是 Struts2 框架 API 中提供的类，必须在 web.xml 中将其配置给任意 URL 才能生效。代码如下所示：

```
    <filter>
        <filter-name>FilterDispatcher</filter-name>
        <filter-class>org.apache.struts2.dispatcher.FilterDispatcher</filter-
class>
        </filter>
        <filter-mapping>
            <filter-name>FilterDispatcher</filter-name>
            <url-pattern>/*</url-pattern>
        </filter-mapping>
```

至此，简单的 Struts2 实例已经开发完成，部署到容器中后，访问 index.jsp 页面，输入用户名和密码进行登录，如图 1-1-5 所示。

在 index.jsp 页面中输入用户名 ETC 和 123 后，单击“Login”按钮，将请求提交到 LoginAction，LoginAction 将调用 LoginService 中的 login 方法，登录成功，跳转到 welcome.jsp 欢迎页面，如图 1-1-6 所示。

如果输入其他用户名和密码，则登录失败，跳转到 index.jsp 页面，并回显曾经输入的用户名，如图 1-1-7 所示。

可见，登录失败跳转到 index.jsp 时，用户名自动回显，不用写任何脚本。因为 index.jsp 中的表单不是使用 HTML 标记完成，而是使用 Struts2 的标记完成的，标记已经实现了回显的功能。

图 1-1-5　index.jsp 页面

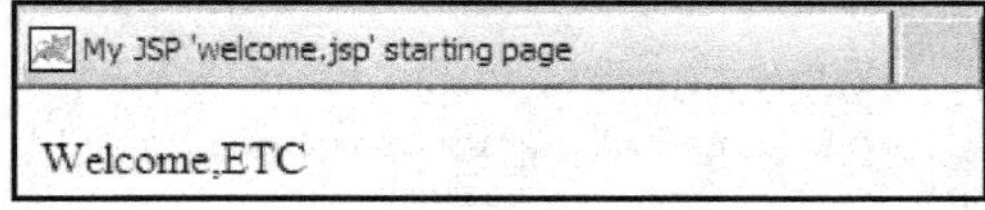

图 1-1-6　欢迎页面

图 1-1-7　登录失败

1.3　实例的运行过程

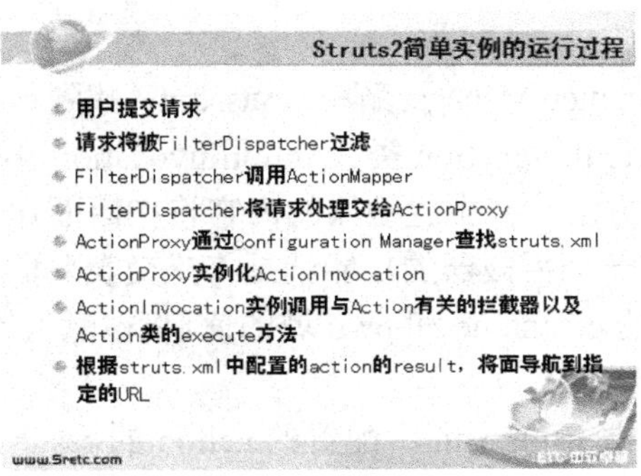

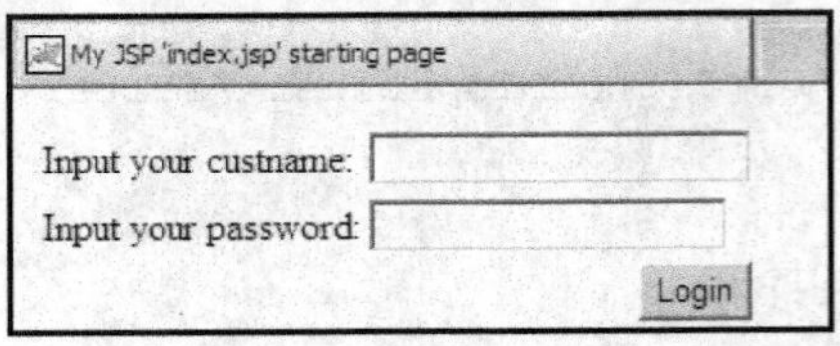

本节将结合 Struts2 的工作原理，了解上节中实例的运行过程，帮助读者更进一步理解 Struts2 框架。实例的大致运行过程如下：

访问 http://localhost:8080/chapter01/index.jsp 页面，如图 1-1-8 所示。

图 1-1-8　登录页面

index.jsp 页面中的表单使用 Struts2 框架的 JSP 标记构建，容器对 JSP 页面进行解析，将最终结果输出到客户端浏览器。在页面中单击右键，查看源代码，如下所示：

```
    <form id="Login" name="Login" onsubmit="return true;" action="/chapter01/
Login.action"
    method="post"><table class="wwFormTable">
    <tr>
    <td  class="tdLabel"><label  for="Login_custname"  class="label">Input  your
custname:</label>
    </td>
    <td><input type="text" name="custname" value="" id="Login_custname"/> </td>
    </tr>
    <tr>
    <td class="tdLabel"><label for="Login_pwd" class="label">Input your password:
</label>
    </td>
    <td><input  type="password"  name="pwd"  id="Login_pwd"/></td>
    </tr>
    <tr>
    <td colspan="2"><div align="right"><input type="submit" id="Login_0" value=
"Login"/>
    </div></td>
    </tr>
    </table></form>
```

分析上面的源码可见，容器执行 index.jsp 后，输出到客户端的是解析后的 HTML 代码，其中表单的 action 值被解析为 action="/chapter01/Login.action"。默认情况下，容器总是将 Action 路径解析成后缀为.action 的 URL。

用户输入用户名和密码，单击“Login”按钮后，则向服务器端发送请求，请求的 URL 根据表单的 action 值生成 http://localhost:8080/chapter01/Login.action。

web.xml 中对/*的 URL 配置了过滤器 FilterDispatcher，所以该请求将被 FilterDispatcher 过滤。

FilterDispatcher 调用 ActionMapper，ActionMapper 判断 URL 的资源后缀为.action，因此 ActionMapper 认为需要调用 Struts2 框架中的 Action 类。

FilterDispatcher 将请求处理交给 ActionProxy，ActionProxy 通过解析 URL，认为需要调用的 Action 的名字是 Login。

ActionProxy 通过 Configuration Manager 解析 struts.xml，找到 name=Login 的 Action 配置。

ActionProxy 实例化 ActionInvocation 类。ActionInvocation 实例调用与 Action 有关的拦截器以及 Action 类的 execute 方法。其中拦截器的内容将在后面章节学习。每一个 Action 都默认存在很多拦截器，其中有一个拦截器的功能就是将提交表单的请求参数赋值给 Action 的实例变量。如 index.jsp 中表单的 custname 和 pwd 域的值，将被赋值给 LoginAction 中的 custname 和 pwd 变量。

Action 执行结束后，根据 struts.xml 中配置的 action 的 result，将页面导航到 URL。

到此为止，已经通过详细步骤解析了上节实例的运行过程。通过学习这个实例的运行步骤，可以更为清楚地理解Struts2的工作原理。

1.4　Struts2的特点

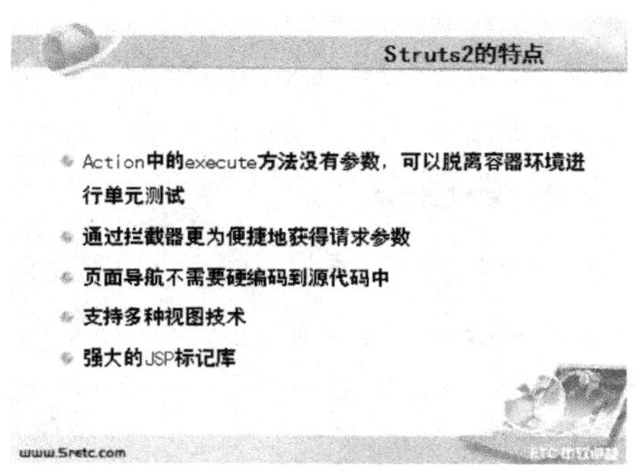

（1）Model层无区别。

使用Struts2框架开发Web应用时，Model层的开发没有特殊要求，可以使用普通的JavaSE类、EJB组件或者其他技术实现。

（2）Controller层区别最大。

MVC框架中最强大的部分往往都是Controller层。使用Servlet和JSP开发Web应用，往往使用Servlet承担Controller层。而使用Struts2开发Web应用，Controller层包含三部分：过滤器、拦截器、Action。其中Action是数量最多的控制器，基本可以替代Servlet的功能。

（3）单元测试。

Servlet无法脱离容器环境进行单元测试，因为Servlet的doXXX方法的参数是请求和响应，而请求和响应对象依赖容器创建，所以Servlet无法脱离容器环境进行单元测试。而Struts2中的控制器Action的execute方法没有参数，所以可以脱离容器环境进行单元测试。

（4）获取请求参数。

Servlet中获取表单的请求参数，需要使用request.getParameter方法实现。Action中按照命名规范声明与表单元素对应的属性以及getter/setter方法，拦截器可以自动拦截请求参数，封装到Action对应的属性中，在execute中可以直接使用。

（5）页面导航。

Servlet中的页面导航在doXXX方法中通过sendRedirect或者forward方法进行，导航页面的URL硬编码到Servlet源代码中。Action中的页面导航在struts.xml中通过result定义，页面URL不需要硬编码到源码中，可维护性增强。

（6）视图技术。

Servlet中直接支持的视图技术只有JSP一种，而Struts2可以支持多种视图技术，包括JSP、FreeMarker、Velocity。

（7）JSP标记库。

Struts2提供了强大的JSP标记库，能够实现很多动态功能，如输入信息回填、校验信息显示等，同时也可以使用JSTL等其他标记库。

Struts2 还有很多优点，例如可配置的输入校验、便捷的国际化编程等。本节只列出现阶段能够理解的优点，其他相关内容会在后面章节学习。

1.5 教材案例准备

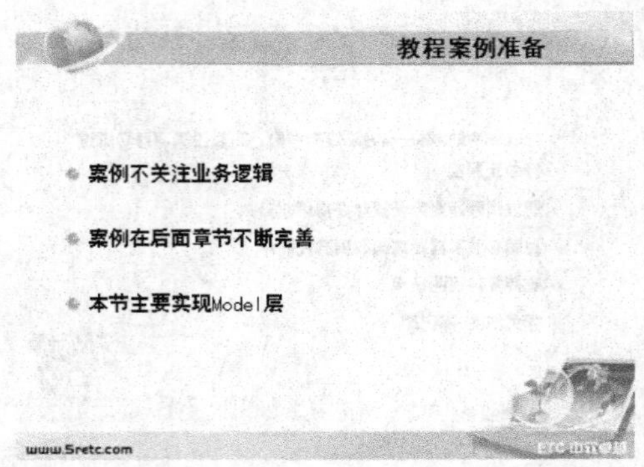

为了帮助读者更轻松、更容易地理解相关技术，教材中使用一个案例贯穿每个知识点（案例的业务逻辑与丛书之一《JavaEE 架构与程序设计》中案例相同），如果阅读过《JavaEE 架构与程序设计》教材，本节可以跳过。该案例不注重业务逻辑，重点在于辅助理解每个知识点。本节将对案例进行简单介绍，并实现案例的 Model 部分。在后面章节中，将对案例逐渐完善，为学习各知识点起到辅助作用。

案例中的主要用例描述如下：

用例一：用户输入用户名和密码进行登录。

用例二：用户输入用户名、密码、年龄、地址进行注册，用户名不能重复。

用例三：用户登录成功后，通过欢迎页面上的超级链接，可以查看个人信息，可以查看所有注册用户的除密码外的信息。

数据库使用 MySQL，创建关系表 customer，如图 1-1-9 所示。

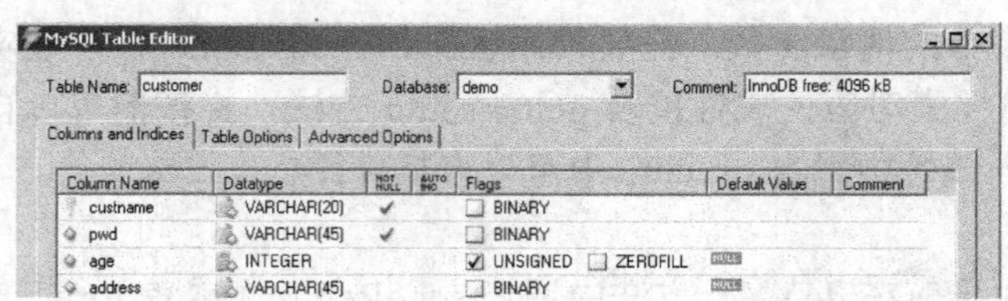

图 1-1-9　创建 customer 表

本节将实现教材案例的 Model 部分，Model 由三部分组成，下面逐一进行介绍。

（1）VO 类。

VO（Value Object）即值对象，用来封装实体数据，在 MVC 各层之间传递数据。“教材案例”中只有一种实体，即客户，所以需要创建一个 Customer 类，作为 VO 类使用。代码如下所示：

```
package com.etc.vo;
public class Customer {
```

```
        private String custname;
        private String pwd;
        private Integer age;
        private String address;
        public Customer() {
            super();
        }
        public Customer(String custname, String pwd) {
            super();
            this.custname = custname;
            this.pwd = pwd;
        }
    public Customer(String custname, String pwd, Integer age, String address)
        {
            super();
            this.custname = custname;
            this.pwd = pwd;
            this.age = age;
            this.address = address;
        }
        public String getCustname() {
            return custname;
        }
        public void setCustname(String custname) {
            this.custname = custname;
        }
        public String getPwd() {
            return pwd;
        }
        public void setPwd(String pwd) {
            this.pwd = pwd;
        }
        public Integer getAge() {
            return age;
        }
        public void setAge(Integer age) {
            this.age = age;
        }
        public String getAddress() {
            return address;
        }
        public void setAddress(String address) {
            this.address = address;}}
```

VO 类中封装了客户的 4 个属性，包括 custname、pwd、age 以及 address，同时为这些属性提供了 getter 和 setter 方法，用来返回及设置属性。

（2）DAO 层。

DAO（Data Access Object）即数据访问对象，用来封装数据访问逻辑。很多时候，初学者可能将数据访问逻辑与业务逻辑混在一起实现。然而，很多数据访问逻辑可能被多个业务逻辑共同使用，如银行系统中的存款和取款两个业务逻辑，都会使用到修改余额的数据访问逻辑。因此，有必要将数据访问逻辑与业务逻辑分离。通过分析教材案例的业务逻辑，可以总结出案例中需要实现根据用户名查询、根据用户名密码查询、插入一条记录、查询所有记录四种数据逻辑，那么将这 4 种数据逻辑使用接口 CustomerDAO 定义，在类 CustomerDAOImpl 中实现，作为数据访问对象使用。

由于数据访问逻辑中总需要获得连接对象，所以将获得连接对象的方法封装到一个工具类中。创建工具类 JDBCConnectionFactory，作为 Connection 对象的工具类，代码如下所示：

```
public class JDBCConnectionFactory {
public static Connection getConnection(){
Connection conn=null;
try {
   Class.forName("com.mysql.jdbc.Driver");
   conn=DriverManager.getConnection("jdbc:mysql://localhost:3306/scwcd",
"root","123
    ");
        } catch (ClassNotFoundException e) {
            e.printStackTrace();
        } catch (SQLException e) {
            e.printStackTrace();
        }

        return conn;
    }}
```

上述代码中声明了一个静态方法 getConnection，可以获得一个 MySQL 数据库的连接对象。接下来，创建 CustomerDAOImpl 类，实现 4 个数据逻辑方法。代码如下所示：

```
public class CustomerDAOImpl implements CustomerDAO {
   public List<Customer> selectAll(){
        List<Customer> list=new ArrayList<Customer>();
        Connection conn=JDBCConnectionFactory.getConnection();
        try {
            Statement stmt=conn.createStatement ();
            String sql="select custname,age,address from customer";
            ResultSet rs=stmt.executeQuery(sql);
            while(rs.next()){
            list.add(new
Customer(rs.getString(1),null,rs.getInt(2),rs.getString(3)));
            }

        } catch (SQLException e) {
            e.printStackTrace();
        }finally{
            if(conn!=null){
                try {
                    conn.close();
                } catch (SQLException e) {
                    e.printStackTrace();
                }
            }
        }

        return list;
    }

   public Customer selectByName(String custname){
        Customer cust=null;
        Connection conn=JDBCConnectionFactory.getConnection();
        String sql="select * from customer where custname=?";
        try {
            PreparedStatement pstmt=conn.prepareStatement(sql);
            pstmt.setString(1, custname);
            ResultSet rs=pstmt.executeQuery();
```

```
            if(rs.next()){
                cust=new
Customer(rs.getString(1),rs.getString(2),rs.getInt(3),rs.getString(4));
            }
        } catch (SQLException e) {
            e.printStackTrace();
        }finally{
            if(conn!=null){
                try {
                    conn.close();
                } catch (SQLException e) {
                    e.printStackTrace();
                }
            }
        }
        return cust;
    }

    public Customer selectByNamePwd(String custname,String pwd){
        Customer cust=null;
        Connection conn=JDBCConnectionFactory.getConnection();
        String sql="select * from customer where custname=? and pwd=?";
        try {
            PreparedStatement pstmt=conn.prepareStatement(sql);
            pstmt.setString(1, custname);
            pstmt.setString(2, pwd);
            ResultSet rs=pstmt.executeQuery();
            if(rs.next()){
                cust=new
Customer(rs.getString(1),rs.getString(2),rs.getInt(3), rs.getString(4));
            }
        } catch (SQLException e) {
            e.printStackTrace();
        }finally{
            if(conn!=null){
                try {
                    conn.close();
                } catch (SQLException e) {
                    e.printStackTrace();
                }
            }
        }
        return cust;
    }

    public void insert(Customer cust){
        Connection conn=JDBCConnectionFactory.getConnection();
        String sql="insert into customer values(?,?,?,?)";
        try {
            PreparedStatement pstmt=conn.prepareStatement(sql);
            pstmt.setString(1, cust.getCustname());
            pstmt.setString(2, cust.getPwd());
            pstmt.setInt(3, cust.getAge());
            pstmt.setString(4, cust.getAddress());
            pstmt.executeUpdate();
```

```
        } catch (SQLException e) {
            e.printStackTrace();
        }finally{
            if(conn!=null){
                try {
                    conn.close();
                } catch (SQLException e) {
                    e.printStackTrace();}}}}}
```

上述代码中，CustomerDAOImpl 类通过 JDBCConnectionFactory 获得数据库连接对象，然后使用 JDBC API 进行数据库编程，实现了 4 个数据访问逻辑。

（3）Service 层。

实现了必需的数据逻辑后，就可以实现业务逻辑，往往使用服务类来封装业务逻辑，案例中创建 CustomerService 接口，定义登录、注册、查看个人信息、查看所有人信息 4 种业务逻辑。在 CustomerServiceImpl 类中使用 DAO 层数据访问逻辑，实现业务逻辑。代码如下所示：

```
public class CustomerServiceImpl implements CustomerService {
    private CustomerDAO dao;
    public void setD ao(CustomerDAO dao){
this.dao=dao;
    }
    public boolean login(String custname,String pwd){
        Customer cust=dao.selectByNamePwd(custname, pwd);
        if(cust!=null){
            return true;
        }else{
            return false;
        }
    }
        public boolean register(Customer cust){
        Customer c=dao.selectByName(cust.getCustname());
        if(c==null){
            dao.insert(cust);
            return true;
        }else{
            return false;
        }
    }

    public Customer viewPersonal(String custname){
        return dao.selectByName(custname);
    }
        public List<Customer> viewAll(){
        return dao.selectAll();
}
```

至此，案例中的 Model 部分已经完成，共分为三部分，分别为 VO、DAO、Service，在 Service 层最终实现了所有业务逻辑，控制器将调用 Service 层的业务逻辑实现功能。

1.6 本章小结

本章主要目标是帮助读者快速入门 Struts2 框架。Struts 框架已经盛行多年，然而 Struts2

和 Struts1 之间并不是扩展和升级关系。Struts2 是另一个著名框架 WebWork 的扩展，与 Struts1 没有太多直接的联系。本章首先结合官方网站的 Struts2 工作原理图，介绍 Struts2 的基本工作流程。接下来，通过一个简单实例展示 Struts2 应用的开发步骤，帮助读者能够顺利开发、部署并运行基于 Struts2 框架的 Web 应用。同时，结合该简单实例进一步解释了 Struts2 运行过程，以帮助读者直观理解 Struts2 的工作原理。本章还为教材接下来的章节准备了一个实例，称为“教材案例”，将在后面章节中不断完善，以辅助学习相关知识点。

第 2 章

Struts2 的控制器

控制器（Controller）是 MVC 框架的核心部分，Struts2 框架的控制器由三种组件组成：过滤器、拦截器、Action 类。本章将分别学习三种控制器，了解每种控制器组件的作用。

2.1 过滤器

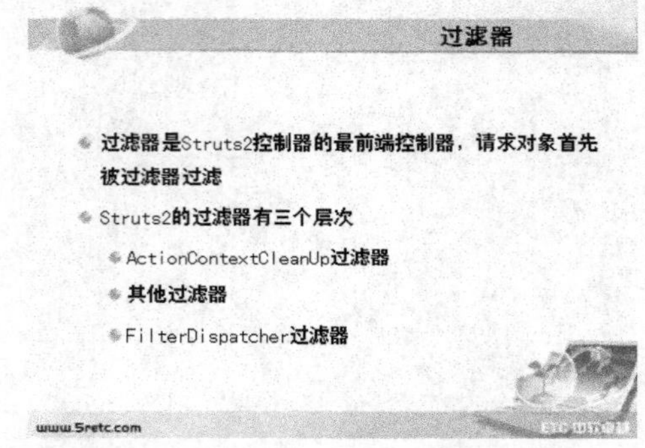

过滤器是 Struts2 控制器的最前端控制器，请求对象首先被过滤器过滤。Struts2 API 中定义了三个层次的过滤器，下面逐一介绍。

（1）ActionContextCleanUp 过滤器：该过滤器是可选的，主要为了集成 SiteMesh 等插件。

（2）其他过滤器：其他过滤器是指根据需要配置的过滤器，例如，应用中使用到了 SiteMesh 这样的插件，就需要配置插件的相关过滤器。

（3）FilterDispatcher 过滤器：该过滤器的主要功能包括执行 Action、清空 ActionContext 对象以及服务静态内容等，是 Struts2 应用中必须配置使用的过滤器。FitlerDispatcher 必须在 web.xml 中配置给所有请求路径，代码如下所示：

```
      <filter>
         <filter-name>FilterDispatcher</filter-name>
   <filter-class>org.apache.struts2.dispatcher.FilterDispatcher</filter-class>
     </filter>
     <filter-mapping>
         <filter-name>FilterDispatcher</filter-name>
         <url-pattern>/*</url-pattern>
     </filter-mapping>
```

2.2　拦截器

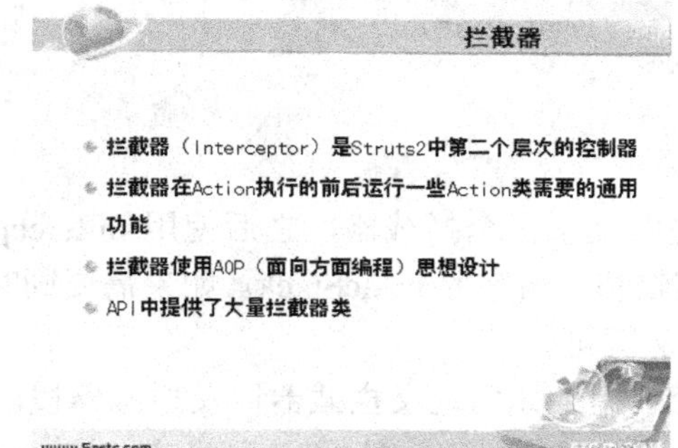

拦截器(Interceptor)是 Struts2 中第二个层次的控制器，能够在 Action 执行前后运行 Action 类需要的通用功能。拦截器使用 AOP（面向方面编程）思想设计（参见 Spring 部分），API 中提供了大量拦截器类，所有拦截器类都实现了 Interceptor 接口，每个拦截器类都实现了特定的功能。例如，API 中的 ParametersInterceptor 拦截器是请求参数拦截器，能够拦截请求参数，并将其封装赋值给 Action 中的实例变量。如果应用中需要为 Action 自定义拦截功能，可以通过实现 Interceptor 接口自定义拦截器。自定义拦截器将在后面章节学习，本节主要学习如何配置使用 API 中已有的拦截器。

要使用 API 中的拦截器，必须首先在 struts.xml 中使用<interceptor>元素定义拦截器，指定拦截器的名字以及类名，代码如下所示：

```
    <package name="struts-default" abstract="true">
    <interceptors>
    <interceptor
name="modelDriven"class="com.opensymphony.xwork2.interceptor.ModelDrivenIntercep
tor" />
    <interceptor name="scopedModelDriven" class="com.opensymphony.
xwork2.interceptor. ScopedModelDrivenInterceptor"/>
    <interceptor
name="params"class="com.opensymphony.xwork2.interceptor.ParametersInterceptor
"/>
    </interceptors>
    </package>
```

拦截器都必须在<package>中的<interceptors>元素下使用<interceptor>定义。上述配置文件在包 struts-default 中将 API 中的三个拦截器类进行了定义，名字分别为 modelDriven、scopedModelDriven、params，可以通过名字使用拦截器。

如果某些拦截器总是一起被使用，可以使用<interceptor-stack>元素将这样的拦截器定义成拦截器栈以方便使用。代码如下所示：

```
    <package name="struts-default" abstract="true">
    <interceptors>
    <interceptor name="modelDriven" class="com.opensymphony.xwork2.interceptor.
ModelDrivenInterceptor" />
    <interceptor name="scopedModelDriven" class="com.opensymphony.
```

```
xwork2.interceptor. ScopedModelDrivenInterceptor"/>
    <interceptor  name="params"  class="com.opensymphony.xwork2.interceptor.
ParametersInterceptor"/>
    <interceptor-stack name="basicStack">
    <interceptor-ref name=" modelDriven "/>
    <interceptor-ref name=" scopedModelDriven "/>
    <interceptor-ref name="params"/>
    </interceptor-stack>
    </interceptors>
    </package>
```

上述配置信息中，首先定义了三个拦截器，之后使用<interceptor-stack>元素将三个拦截器按照一定顺序定义成拦截器栈，名字为 basicStack。如果需要同时使用这三个拦截器，只要直接使用拦截器栈 basicStack 即可。

通过上面的学习，已经掌握了如何定义拦截器以及拦截器栈。定义好拦截器或拦截器栈后，可以在 struts.xml 中针对特定的 Action 使用<interceptor-ref>元素将其配置给该 Action 使用，代码如下所示：

```
<struts>
<package name="com.etc.chapter01" extends="struts-default">
<action name="Login" class="com.etc.action.LoginAction">
<interceptor-ref name="params"></interceptor-ref>
<interceptor-ref name="basicStack"></interceptor-ref>
<result name="success">/welcome.jsp</result>
<result name="fail">/index.jsp</result>
</action>
</package>
</struts>
```

上述配置信息中，LoginAction 使用<interceptor-ref>元素配置了要使用拦截器 params 以及拦截器栈 basicStack。执行 LoginAction 时，将会依次执行所有拦截器以及拦截器栈。

除了可以对某个 Action 指定拦截器或拦截器栈外，还可以使用<default-interceptor-ref>元素指定某个包的默认拦截器或拦截器栈，代码如下所示：

```
<package name="com.etc.chapter01" extends="struts-default">
      <default-interceptor-ref name="basicStack"/>
</package>
```

上述配置对包 com.etc.chapter01 中的所有 Action 指定默认使用拦截器栈 basicStack，也就是说，当 com.etc.chapter01 包中的 Action 没有配置拦截器时，都将默认使用拦截器栈 basicStack。值得注意的是，如果该包中的某一个 Action 使用了<interceptor-ref>指定了要使用的拦截器，那么包中的默认拦截器引用将失效，必须显式指定使用才能生效。代码如下所示：

```
<struts>
   <package name="com.etc.chapter01" extends="struts-default">
<default-interceptor-ref name="basicStack"/>
      <action name="Login" class="com.etc.action.LoginAction">
           <result name="success">/welcome.jsp</result>
           <result name="fail">/index.jsp</result>
       </action>
   </package>
</struts>
```

上述配置中，LoginAction 没有使用<interceptor-ref>指定要使用的拦截器或拦截器栈，所以该 Action 将使用<default-interceptor-ref>指定的拦截器引用。如果 LoginAction 中指定了拦截器引用，代码如下所示：

```
<struts>
   <package name="com.etc.chapter01" extends="struts-default">
<default-interceptor-ref name="basicStack"/>
   <action name="Login" class="com.etc.action.LoginAction">
<interceptor-ref name="params"></interceptor-ref>
           <result name="success">/welcome.jsp</result>
           <result name="fail">/index.jsp</result>
   </action>
   </package>
</struts>
```

上述配置中，LoginAction 使用<interceptor-ref>指定了使用拦截器 params，那么包中的默认拦截器引用将不对 LoginAction 生效。如果 LoginAction 需要使用默认拦截器引用，则必须显式指定，代码如下所示：

```
<struts>
<package name="com.etc.chapter01" extends="struts-default">
<default-interceptor-ref name="basicStack"/>
<action name="Login" class="com.etc.action.LoginAction">
<interceptor-ref name="params"></interceptor-ref>
<interceptor-ref name="basicStack"></interceptor-ref>
     <result name="success">/welcome.jsp</result>
     <result name="fail">/index.jsp</result>
</action>
</package>
</struts>
```

实际工作过程中，并不会像上面所提到的那样在 struts.xml 中定义 API 中的拦截器，因为 API 中的拦截器都已经在 struts-default.xml 的 struts-default 包中进行了定义，而且定义了若干个拦截器栈。由于 struts.xml 中的包都默认继承了 struts-defalult.xml 中的 struts-default 包，所以如果需要在 struts.xml 中使用 API 中的拦截器，直接使用 struts-default.xml 中定义过的拦截器即可。struts-default.xml 中部分与拦截器有关的配置如下所示：

```
<package name="struts-default" abstract="true">
          <!--配置拦截器信息-->
<interceptors>
          <!--定义拦截器-->
<interceptor  name="alias"  class="com.opensymphony.xwork2.interceptor.
AliasInterceptor"/>
<interceptor name="autowiring" class="com.opensymphony.xwork2.
spring. interceptor. ActionAutowiringInterceptor"/>
<interceptor  name="chain"  class="com.opensymphony.xwork2.interceptor.
ChainingInterceptor"/>
<interceptor  name="conversionError"  class="org.apache.struts2.interceptor.
StrutsConversionErrorInterceptor"/>
<interceptor name="cookie" class="org.apache.struts2.interceptor. CookieInter
ceptor"/>
<!--省略其他拦截器定义信息-->
<!--定义 defaultStack 拦截器栈-->
        < interceptor-stack name="defaultStack">
```

```
                <interceptor-ref name="exception"/>
                <interceptor-ref name="alias"/>
                <interceptor-ref name="servletConfig"/>
                <interceptor-ref name="prepare"/>
                <interceptor-ref name="i18n"/>
                <interceptor-ref name="chain"/>
                <interceptor-ref name="debugging"/>
                <interceptor-ref name="profiling"/>
                <interceptor-ref name="scopedModelDriven"/>
                <interceptor-ref name="modelDriven"/>
                <interceptor-ref name="fileUpload"/>
                <interceptor-ref name="checkbox"/>
                <interceptor-ref name="staticParams"/>
                <interceptor-ref name="params">
                   <param name="excludeParams">dojo\..*</param>
                </interceptor-ref>
                <interceptor-ref name="conversionError"/>
                <interceptor-ref name="validation">
                   <param
name="excludeMethods">input,back,cancel,browse</param>
                </interceptor-ref>
                <interceptor-ref name="workflow">
                <param
name="excludeMethods">input,back,cancel,browse</param>
                </interceptor-ref>
             </interceptor-stack>
             <!--省略其他拦截器栈定义信息-->
    </interceptors>
             <!--定义 struts-default 包默认拦截器栈-->
       <default-interceptor-ref name="defaultStack"/>
    </package>
```

可见，struts-default.xml 中的 struts-default 包中先定义了 API 中的拦截器类，然后将已经定义的拦截器组合成了若干拦截器栈，最终为该包指定了默认拦截器栈 defaultStack。

通过上面的学习，读者可以在 struts.xml 中使用 struts-default 包中的拦截器或拦截器栈。假设 struts.xml 中有如下定义：

```
    <struts>
       <package name="com.etc.chapter02" extends="struts-default">
           <action name="Login" class="com.etc.action.LoginAction">
               <result name="success">/welcome.jsp</result>
               <result name="fail">/index.jsp</result>
           </action>
       </package>
    </struts>
```

上述 struts.xml 中的 com.etc.chapter02 包没有定义默认拦截器引用，唯一的 Action 也没有定义拦截器引用，那么 LoginAction 是不是就没有拦截器？答案是否定的。因为配置文件 struts.xml 中的包都默认继承 struts-default 包，所以 com.etc.chapter02 包默认将拥有 struts-default 包中定义的所有对象，包括默认拦截器引用。struts-default 包定义了默认拦截器引用 <default-interceptor-ref name="defaultStack"/>。所以，LoginAction 虽然没有显式声明任何拦截器引用，其实已经默认使用拦截器栈 defalutStack，拦截器栈中包括很多拦截器，如拦截请求参数的 params 拦截器等。

值得注意的是，大多数情况下，需要保证任何 Action 都使用 struts-default 包的默认拦截器栈，否则很多功能将失效，如封装请求参数的功能等。

2.3 Action

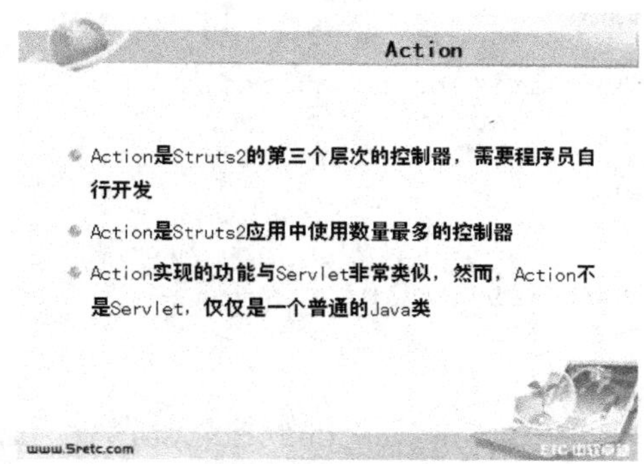
Action
Action是Struts2的第三个层次的控制器，需要程序员自行开发
Action是Struts2应用中使用数量最多的控制器
Action实现的功能与Servlet非常类似，然而，Action不是Servlet，仅仅是一个普通的Java类
www.5retc.com

Action 是 Struts2 的第三个层次的控制器，需要程序员自行开发。Action 是 Struts2 应用中使用数量最多的控制器，负责调用业务逻辑，执行业务操作，根据执行结果返回结果视图，实现页面导航，被称为业务控制器。

Action 实现的功能与 Servlet 非常类似，然而，Action 不是 Servlet，仅仅是一个普通的 Java 类，继承于 java.lang.Object 类。接下来，完善教材案例，实现案例中的登录功能，通过实例学习 Action 的使用，理解 Action 的功能。

登录功能中需要两个视图页面：index.jsp 用来输入用户名和密码进行登录；welcome.jsp 用来登录成功后显示登录信息。首先，创建登录页面 index.jsp，将登录请求提交给一个名字为 Login 的 Action，代码如下所示：

```
  <body>
     <%@taglib uri="/struts-tags" prefix="s" %>
     <s:form action="Login">
        <s:textfield name="custname" label="Input your custname"></s:
textfield>
        <s:password name="pwd" label="Input your password"></s:password>
        <s:submit value="Login"></s:submit>
     </s:form>
   </body>
```

上述代码中，使用 Struts2 的 JSP 标签构建了登录表单，表单的 action 属性值为 Login，单击“Login”按钮后，将请求提交给名字为 Login 的 Action。

接下来，创建欢迎页面 welcome.jsp，登录成功后跳转至 welcome.jsp 页面，显示用户名，代码如下所示：

```
  <body>
     Welcome,${param.custname}
   </body>
```

业务逻辑已经在教材第 1 章完成，使用 CustomerServiceImpl 类实现。下面需要创建控制器 Action 类，用来连接视图和业务逻辑。创建 Action 类 LoginAction，由于该 Action 用于接收 index.jsp 中的表单请求，所以需要在 LoginAction 中声明与 index.jsp 中表单域对应的实例变量，并提供 getter/setter 方法。代码如下所示：

```
public class LoginAction {
   private String custname;
   private String pwd;
   public String getCustname() {
       return custname;
   }
   public void setCustname(String custname) {
       this.custname = custname;
   }
   public String getPwd() {
       return pwd;
   }
   public void setPwd(String pwd) {
       this.pwd = pwd;
   }
   public String execute(){
       CustomerServiceImpl cs=new CustomerServiceImpl();
       cs.setDao(new CustomerDAOImpl());
       boolean flag=cs.login(custname, pwd);
       if(flag){
           return "success";
       }else{
           return "fail";
       }}}
```

上述代码中不仅声明了与表单域对应的实例变量，还实现了 execute 方法，该方法中调用业务逻辑 login 方法，并根据执行结果返回不同的字符串。

任何一个 Action 必须在 struts.xml 中配置才能生效。下面在 src/struts.xml 中配置 LoginAction，指定其名字为 Login，并配置 result 值，代码如下所示：

```
<struts>
   <package name="com.etc.chapter02" extends="struts-default">
       <action name="Login" class="com.etc.action.LoginAction">
           <result name="success">/welcome.jsp</result>
           <result name="fail">/index.jsp</result>
       </action>
   </package>
</struts>
```

上述配置信息中，在包 com.etc.chapter02 中配置了名字为 Login 的 Action，并为该 Action 配置了两个返回结果，与 LoginAction 中 execute 方法的两个返回值对应。

在 web.xml 中配置 FilterDispatcher，代码如下所示：

```
<filter>
   <filter-name>FilterDispatcher</filter-name>
   <filter-class>org.apache.struts2.dispatcher.FilterDispatcher</filter-
class>
</filter>
<filter-mapping>
   <filter-name>FilterDispatcher</filter-name>
   <url-pattern>/*</url-pattern>
</filter-mapping>
```

至此，“教材案例”中的登录功能已经完成。可见 Action 的主要作用就是封装请求参数，调用业务逻辑，返回结果视图。访问 index.jsp 后，可以测试登录功能。

2.4 本章小结

任何一个 MVC 框架的控制器部分都是扩展最多的部分。与 Struts1 不同，Struts2 的控制器不再是 Servlet，主要由三个层次组成。第一个层次的控制器是过滤器，API 中提供了一个过滤器 FilterDispatcher，该过滤器查看请求地址的后缀是不是 action（默认是 action，可以通过配置修改），如果是 action，则将请求转给 ActionMapper；如果后缀不是 action，则在 web.xml 中查找相应的 url-pattern 访问。第二个层次的控制器是拦截器。拦截器是使用 AOP 思想创建的组件，负责在 Action 类执行的前后执行通用的功能。API 中提供了一系列的内置拦截器，可以直接配置使用，也可以根据需要自定义拦截器。第三个层次的控制器是 Action，也被称为业务控制器，负责封装请求参数，调用业务逻辑，返回结果视图。Action 类是基于 Struts2 的 Web 应用中使用最多的控制器类。Action 类创建后，必须在 struts.xml 中配置才能使用。本章对 Struts2 的三个层次的控制器进行了概括性介绍和学习，后面章节将逐渐深入学习。

第 3 章

自定义拦截器

第 2 章学习了 Struts2 框架中三个层次的控制器，包括过滤器、拦截器以及 Action。Struts2 API 中提供了很多内置的拦截器并可以直接使用。另外，也可以自定义拦截器实现拦截功能。本章将学习如何编写并使用自定义的拦截器。

3.1 编写拦截器类

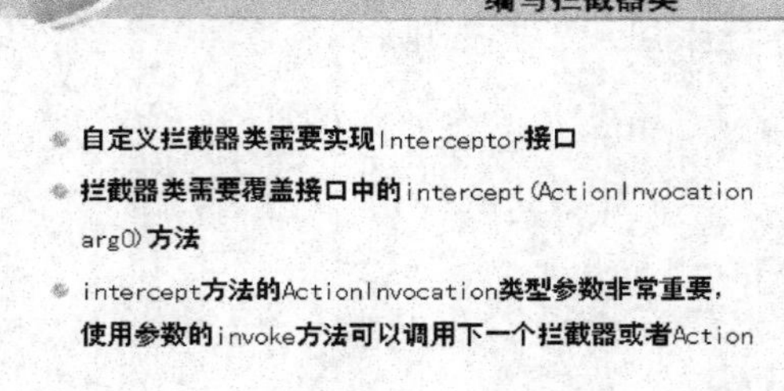
编写拦截器类
自定义拦截器类需要实现Interceptor接口
拦截器类需要覆盖接口中的intercept(ActionInvocation arg0)方法
intercept方法的ActionInvocation类型参数非常重要，使用参数的invoke方法可以调用下一个拦截器或者Action
www.5retc.com

自定义拦截器类非常简单，只要创建一个类实现 Interceptor 接口，覆盖接口中的方法即可。拦截器的主要功能都在 intercept 方法中实现，代码如下所示：

```
public class InterceptorTester implements Interceptor {
   public void destroy() {
   }
   public void init() {
   }
   public String intercept(ActionInvocation arg0) throws Exception {
   System.out.println("InterceptorTester 拦截器被调用，拦截的 Action 的类名："
+arg0.getAction().getClass().getName());
   arg0.invoke();
   return null;
   }}
```

上述代码中，类 InterceptorTester 覆盖了 Interceptor 接口中的 init 方法、destroy 方法以及 intercept 方法。init 方法在拦截器被初始化后调用，destroy 方法在拦截器被销毁前调用，intercept 方法是拦截器用来拦截 Action 类的方法，是必须被覆盖的方法。

覆盖 intercept 方法时，常常需要使用方法的 ActionInvocation 类型参数实现相关功能。ActionInvocation 类中定义了很多方法，如 getAction 方法、invoke 方法等。getAction 方法可以返回与当前 ActionInvocation 对象相关的 Action 对象。最常用的是 invoke 方法，invoke 方法可以调用下一个拦截器，如果没有拦截器，则调用 Action 类。

3.2 配置使用拦截器

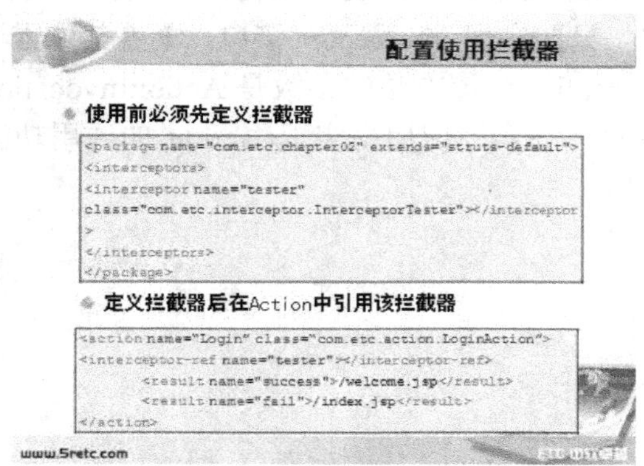

自定义拦截器开发结束后，必须在 struts.xml 中进行配置才能使用。要配置拦截器，首先要在<package>标签中使用<interceptor>元素定义拦截器，代码如下所示：

```
    <package name="com.etc.chapter02" extends="struts-default">
    <interceptors>
    <interceptor name="tester" class="com.etc.interceptor.Interceptor
Tester"></interceptor>
    </interceptors>
    </package>
```

上述配置中，将类 com.etc.interceptor.InterceptorTester 定义为名字是 tester 的拦截器。定义拦截器后，就可以在需要使用该拦截器的 Action 中使用<interceptor-ref>标签引用拦截器。代码如下所示：

```
<package name="com.etc.chapter02" extends="struts-default">
<action name="Login" class="com.etc.action.LoginAction">
<interceptor-ref name="defaultStack"></interceptor-ref>
<interceptor-ref name="tester"></interceptor-ref>
   <result name="success">/welcome.jsp</result>
   <result name="fail">/index.jsp</result>
</action>
</package>
```

上述配置中，使用<interceptor-ref>标签引用了拦截器 tester，所以自定义的拦截器 tester 将对 LoginAction 生效。值得注意的是，LoginAction 中除了指定使用 tester 拦截器外，还需要指定引用默认拦截器栈 defaultStack，否则 defaultStack 将失效，很多默认功能将不能使用。

访问 index.jsp 页面，单击“Login”按钮后将调用 LoginAction，自定义的拦截器 tester 将生效，调用拦截器的 intercept 方法进行拦截，在控制台打印输出如下内容：

```
InterceptorTester 拦截器被调用
拦截的 Action 的类名：com.etc.action.LoginAction
```

3.3 本章小结

拦截器是 Struts2 框架中的重要组件，在第 2 章学习了拦截器的概念以及 API 中已有拦截器的配置和使用。本章通过简单例子，展示如何自定义拦截器，如何通过配置使用拦截器。自定义拦截器很简单，只要实现 Interceptor 接口，覆盖其中方法即可。其中接口的关键方法是 intercept(ActionInvocation)，该方法的参数是 ActionInvocation 类型，是实现拦截器时的一个重要角色。拦截器可以在实际应用中实现 Action 的通用功能，如权限验证、事务处理等。

第 4 章

Struts2 框架的 Action

Struts2 的控制器包括过滤器、拦截器以及 Action 三个层次。其中 Action 是使用最多的控制器组件。Action 可以封装请求参数、调用业务逻辑、返回结果视图，起到的作用非常类似 Servlet 却不是 Servlet。通过前面章节的学习，已经熟悉了简单 Action 的开发及使用步骤，本章将继续学习 Action 的相关细节。

4.1 Action 接口

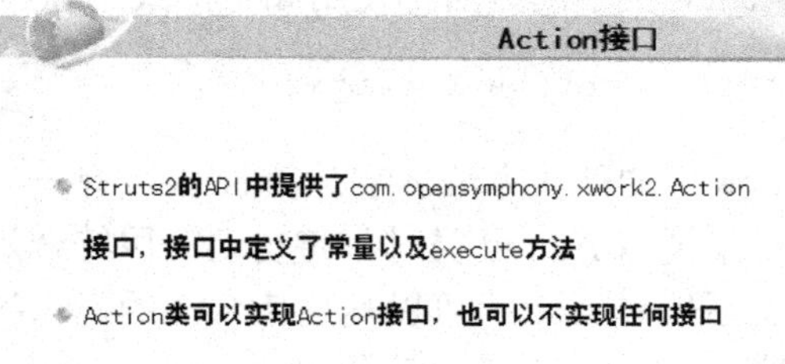
Action接口
Struts2的API中提供了com.opensymphony.xwork2.Action
接口，接口中定义了常量以及execute方法
Action类可以实现Action接口，也可以不实现任何接口

www.5retc.com

在 Struts2 API 中定义了一个名字为 Action 的接口：com.opensymphony.xwork2.Action，该接口中定义了五个常量和一个方法。五个常量都是字符串类型，分别是 ERROR、INPUT、LOGIN、NONE 以及 SUCCESS，方法的声明形式是 public String execute()。定义 Action 类时，可以实现 Action 接口。代码如下所示：

```
public class TestAction implements Action {
   private String telnumber;
   public String getTelnumber() {
       return telnumber;
   }
   public void setTelnumber(String telnumber) {
       this.telnumber = telnumber;
   }
   public String execute() throws Exception {
       return Action.SUCCESS;}}
```

上述代码中的 TestAction 类实现了接口 Action，可以使用接口中的常量作为返回值。TestAction 类的 execute 方法使用 Action 接口中的常量 SUCCESS 作为返回值。然而，这与 execute 方法直接返回“success”字符串毫无区别。因此，对于 Action 类来说，是否实现 Action

接口没有太多意义，只要 Action 类遵守编码规范，就可以被正常使用。

4.2 Action 类中的方法

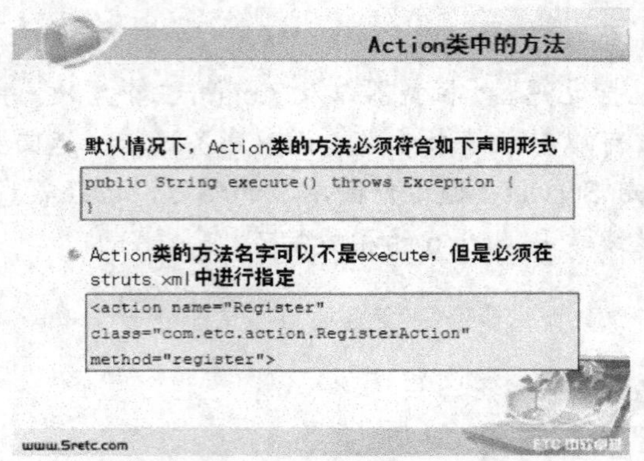

前面章节的例子中，Action 类中的方法都使用如下形式进行声明：

```
public String execute() throws Exception {}
```

如上述代码所示，Action 中的默认方法名字是 execute，有一个 String 类型的返回值，而且没有形式参数。Struts2 框架调用 Action 类时，将自动调用符合规范的 execute 方法。

Action 中的方法名可以不是 execute，可以是任何合法的标识符，然而返回值类型必须是 String，而且不能有形式参数。如果方法的名字不是 execute，Struts2 框架将无法自动调用，必须在 struts.xml 文件中进行配置才能调用。接下来，继续完善“教材案例”，实现案例中的注册功能，注册使用的 Action 类不再使用 execute 方法，而使用自定义的方法，以辅助学习当 Action 类中的方法名不是 execute 时如何使用 Action 类。

（1）创建 register.jsp 页面。

要实现注册功能，首先需要构建 JSP 页面 regsiter.jsp，作为注册输入页面，代码如下所示：

```
    <s:form action="Register">
        <s:textfield name="custname" label="Input your custname"></s:
textfield>
        <s:password name="pwd" label="Input your password"></s:password>
        <s:textfield name="age" label="Input your age"></s:textfield>
        <s:textfield name="address" label="Input your address"></s:
textfield>
        <s:submit value="Register"></s:submit>
    </s:form>
```

上述代码中，使用 Struts2 的标签库构建了注册页面，表单将被提交到名字为 Register 的 Action 组件。

（2）创建 RegisterAction.java 类。

JSP 的请求都将被提交给 Action，创建 RegisterAction 类作为控制器使用，其中处理注册功能的方法名为 register，而不是 execute 方法，代码如下所示：

```
public class RegisterAction {
    private String custname;
    private String pwd;
    private Integer age;
    private String address;
    public String getCustname() {
        return custname;
    }
    public void setCustname(String custname) {
        this.custname = custname;
    }
    public String getPwd() {
        return pwd;
    }
    public void setPwd(String pwd) {
        this.pwd = pwd;
    }
    public Integer getAge() {
        return age;
    }
    public void setAge(Integer age) {
        this.age = age;
    }
    public String getAddress() {
        return address;
    }
    public void setAddress(String address) {
        this.address = address;
    }
    public String register(){
        CustomerServiceImpl cs=new CustomerServiceImpl();
        cs.setDao(new CustomerDAOImpl());
        try {
            cs.register(new Customer(custname,pwd,age,address));
            return "regsuccess";
        } catch (RegisterException e) {
            e.printStackTrace();
            return "regfail";        }}
```

上述代码中，在 public String register()方法中实现了注册功能，并根据不同的结果返回 regsuccess 或者 regfail。

（3）在 struts.xml 中进行配置。

Action 类必须在 struts.xml 中进行配置才能使用。由于 RegisterAction 类没有使用默认的方法名 execute，而是使用了 register 作为方法名，所以需要在 struts.xml 中为 RegisterAction 设置 method 属性。代码如下所示：

```
<action name="Register" class="com.etc.action.RegisterAction" method="
register">
        <result name="regsuccess">/index.jsp</result>
        <result name="regfail">/register.jsp</result>
</action>
```

上述配置文件为 RegisterAction 类指定了 method=register，如此一来，Struts2 框架访问 RegisterAction 时将调用 method 属性指定的 register 方法。当 register 方法注册成功，返回字符串 regsuccess 时，将跳转到 index.jsp 页面；当注册失败，返回字符串 regfail 时，将跳转到

register.jsp 页面。

至此，已经完成了“教材案例”中注册功能的开发。在浏览器中访问 register.jsp 页面，并输入有效的注册信息，如图 1-4-1 所示。

输入注册信息后，单击“Register”按钮，将调用 RegisterAction 类的 register 方法进行注册。注册成功后，跳转到 index.jsp 页面，并自动回显用户名信息，如图 1-4-2 所示。

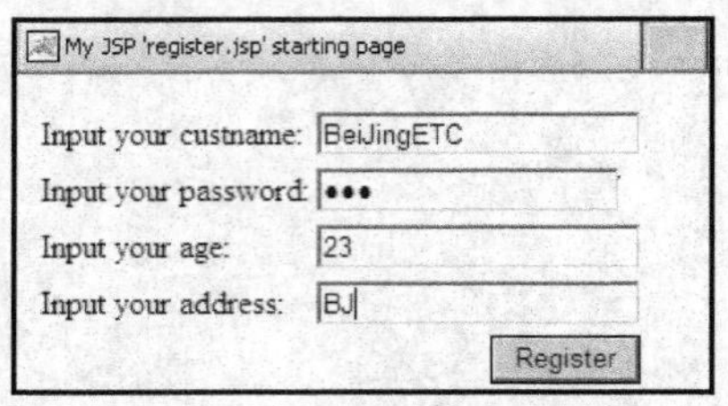

图 1-4-1　输入注册信息

图 1-4-2　注册成功，跳转到 index.jsp 页面

如果输入的用户名在数据库中已经存在，注册失败，则跳转到 register.jsp 页面，并回显除密码外的所有已经输入的注册信息，如图 1-4-3 所示。

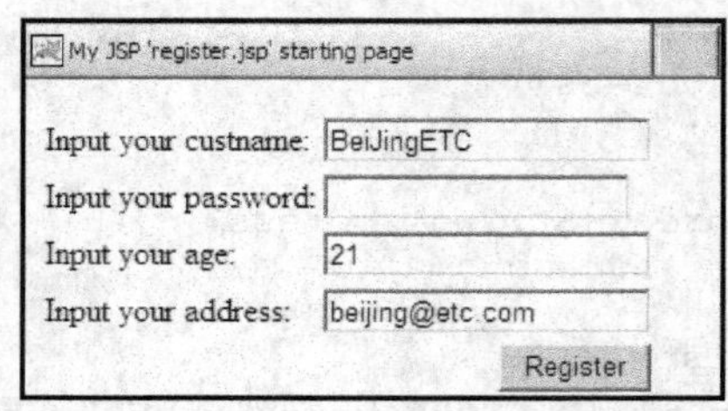

图 1-4-3　注册失败，返回 register.jsp 页面，回显注册信息

4.3　将多个 Action 类“合并”

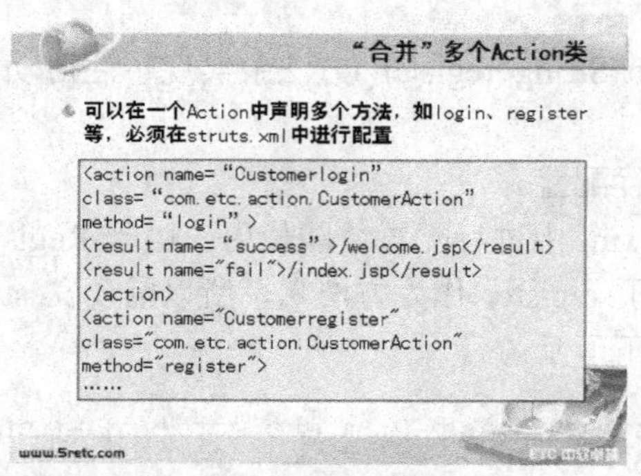

“合并”多个Action类
可以在一个Action中声明多个方法，如login、register等，必须在struts.xml中进行配置
<action name=“Customerlogin”
class=“com.etc.action.CustomerAction”
method=“login”>
<result name=“success”>/welcome.jsp</result>
<result name="fail">/index.jsp</result>
</action>
<action name="Customerregister"
class="com.etc.action.CustomerAction"
method="register">
……
www.5retc.com

上节学习了可以通过配置 Action 类的 method 属性，指定调用 Action 类中自定义的方法。不论 Action 类中使用什么方法名，该方法都必须符合“返回 String 类型的值，而且没有参数”的编码规范。如果多个表单提交的数据非常类似，例如“教材案例”中的登录表单和注册表单，都需要提交用户名和密码，那么这些表单可以使用同一个 Action 处理请求。在一个 Action 类中可以同时定义多个方法，分别处理不同的逻辑。例如，可以使用一个 Action 类

CustomerAction.java，在该类中定义两个方法，分别为 login 和 register，用来处理登录和注册逻辑。代码如下所示：

```
public class CustomerAction {
    private String custname;
    private String pwd;
    private Integer age;
    private String address;
    public String getCustname() {
        return custname;
    }
    public void setCustname(String custname) {
        this.custname = custname;
    }
    public String getPwd() {
        return pwd;
    }
    public void setPwd(String pwd) {
        this.pwd = pwd;
    }
    public Integer getAge() {
        return age;
    }
    public void setAge(Integer age) {
        this.age = age;
    }
    public String getAddress() {
        return address;
    }
    public void setAddress(String address) {
        this.address = address;
    }
    public String login(){
        CustomerServiceImpl cs=new CustomerServiceImpl();
        cs.setDao(new CustomerDAOImpl());

        boolean flag=cs.login(custname, pwd);
        if(flag){
            return "success";
        }else{
            return "fail";
        }
    }
    public String register(){
        CustomerServiceImpl cs=new CustomerServiceImpl();
        cs.setDao(new CustomerDAOImpl());
        try {
            cs.register(new Customer(custname,pwd,age,address));
            return "regsuccess";
        } catch (RegisterException e) {
            e.printStackTrace();
            return "regfail";
        }}}
```

上述代码中，首先声明了与登录表单和注册表单中的域对应的所有变量，并提供了 getters 和 setters，而且声明了 login 方法处理登录逻辑，声明了 register 方法处理注册逻辑。由于 CustomerAction 中有两个处理请求的方法，需要在不同的表单分别调用，所以可以在

struts.xml 中为 CustomerAction 类定义不同的 name，分别使用 method 属性指定不同的方法。配置如下所示：

```
    <action    name="Customerlogin"    class="com.etc.action.CustomerAction"
method="login">
        <result name="success">/welcome.jsp</result>
        <result name="fail">/index.jsp</result>
    </action>
    <action name="Customerregister" class="com.etc.action.CustomerAction" method=
"register">
        <result name="regsuccess">/index.jsp</result>
        <result name="regfail">/register.jsp</result>
    </action>
```

上述配置文件中，对 CustomerAction 类定义了两个 name，分别为 Customerlogin 和 Customerregister，为 Customerlogin 指定了 method=login，为 Customerregister 指定了 method=register，并分别配置了 result 结果页面。如此一来，可以在 JSP 中通过不同的 name 调用 CustomerAction，从而调用到 Action 中不同的方法。如登录页面 index.jsp 中使用 action=Customerlogin，将调用到 CustomerAction 类中的 login 方法，代码如下所示：

```
    <s:form action="Customerlogin">
    </s:form>
```

注册页面 register.jsp 中使用 action=Customerregister 调用到 CustomerAction 中的 register 方法，代码如下所示：

```
    <s:form action="Customerregister">
    </s:form>
```

4.4 Action 类的不同调用方式

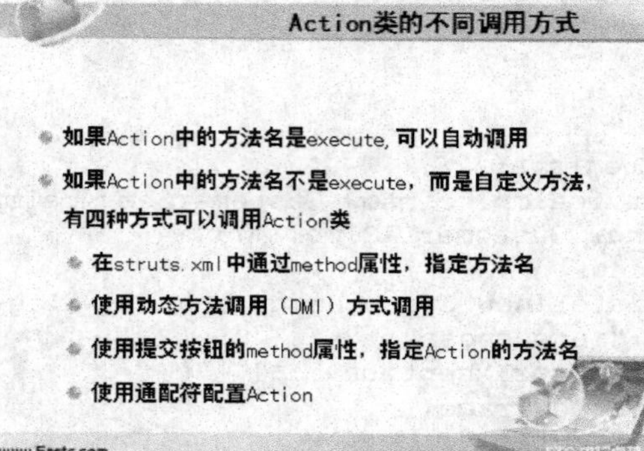

Action类的不同调用方式
如果Action中的方法名是execute，可以自动调用
如果Action中的方法名不是execute，而是自定义方法，有四种方式可以调用Action类
在struts.xml中通过method属性，指定方法名
使用动态方法调用（DMI）方式调用
使用提交按钮的method属性，指定Action的方法名
使用通配符配置Action
www.5retc.com

Action 中的方法有不同的定义方式，所以对 Action 的调用也有不同的方式。Action 中的方法定义分两种情况：使用默认的 execute 方法或者自定义方法名。本节将总结不同情况下 Action 的调用方式。

如果 Action 类中定义了 execute 方法，则只需要在 struts.xml 中配置 Action 的 name 即可

进行调用。代码如下所示：

```
<action name="Login" class="com.etc.action.LoginAction">
       <result name="success">/welcome.jsp</result>
       <result name="fail">/index.jsp</result>
</action>
```

上述配置中，将 com.etc.action.LoginAction 类定义为 Login，在 JSP 中可以通过名字 Login 调用该 Action，代码如下所示：

```
<s:form action="Login">
</s:form>
```

上述代码中，使用 action="Login"指定表单将调用名字为 Login 的 Action，默认调用 LoginAction 中的 execute 方法。

如果 Action 类中的方法不是 execute，而是自定义的方法名，可以使用以下四种方式进行调用。

（1）在 struts.xml 中通过 method 属性指定方法名。

如果 Action 类中的方法不是 execute 方法，可以在 struts.xml 文件中使用 method 属性声明 Action 中的方法，代码如下所示：

```
<action name="Customerlogin" class="com.etc.action.CustomerAction" method=
"login">
          <result name="success">/welcome.jsp</result>
          <result name="fail">/index.jsp</result>
      </action>
```

上述代码中首先将类 CustomerAction 定义为 Customerlogin，并通过 method 属性指定方法名为 login，在 JSP 中可以通过 Action 名字调用，代码如下所示：

```
<s:form action="Customerlogin">
</s:form>
```

上述代码通过 action="Customerlogin"调用 Action，由于通过 method="login"指定了方法名，所以将调用 CustomerAction 的 login 方法。

（2）使用动态方法调用（DMI）方式。

如果在配置信息中不指定 method 属性，可以在 JSP 中调用 Action 时指定需要调用的方法名，这种方式称做 DMI，即动态方法调用。配置信息如下所示：

```
<action name="Customer" class="com.etc.action.CustomerAction">
          <result name="success">/welcome.jsp</result>
          <result name="fail">/index.jsp</result>
          <result name="regsuccess">/index.jsp</result>
          <result name="regfail">/register.jsp</result>
</action>
```

上述配置信息中没有指明方法信息，在 JSP 中调用 Action 的语法为 action="Action 的 name!方法名字"。CustomerAction 类中有两个方法，分别为 login 和 register，在 index.jsp 中调用其中的 login 方法，在 register.jsp 中调用其中的 register 方法，代码如下所示：

```
<s:form action="Customer!login">
</s:form>
<s:form action="Customer!register">
</s:form>
```

（3）使用提交按钮的 method 属性。

Struts2 的提交按钮有一个 method 属性，可以用来指定 Action 的方法名。这种方式可以用来实现一个表单的多个提交，也就是说，当一个表单有多个按钮，需要提交到不同方法时，可以通过这种方法实现。

如果配置信息中不指定 method 属性，也不使用 DMI 方式调用，还可以通过提交按钮的 method 属性指定 Action 的方法名。配置信息如下所示：

```
<action name="Customer" class="com.etc.action.CustomerAction">
          <result name="success">/welcome.jsp</result>
          <result name="fail">/index.jsp</result>
          <result name="regsuccess">/index.jsp</result>
          <result name="regfail">/register.jsp</result>
</action>
```

上述配置信息中没有配置和方法有关的信息，可以在提交按钮中指定要调用的方法，在 index.jsp 中调用 login 方法，在 register.jsp 中调用 register 方法。代码如下所示：

```
<s:form action="Customer">
…
<s:submit value="Login" method="login"></s:submit>
</s:form>
<s:form action="Customer">
…
<s:submit value="Register" method="register">
</s:submit>
</s:form>
```

上述代码中，使用<s:submit value="Login" method="login">将表单提交到 Action 的 login 方法，使用<s:submit value="Register" method="register">将表单提交到 Action 的 register 方法。

（4）使用通配符配置 Action。

如果一个 Action 类中有多个方法，在 struts.xml 文件中通过 method 属性配置方法名时，就需要为该 Action 类取多个名字，每个名字对应一个方法，将有很多冗余信息。在这种情况下，可以使用通配符配置 Action，使得配置信息更为紧凑简练。CustomerAction 类的配置如下所示：

```
<action  name="Customer*"  class="com.etc.action.CustomerAction"  method=
"{0}">
          <result name="success">/welcome.jsp</result>
          <result name="fail">/index.jsp</result>
          <result name="regsuccess">/index.jsp</result>
          <result name="regfail">/register.jsp</result>
</action>
```

其中"Customer*"中的*号即通配符，method="{0}"中的{0}表示通配符的序号，即第一个通配符。如果 Action 的名字是 Customerlogin，通配符的值为 login，则对应 method 的值即为 login；如果 Action 的名字是 Customerregister，则对应 method 的值即为 register。

至此，本节已经较为全面地总结了不同情况下调用 Action 类的不同方式。其中，通过提交按钮的 method 属性指定方法名的方式，是一个值得推荐并强调的方法。该方式不仅使用简单，更为重要的是可以非常容易地实现一个表单的多个提交。

4.5　本章小结

Action 在 Struts2 框架中占有举足轻重的地位，本章在前面章节的基础上深入学习了 Action 的一些相关知识点。首先介绍了 Action 接口的作用，虽然可以通过实现 Action 接口来创建 Action 类，然而意义并不大。Action 类中的默认方法名是 execute，也可以定义其他方法名。如果 Action 中的方法名不是 execute，使用该 Action 就需要特定的配置和方法，本章全面地总结了不同情况下调用 Action 类的各种方式。通过本章学习，读者可以更深入地理解并使用 Action。

第 5 章

Action 类与 Servlet API

Struts2 框架中 Action 类的方法，不论名字是 execute 还是自定义的方法名，都没有参数，与 Servlet API 是解耦合的。因此 Action 类可以脱离 Servlet 容器环境进行单元测试。然而，在实际应用中往往需要使用请求、会话、上下文来保存及传递属性。本章将学习 Action 类如何与 Servlet API 交互。

5.1 使用 ActionContext

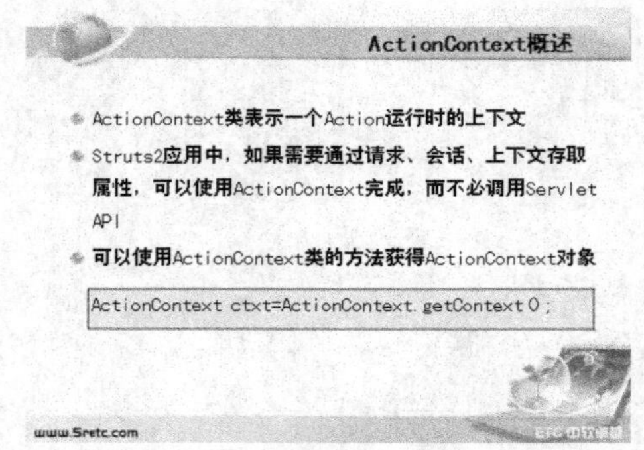

ActionContext 是 com.opensymphony.xwork2 包中的一个类，该类表示一个 Action 运行时的上下文。一般情况下，该类是一个 Action 运行时所需要的对象的容器，其中包含了如会话、请求参数等信息。

Struts2 应用中，如果需要通过请求、会话、上下文存取属性，可以使用 ActionContext 完成，而不必调用 Servlet API 中的 HttpServletRequest、HttpSession、ServletContext 对象，从而使得 Action 与 Servlet API 解耦。

要使用 ActionContext，首先需要获得 ActionContext 对象，获得 ActionContext 对象的方法如下：

```
ActionContext ctxt= ActionContext.getContext();
```

获得 ActionContext 对象后，可以通过该对象向请求、会话、上下文中存取属性。接下来创建 TestActionContext 类，在该类中测试 ActionContext 的使用。代码如下所示：

```
public class TestActionContext {
   public String execute(){
        ActionContext ctxt=ActionContext.getContext();
        return "success";
   }
}
```

上述代码中通过 ActionContext.getContext()方法返回 ActionContext 对象，在 struts.xml 中配置 TestActionContext，代码如下所示：

```
<action name="Test" class="com.etc.action.TestActionContext">
   <result name="success">/test.jsp</result>
</action>
```

准备好 TestActionContext 类后，接下来从请求、会话以及上下文三个方面介绍使用 ActionContext 类操作属性的方法。

（1）操作请求范围的属性。

ActionContext 中提供了如下两个方法，可以向请求范围存取属性：

public void put(Object key, Object value)：向 ActionContext 中存属性，该属性存在于请求范围。

public Object get(Object key)：从 ActionContext 中获取属性。

在 TestActionContext 中添加如下代码：

```
public String execute(){
       ActionContext ctxt=ActionContext.getContext();
       ctxt.put("reqattr", "请求属性");
       System.out.println("ActionContext.get: "+ctxt.get("reqattr"));
       return "success";
}
```

上述代码中的 ctxt.put("reqattr", "请求属性")向 ActionContext 对象中添加了一个字符串"请求属性"，属性名字为"reqattr"。通过使用 ctxt.get("reqattr")将该属性获取并在控制台打印。execute 方法执行结束后，跳转到 test.jsp 页面。在 test.jsp 页面中可以通过 EL 语言从请求范围获取该属性，代码如下所示：

```
<body>
   ${requestScope.reqattr}<br>
 </body>
```

通过浏览器访问 TestActionContext 后，跳转到 test.jsp 页面，将显示属性 reqattr 的值，如图 1-5-1 所示。

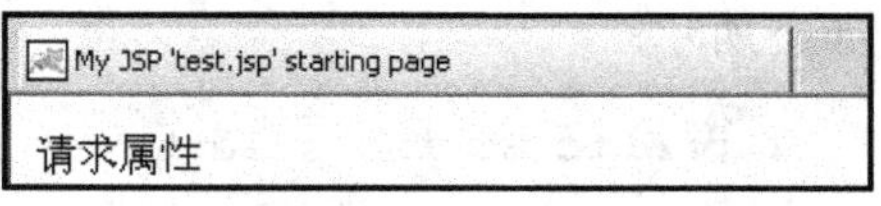

图 1-5-1　显示请求范围的属性值

同时，在容器的控制台将打印输出如下内容：

```
ActionContext.get: 请求属性
```

可见，如果在 Struts2 的 Action 中向请求范围存取属性，可以通过 ActionContext 对象的 get 和 put 方法完成。在 JSP 文件中，可以使用内置对象 request 或者 EL 的 requestScope 对象获取该属性。Action 依然与 Servlet API 解耦，并没有直接使用 Servlet API 中的请求接口。

（2）操作会话范围的属性。

为了能够操作会话范围的属性，ActionContext 类中提供了获得与会话相关的 Map 对象的方法，如下所示：

public Map getSession()：该方法返回值是一个 Map 对象，该 Map 对象与会话相关。通过调用返回值 Map 的 put(Object key,Object value)方法，可以向会话范围存属性；通过调用 Map

的 Object get(Object key)方法，可以从会话范围获取属性。

接下来，继续修改 TestActionContext 类，测试操作会话属性的方法。代码如下所示：

```
    public String execute(){
        …
    ActionContext ctxt=ActionContext.getContext();
            Map session=ctxt.getSession();
            session.put("sessionattr", "会话属性");
            System.out.println("ActionContext.getSession().get:
"+session.get("sessionattr"));
            return "success";
        }
```

上述代码中的 ctxt.getSession() 获得与会话相关的 Map 对象 session；使用 session.put("sessionattr","会话属性")方法向会话范围添加字符串类型的属性值“会话属性”，属性名字为 sessionattr；使用 session.get("sessionattr")方法从会话范围获取属性。在 test.jsp 页面中，可以通过 EL 语句，获取会话属性，代码如下所示：

```
    <body>
        ${requestScope.reqattr}<br>
        ${sessionScope.sessionattr}<br>
      </body>
```

可见，如果需要在 Action 中向会话范围存取属性，可以通过 ActionContext 类的 getSession 方法返回与会话对象相关的 Map 对象，进而操作会话范围内的属性，能够保证 Action 依然与 Servlet API 解耦。

（3）操作上下文范围的属性。

为了能够操作上下文范围的属性，ActionContext 类中提供了如下方法：

public Map getApplication()：该方法返回值是一个与上下文相关的 Map 对象，通过调用 Map 对象的 put(Object key,Object value)方法，可以向上下文范围存属性；通过 Map 接口的 Object get(Object key)方法，可以从上下文范围获取属性。

接下来继续修改 TestActionContext 类，通过 ActionContext 操作上下文范围的属性。代码如下所示：

```
    public String execute(){
    …
    Map application=ctxt.getApplication();
    application.put("applicationattr", "上下文属性");
    System.out.println("ActionContext.getApplication().get:
"+application.get("applicationattr"));

    return "success"; }
```

上述代码中的 ctxt.getApplication()获取与上下文对象有关的 Map 对象 application；使用 application.put 方法向上下文范围存属性，application.get 方法从上下文范围获取属性。在 test.jsp 文件中，可以通过如下代码获取上下文属性：

```
    <body>
        ${requestScope.reqattr}<br>
        ${sessionScope.sessionattr}<br>
```

```
    ${applicationScope.applicationattr}<br>
  </body>
```

至此，在 TestActionContext 类中已经测试了向请求、会话、上下文三个范围存取属性，并在 test.jsp 中分别获取了三个范围的属性。

5.2　使用 ServletActionContext

上节中学习了如何通过 ActionContext 对象，向 Servlet 的请求、会话、上下文对象中存取属性。通过 ActionContext 对象无法获得真正的请求、会话、上下文对象，而是通过获取请求、会话、上下文对象相关联的 Map 对象来实现存取属性功能，因此能保证 Action 类与 Servlet API 解耦。

在实际应用中，很可能在 Action 类中需要操作真正的请求、会话、上下文对象，而不仅仅是存取属性。Struts2 API 中提供了 ServletActionContext 类，该类中提供了如下 4 个静态方法，可以方便地获得 Servlet API 中的页面上下文、请求、会话、应用上下文对象：

（1）public static PageContext getPageContext()：获得 PageContext 对象。

（2）public static HttpServletRequest getRequest()：获得 HttpServletRequest 对象。

（3）public static HttpServletResponse getResponse()：获得 HttpServletResponse 对象。

（4）public static ServletContext getServletContext()：获得 ServletContext 对象。

下面通过实例演示 ServletContext 的使用，代码如下所示：

```
public class TestActionContext {
  public String execute(){
  HttpServletRequest request=ServletActionContext.getRequest();
  String ip=request.getRemoteAddr();
…
```

上述代码中，首先通过调用 getRequest 方法返回 HttpServletRequest 对象，然后调用请求对象的 getRemoteAddr 方法返回 IP 地址。使用 ServletActionContext 类可以非常便捷地获取 Servlet API 中的对象。然而，使用该类将导致 Action 与 Servlet API 耦合，不能进行单元测试，只能在容器环境中进行测试。因此，如果仅仅是需要存取请求、会话、上下文的属性，而不进行其他操作，则建议使用 ActionContext 类即可。

5.3 IoC 方式

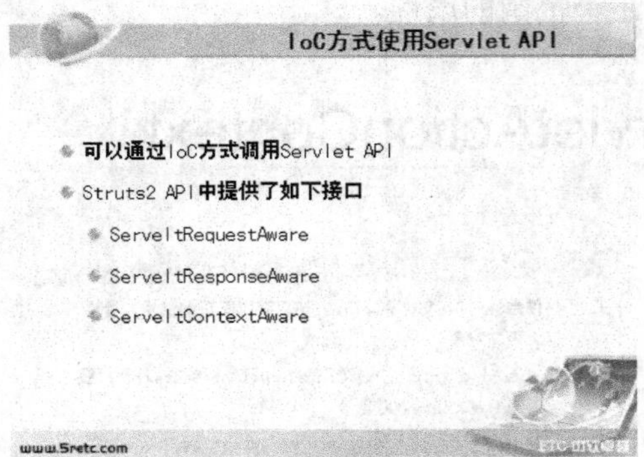

IoC 是 Inverse of Control 的缩写，被称为控制反转，也就是将对象的装配控制交给系统容器去实现，而不是在源代码中实现（相关知识请参考 Spring 部分）。Action 类中如果需要使用 Servlet API，也可以通过 IoC 的方式实现。

API 中提供了一系列的 XXXAware 接口，包括 ServeltRequestAware、ServeltResponseAware、ServeltContextAware 三个接口，接口中都提供了 setXXX 方法，如 setServletRequest、setServletResponse 和 setServletContext。

假设 TestActionContext 类需要通过 IoC 方式使用 ServletResponse 对象，该类需要实现 ServletResponseAware 接口，并覆盖其中的 setServletResponse 方法，代码如下所示：

```
public class TestActionContext implements ServletResponseAware{
   private HttpServletResponse response;
   public void setServletResponse(HttpServletResponse arg0) {
          this.response=arg0;
   }
…
```

上述代码中，首先声明了需要使用的响应变量 response，并覆盖了 setServletResponse 方法对 response 变量赋值。当 Action 类实现了 XXXAware 接口后，Struts2 框架将通过 IoC 方式将对应对象传递给 setXXX 方法，因此，往往在 Aciton 类中声明相应类型的变量，如上述代码中的“private HttpServletResponse response”。同时，在 setXXX 方法中，将参数赋值给变量，如上述代码中的“this.response=arg0”。那么，在 execute 方法中即可以直接使用声明的 Servlet API 的对象 response，代码如下所示：

```
public String execute(){
      response.addCookie(new Cookie("custname","ETC"));
…
```

通过 IoC 方式使用 Servlet API，代码更为规范简捷。然而 Action 依然与 Servlet API 耦合，不能进行单元测试。

5.4　ActionContext 使用实例

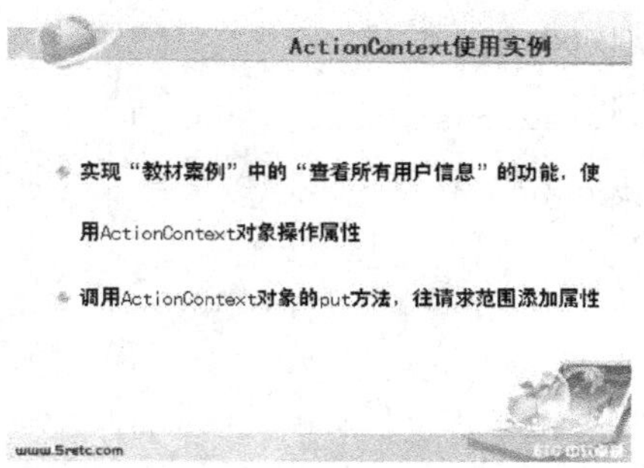

为了能够进一步掌握在 Struts2 框架中使用 Servlet API 的方法，本节将进一步完善“教材案例”，实现案例中显示所有用户信息的功能。

首先，修改登录成功的欢迎页面 welcome.jsp，加入超级链接，查看所有用户信息，代码如下所示：

```
<body>
    Welcome,${param.custname}<br>
    <a href="ViewAll.action">View All Customers.</a>
  </body>
```

上述代码中，超级链接“View All Customers”将链接到 ViewAll.action，执行查询用户信息的操作。接下来创建 ViewAllAction.java，调用业务逻辑，将查询得到的集合存储到 ActionContext 对象中。代码如下所示：

```
public class ViewAllAction {
   public String execute(){
        CustomerServiceImpl cs=new CustomerServiceImpl();
        cs.setDao(new CustomerDAOImpl());
        List<Customer> list=cs.viewAll();
        ActionContext ctxt=ActionContext.getContext();
        ctxt.put("allcustomers", list);
        return "success";
   }}
```

上述代码中，调用业务逻辑查询得到所有用户信息，存储到名字为 list 的集合对象中，使用 ActionContext 的 put 方法将 list 存储到请求范围内，名字是 allcustomers。要使用 ViewAllAction，必须先进行配置，配置 ViewAllAction 类的信息如下所示：

```
<action name="ViewAll" class="com.etc.action.ViewAllAction">
<result name="success">/allcustomers.jsp</result>
</action>
```

上述配置中，指定了 ViewAllAction 的导航目标是 allcustomers.jsp，接下来创建 allcustomers.jsp 页面，显示用户列表。代码如下所示：

```
<body>
 %@taglib uri="http://java.sun.com/jsp/jstl/core" prefix="c"%
```

```
  All Customers:<br>
 <table width="200" border="1">
 <tbody>
    <tr>
    <td> Custname</td>
    <td> age</td>
    <td>address </td>
    </tr>
    <c:forEach items="${allcustomers}" var="c">
    <tr>
    <td>${c.custname}</td>
    <td>${c.age}</td>
    <td>${c.address}</td>
    </tr>
    </c:forEach>
    </tbody></table><br>
  </body>
```

上述 JSP 页面中，使用 JSTL 和 EL 迭代 ActionContext 存储的集合对象 allcustomers，显示用户列表。

至此，查看所有用户信息的功能已经开发完成。首先访问 welcome.jsp 页面，如图 1-5-2 所示。

单击 welcome.jsp 中的超级链接后，将调用 ViewAllAction 中的 execute 方法执行查询用户列表的功能，最后跳转到 allcustomers.jsp 页面，显示用户列表，如图 1-5-3 所示。

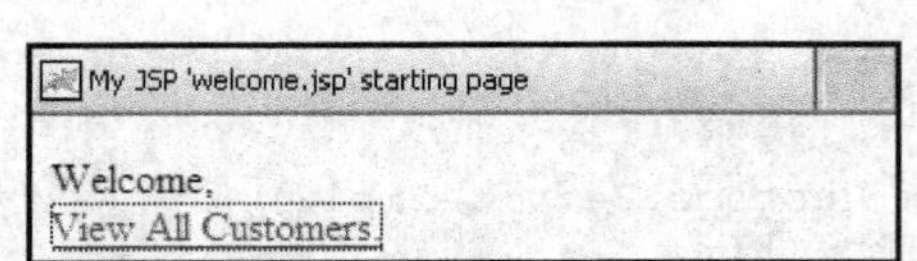

图 1-5-2　显示超级链接

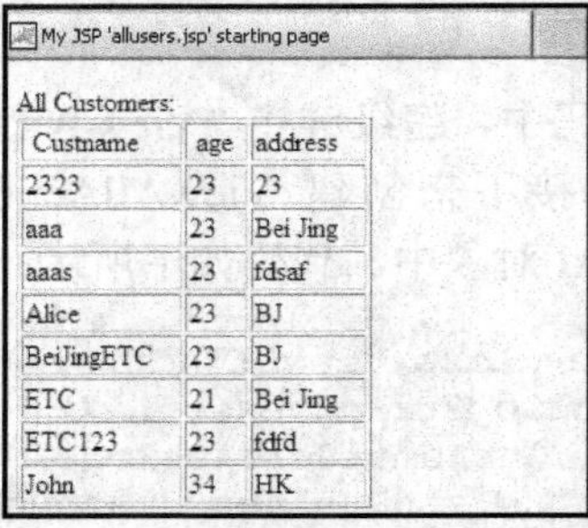

Custname	age	address
2323	23	23
aaa	23	Bei Jing
aaas	23	fdsaf
Alice	23	BJ
BeiJingETC	23	BJ
ETC	21	Bei Jing
ETC123	23	fdfd
John	34	HK

图 1-5-3　显示用户列表

5.5　本章小结

本章学习了 Action 类调用 Servlet API 的方法。如果只需要向请求、会话、上下文中存取属性，则使用 ActionContext 类即可完成。ActionContext 中的 put 和 get 方法，可以向请求范围存取属性；ActionContext 类的 getSession 方法，返回了与会话有关的 Map，通过该 Map 可以向会话范围存取属性；ActionContext 类的 getApplication 方法，返回了与上下文相关的 Map，通过该 Map 可以向上下文范围存取属性。通过 ActionContext 使用 Servlet API，Action 与 Servlet API 依然解耦，可以脱离容器进行单元测试。如果 Action 需要使用 Servlet API 中真正的对象，可以有两种方式获得 Servlet API 的对象，分别是使用 ServletActionContext 类的静态 getXXX 方法直接获得相关对象，以及通过 IoC 方式获得相关对象。Action 类中如果获得了真正的 Servlet API 的对象，就与 Servlet API 耦合，无法进行单元测试。

第 6 章

Action 类封装请求参数

Web 应用中的动态功能往往都通过表单提交完成，因此，常常需要在控制器中获得请求参数。在 Servlet 中可以通过 HttpServletRequest 中的 getParameter 方法获得请求参数。在 Struts2 的 Action 类中，可以通过第 5 章学习的内容获得请求对象，进一步获得请求参数。然而，如果在 Action 中获得请求对象，Action 将与 Servlet API 耦合，无法进行单元测试。Struts2 API 中提供了拦截器在执行 Action 前封装请求参数，使得 Action 类能够便捷地使用请求参数，并保证与 Servlet API 脱耦。本章将学习 Action 封装请求参数的方法。

6.1 Field-Driven 方式

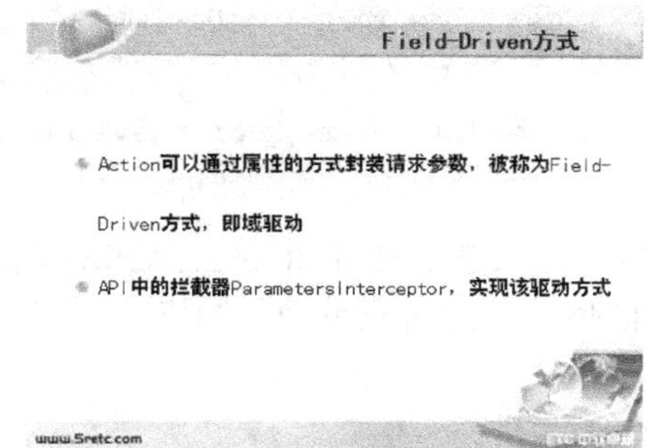

如前面章节学习到的，API 中定义了很多拦截器实现框架的默认功能，其中有一个类名为 com.opensymphony.xwork2.interceptor.ParametersInterceptor 的拦截器，该拦截器将从 ActionContext 中获取所有的请求参数，并通过调用 ValueStack（值栈）中的 set(String,Object) 方法，将请求参数逐一封装到 Action 类中对应的属性中。这种封装请求参数的方式，称为域驱动，即 Field-Driven 方式。本节将通过“教材案例”中的 RegisterAction 展示 Field-Driven 方式的使用。

“教材案例”中的注册页面 register.jsp，注册表单代码如下所示：

```
    <s:form action="Register">
           <s:textfield name="custname" label="Input your custname"></s:
textfield>
           <s:password name="pwd" label="Input your password"></s:password>
           <s:textfield name="age" label="Input your age"></s:textfield>
           <s:textfield name="address" label="Input your address"></s:
textfield>
           <s:submit value="Register"></s:submit>
    </s:form>
```

上述代码中，使用 action="Register"指定表单提交到名字为 Register 的 Action 中，该 Action 类可以采用 Field-Driven 方式封装注册页面的请求参数。为了能够封装表单的请求参数，必须在 RegisterAction 类中声明与注册页面表单域名相同的属性，并提供 getXXX 和 setXXX 方法，代码如下所示：

```
public class RegisterAction {
   private String custname;
   private String pwd;
   private Integer age;
   private String address;
   public String getCustname() {
       return custname;
   }
   public void setCustname(String custname) {
       this.custname = custname;
   }
…
```

上述代码中，声明了与注册表单中输入域对应的四个变量，并对每个变量都提供了 getters 和 setters 方法。ParametersInterceptor 拦截器是所有 Action 默认使用的拦截器，所以 RegisterAction 类中的属性将自动封装注册表单的请求参数。在 RegisterAction 的 execute 方法中可以直接使用变量，代码如下所示：

```
public String execute(){
CustomerServiceImpl cs=new CustomerServiceImpl();
cs.setDao(new CustomerDAOImpl());
try {
   cs.register(new Customer(custname,pwd,age,address));
…
```

上述代码的 execute 方法中，可以直接使用 RegisterAction 类中的 custname、pwd、age 以及 address 变量，这四个变量的值就是注册表单输入的值。

6.2 Model-Driven 方式

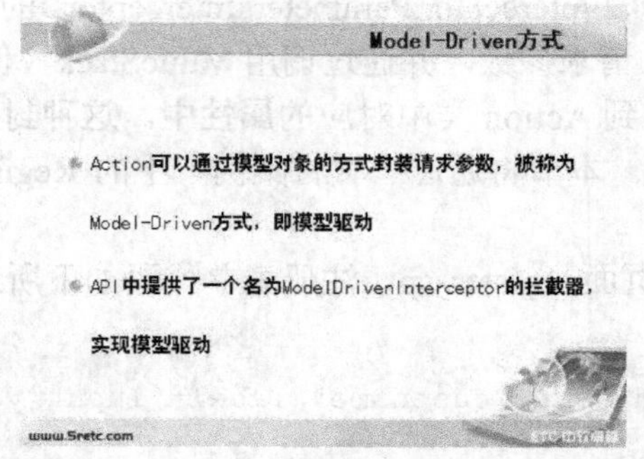

Model-Driven方式
Action可以通过模型对象的方式封装请求参数，被称为
Model-Driven方式，即模型驱动
API中提供了一个名为ModelDrivenInterceptor的拦截器，
实现模型驱动
www.5retc.com

上节学习了使用 Field-Driven 方式封装请求参数。另外，Action 还可以通过 Model-Driven 方式封装请求参数。与 Field-Driven 方式不同，Model-Driven 方式使用一个模型对象来封装请求参数，而不是使用 Action 类的变量封装请求参数。API 中提供了一个拦截器 com.opensymphony.xwork2.interceptor.ModelDrivenInterceptor，可以实现 Model-Driven 方式封装请求参数。

修改“教材案例”中的 RegisterAction 类，使用 Model-Driven 方式封装请求参数。要使用 Model-Driven 方式，首先 RegisterAction 类需要实现 ModelDriven<Customer>接口，覆盖接口中的 getModel 方法，代码如下所示：

```
public class RegisterAction implements ModelDriven<Customer> {
    public Customer getModel() {
        return null;
    }
}
```

上述代码中，类实现了接口中的 getModel 方法，该方法将返回封装请求参数的对象，注册页面对应的实体对象是 Customer 对象，所以 getModel 方法的返回值为一个 Customer 类的对象。代码如下所示：

```
public class RegisterAction implements ModelDriven<Customer> {
    private Customer cust=new Customer();
    public Customer getModel() {
        return cust;
    }}
```

上述代码中，getModel 方法返回了 Customer 类对象 cust，Customer 类中的变量必须与注册页面的表单域一一对应，并有相应的 getters 和 setters，否则将发生错误。在 RegisterAction 类的 execute 方法中，可以直接使用 cust 对象，代码如下所示：

```
public String execute(){
        CustomerServiceImpl cs=new CustomerServiceImpl();
        cs.setDao(new CustomerDAOImpl());
        try {
            cs.register(cust);
            return "regsuccess";
        } catch (RegisterException e) {
            e.printStackTrace();
            return "regfail";
        }}
```

由于 RegisterAction 类实现了 ModelDriven<Customer>接口，所以拦截器会调用其 getModel 方法，并将表单域的值通过 Customer 类的 setXXX 方法，赋值给 getModel 方法返回的 Customer 对象 cust，因此 cust 对象即封装了注册表单的域的值，execute 方法中可以直接使用该对象进行注册。

6.3　本章小结

请求参数是 Web 应用中最常使用的变量，控制器通过获得请求参数从而获悉客户的需求，进一步完成服务器端处理。本章学习了 Action 封装请求参数的两种方式，即 Field-Driven 及 Model-Driven 方式，两种方式的实现都依赖特定拦截器。Field-Driven 方式是在 Action 类中声明与提交表单域对应的变量，并提供 setXXX 和 getXXX 方法，将表单域的值封装到 Action 变量中。Model-Driven 方式要求 Action 类实现 ModelDriven 接口，实现接口的 getModel 方法，该方法将表单对应的值对象返回，直接将表单域的值封装成对象。

第7章 Action类的属性

Struts2 框架中的很多功能都需要依赖 Action 类的属性实现，例如，可以用来封装请求参数，可以用来在各个 Action 之间传递对象等。可以说，Action 类的属性在 Struts2 应用中起到至关重要的作用。本章将学习与 Action 属性相关的知识点。

7.1 Action 是多实例的

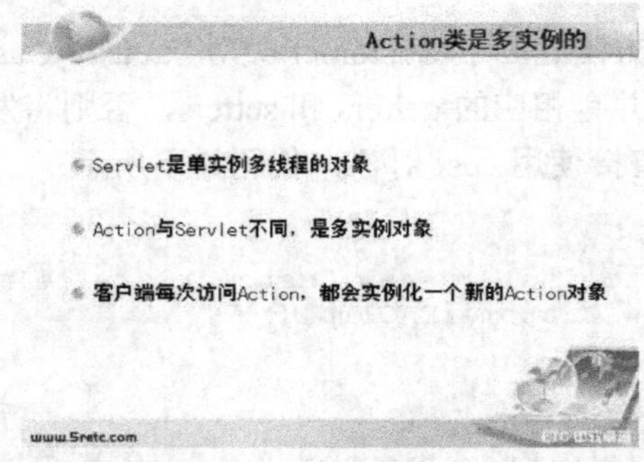

要理解 Action 属性的使用，首先必须了解 Action 实例化的情况。Servlet 是单实例多线程的对象，即多个客户端同时访问一个 Servlet 时，容器通过多线程访问同一个 Servlet 实例。而 Action 类与 Servlet 不同，是多实例的对象，即每个客户端每次访问 Action 时，即产生一个新的 Action 对象处理其请求。

下面使用实例演示 Action 的实例化情况。首先创建 TestAction 类，封装请求参数 count，代码如下所示：

```
public class TestAction {
   private Integer count;
   public Integer getCount() {
       return count;
   }
   public void setCount(Integer count) {
       this.count = count;
   }
   public TestAction(){
       System.out.println("创建了一个 TestAction 类对象。");
   }
   public String execute(){
       count++;
       return "success";
   }
}
```

上述 TestAction 类的构造方法 TestAction()中，打印输出了字符串。只要创建了一个 TestAction 对象，就一定会在控制台打印一条“创建了一个 TestAction 类对象。”字符串。代码中的 execute 方法对 count 进行了加 1 操作。

要使用 Action，首先必须在 struts.xml 中进行配置。TestAction 类的配置如下：

```
<action name="Test" class="com.etc.action.TestAction">
   <result name="success">/testaction.jsp</result>
</action>
```

上述配置中，将 TestAction 配置为 Test，同时配置页面导航为 testaction.jsp，当访问 TestAction 时，将跳转到 testaction.jsp 页面。在 testaction.jsp 中使用<s:property>标签输出 Action 中的 count 值，代码如下所示：

```
<body>
    <%@taglib uri="/struts-tags" prefix="s" %>
    <s:property value="count"/> <br>
</body>
```

接下来，通过浏览器访问 TestAction，并同时传递请求参数 count=1，并刷新四次，也就是对 TestAction 进行了四次访问，但是 count 值永远是 2，并没有累加，如图 1-7-1 所示。

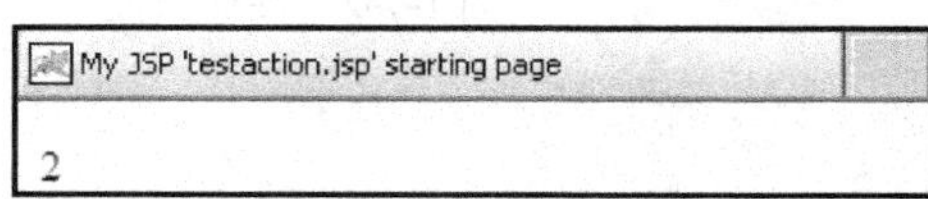

图 1-7-1　count 值并不累加

如图 1-7-1 所示，虽然对 TestAction 访问了四次，可是 count 并没有累加，而永远打印输出 2。同时，控制台打印输出结果如下：

```
创建了一个 TestAction 类对象。
创建了一个 TestAction 类对象。
创建了一个 TestAction 类对象。
创建了一个 TestAction 类对象。
```

通过上面的测试，可见每次访问 TestAction 都将创建一个新的实例，都调用一次构造方法，并打印输出了构造方法中的语句。其中，count 是实例变量，每实例化一个 Action 的对象，都将初始化一个 count 被 Action 对象引用，所以打印输出的 count 值是每一个 Action 对象所引用的 count 值，并没有累加。由于 Action 是多实例对象，所以可以使用 Action 的属性封装当前 Action 对象使用的变量，而不会发生混淆。

7.2　Action 属性封装请求参数

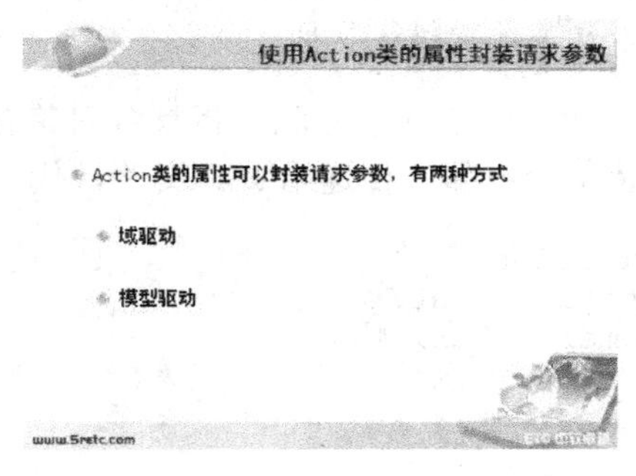

如果一个 Action 是通过表单提交的，那么 Action 往往需要获取表单的请求参数。Action 封装请求参数有两种方式，分别是 Field-Driven 和 Model-Driven，在第 6 章已经详细学习过。

值得注意的是，通过 Action 跳转到 JSP 页面时，只要 JSP 页面的表单是通过 Struts2 的标签实现的，那么表单域将自动将 Action 封装的请求参数值回显。例如，在注册页面中输入已经存在用户名 ETC，如图 1-7-2 所示。

由于 ETC 已经被注册过，所以 Action 将跳转回 register.jsp 页面，register.jsp 中的表单是使用 Struts2 中的标记实现的，所以跳转到 register.jsp 后，表单将自动回显除密码外的输入信息，如图 1-7-3 所示。

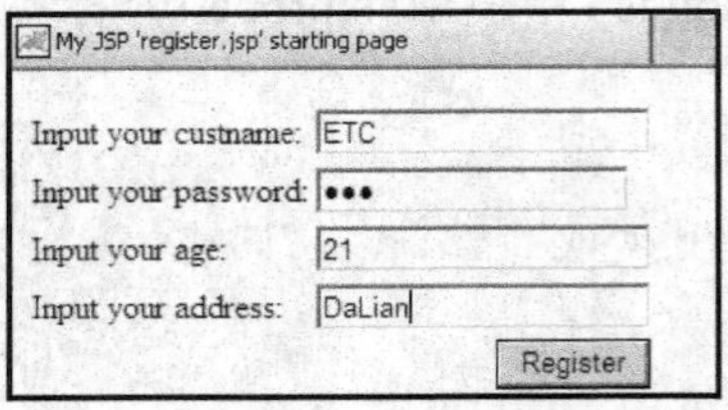

图 1-7-2　注册页面

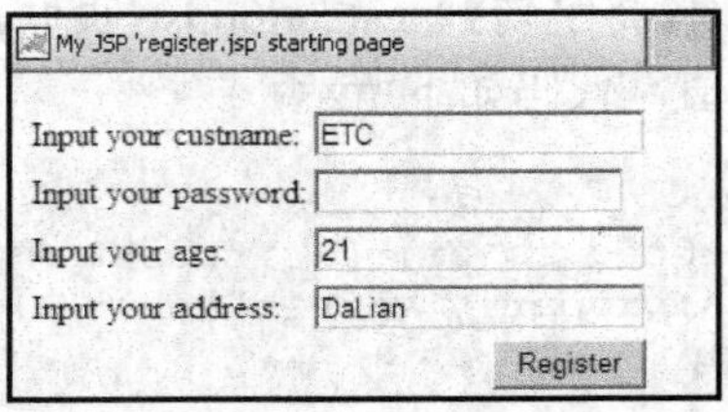

图 1-7-3　回显信息

7.3　Action 属性传递对象

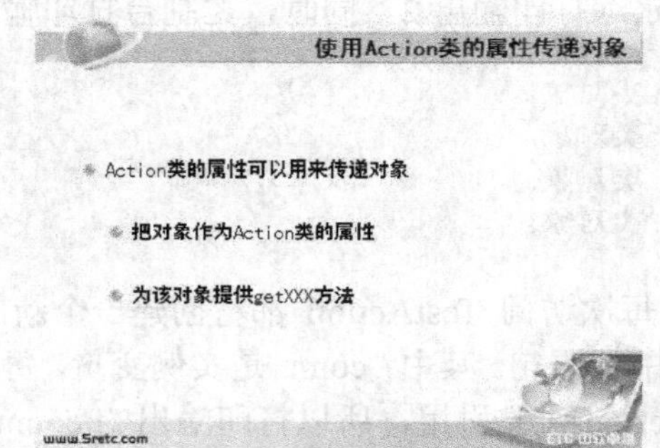

Action 属性不仅可以封装请求参数，还可以封装用来在各组件之间传递的对象，如控制器传递给视图的对象等。如“教材案例”中的 ViewAllAction，需要往 allcustomers.jsp 中传递一个 List<Customer>对象，在前面章节中通过如下代码实现：

```
List<Customer> list=cs.viewAll();
ActionContext ctxt=ActionContext.getContext();
ctxt.put("allcustomers", list);
```

上述代码是通过 ActionContext 的 put 方法，将集合对象存储到请求范围内。下面修改 ViewAllAction，通过属性封装集合对象，传递给 JSP 文件，代码如下所示：

```
public class ViewAllAction {
   private List<Customer> list;
   public List<Customer> getList() {
       return list;
   }
```

```
    public String execute(){
        CustomerServiceImpl cs=new CustomerServiceImpl();
        cs.setDao(new CustomerDAOImpl());
        list=cs.viewAll();
        return "success";
    }
```

上述代码中，在 ViewAllAction 类中声明了属性 list，并提供 getList 方法。在 execute 方法中，对 list 对象进行了赋值。Action 的属性 list 将被存储到请求范围内，名字为 list，作为请求属性传递给 JSP 文件。JSP 文件中使用 JSTL 对 list 进行迭代，代码如下所示：

```
<c:forEach items="${requestScope.list}" var="c">
   <tr>
   <td>${c.custname}</td>
   <td>${c.age}</td>
   <td>${c.address}</td>
   </tr>
</c:forEach>
```

值得注意的是，ViewAllAction 中的 getList 方法必不可少，且必须遵守命名规范，否则在 JSP 文件中将无法获得 list 对象。

7.4　Action 属性封装 Action 配置参数

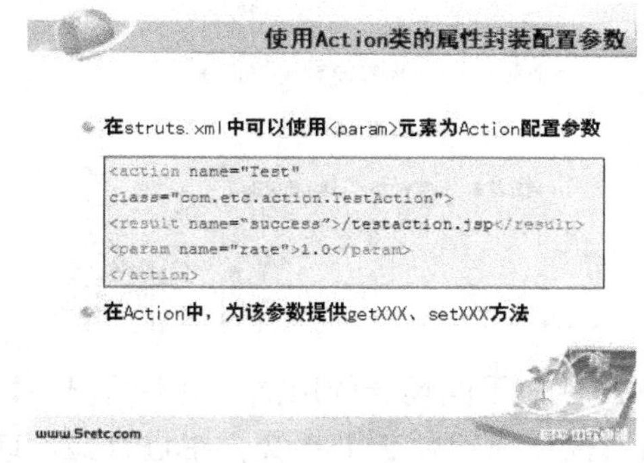

在 struts.xml 中可以使用<param>元素为 Action 配置参数。例如，在 struts.xml 中可以为 TestAction 配置参数 rate，值为 1.0，代码如下所示：

```
<action name="Test" class="com.etc.action.TestAction">
<result name="success">/testaction.jsp</result>
<param name="rate">1.0</param>
</action>
```

在 struts.xml 中配置了 Action 的 param 后，要想在 Action 中使用该参数，就需要在 Action 中为参数提供 getXXX 和 SetXXX 方法，修改 TestAction，代码如下所示：

```
public class TestAction {
   private Integer count;
   private Double rate;
   public Double getRate() {
```

```
        return rate;
    }
    public void setRate(Double rate) {
        this.rate = rate;
    }
    …
    public String execute(){
        count++;
        System.out.println("rate is : "+rate);
        return "success";
    }}
```

上述代码中，在 TestAction 中定义了变量 rate，并提供了 getRate 和 setRate 方法，execute 方法中可以直接使用变量 rate，rate 的值就是 struts.xml 中配置的值 1.0。访问 TestAction 后，控制台中将打印输出如下结果：

```
创建了一个 TestAction 类对象。
rate is : 1.0
```

可见，rate 已经封装了 struts.xml 中的 Action 的 param 值。

7.5 JSP 文件中如何获得 Action 属性

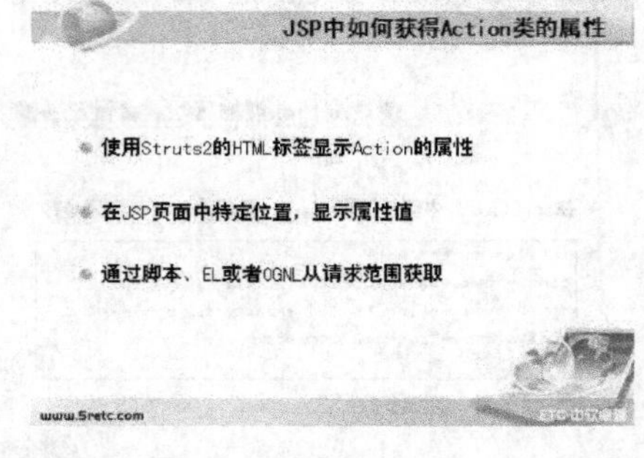

前面章节学习了 Action 属性在不同场合的用法。很多情况下，不论 Action 属性封装的是什么变量或对象，Action 的属性往往需要在 JSP 文件中进行显示或使用。本章将介绍 JSP 中常用的显示 Action 属性的方法。

（1）使用 Struts2 的 HTML 标签显示 Action 的属性。

如果 JSP 的表单元素是使用 Struts2 标签生成的，那么表单元素将使用 Action 中对应的 getXXX 方法的返回值填充。例如，register.jsp 中的表单，代码如下所示：

```
<%@taglib uri="/struts-tags" prefix="s" %>
    <s:form action="Register">
        <s:textfield name="custname" label="Input your custname"></s:
textfield>
        <s:password name="pwd" label="Input your password"></s:password>
        <s:textfield name="age" label="Input your age"></s:textfield>
        <s:textfield name="address" label="Input your address"></s:
textfield>
        <s:submit value="Register"></s:submit>
    </s:form>
```

上述 register.jsp 页面中，表单提交到 RegisterAction，访问该 JSP 时，将调用与 JSP 有关的 Action 的 getXXX 方法，用其返回值填充表单。如果 Action 使用 Model-Driven 方式封装请求参数，就调用 Action 中的 Model 对象的 getXXX 方法填充表单。例子中与 register.jsp 有关的 Action 是 RegisterAction，使用 Model-Driven 方式封装请求参数，其中的 getModel 方法返回 Customer 对象。那么，将调用 Customer 对象的 getCustname 方法，其返回值填充名字为 custname 的文本框；调用 getAge 方法，其返回值填充名字为 age 的文本框；调用 cust 对象的 getAddress 方法，其返回值填充名字为 address 的文本框；其中密码框默认不使用值填充。

（2）在 JSP 页面中的特定位置显示属性值。

如果需要在 JSP 页面中的某个特定位置，而不是表单元素，显示属性的值，则使用 Struts2 的 property 标签即可，代码如下所示：

```
<%@taglib uri="/struts-tags" prefix="s" %>
   count: <s:property value="count"/> <br>
   rate: <s:property value="rate"/> <br>
```

上述代码中使用<s:property value="count"/>输出 Action 的 count 属性值，将调用 Action 中的 getCount 方法显示其返回值。使用<s:property value="rate"/>输出 Action 的 rate 属性值，调用 Action 中的 getRate 方法将其返回值在指定位置输出。

（3）通过脚本、EL 或者 OGNL 从请求范围获取。

如果需要在 JSP 中获取 Action 的属性，并对其进行迭代、运算等处理，而不是直接显示，则可以通过 JSP 脚本、EL 或者 OGNL（参考 OGNL 章节）从请求范围获取 Action 属性。如下面代码中，使用 EL 获取 ViewAllAction 中的属性 list，并进行迭代处理：

```
<c:forEach items="${requestScope.list}" var="c">
   <tr>
   <td>${c.custname}</td>
   <td>${c.age}</td>
   <td>${c.address}</td>
</tr>
```

7.6　本章小结

Action 类是多实例的，每次访问 Action，都将实例化一个 Action 对象，所以 Action 类的属性是线程安全的。Action 类的属性可以用来封装请求参数，或者封装用来在控制器和视图之间传递的对象，也可以封装 Action 的配置参数。本章通过实例，学习了 Action 属性的作用以及在 JSP 页面中使用 Action 属性的各种方法。

第 8 章 值栈与 OGNL

第 7 章学习了通过 Action 类的属性封装请求参数、Action 的配置参数、控制器与视图之间之间传递的对象等，而这一切其实都与值栈（Value Stack）有关。而值栈又总是离不开 OGNL(Object Graphic Navigation Language), OGNL 是一种表达式语言，是 Struts2 默认的表达式语言，可以方便地从值栈中获取相关数据。值栈和 OGNL 是相辅相成的，对于理解 Struts2 框架尤其是深入理解 Struts2 标记库非常必要。本章将学习值栈和 OGNL 相关知识点。

8.1 值栈

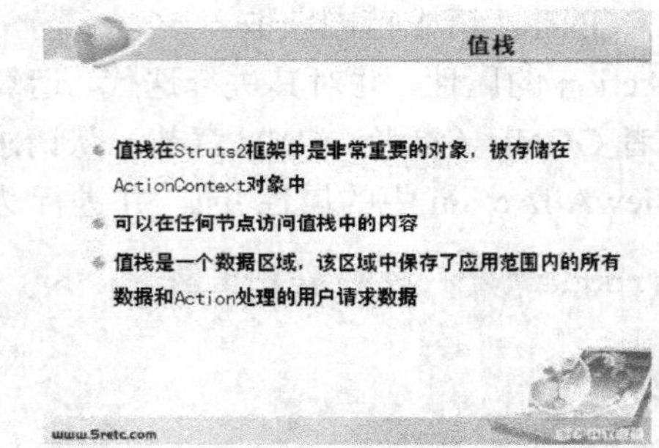

在 Struts2 API 中，有一个接口 com.opensymphony. xwork2.util.ValueStack，称为值栈。值栈在 Struts2 框架中是非常重要的对象，被存储在 ActionContext 对象中，因此可以在任何节点访问值栈中的内容。值栈是一个数据区域，该区域中保存了应用范围内的所有数据和 Action 处理的用户请求数据。ValueStack 接口中有如下主要方法：

（1）Object findValue(String expr)：通过表达式查找值栈中对应的值。

（2）void setValue(String expr, Object value)：将对象指定表达式存到值栈中。

接下来通过实例演示值栈的使用和作用。创建 TestVSAction 类，该类有 3 个属性 cust、list 以及 title，其中 title 通过请求参数传递，而 cust 和 list 在 execute 方法中进行赋值：

```
public class TestVSAction {
   private Customer cust;
   private List<Customer> list;
   private String title;
//省略 getters 和 setters
   public String execute(){
       cust=new Customer("Kate","123");
       list=new ArrayList<Customer>();
       list.add(new Customer("John","123"));
       list.add(new Customer("Jerry","123"));
```

```
        list.add(new Customer("Tom","123"));
        return "success";
    }}
```

在 struts.xml 中配置 TestVSAction，代码如下所示：

```
<action name="TestVS" class="com.etc.action.TestVSAction">
      <result name="success">/testvs.jsp</result>
</action>
```

通过上面的配置，访问 TestVSAction 后将跳转到 testvs.jsp 页面。在 testvs.jsp 中，获得值栈对象，通过值栈接口的 findAttribute 方法获得属性，代码如下所示：

```
<body>
<%
ValueStack vs=(ValueStack)request.getAttribute("struts.valueStack");
     String title=vs.findString("title");
     Customer cust=(Customer)vs.findValue("cust");
     List<Customer> list=(List<Customer>)vs.findValue("list");
    %> <br>
    Title:<%=title%><br>
    cust.custname: <%=cust.getCustname() %><br>
    list.get(0).custname: <%=((Customer)list.get(0)).getCustname()%>
</body>
```

上述代码中，通过使用 request.getAttribute("struts.valueStack")返回值栈对象。可见，值栈对象是请求范围的一个属性，名字为 struts.valueStack。Action 中的所有属性都已经存储在值栈中，通过调用值栈的 findValue 方法，可以获得 Action 的任意属性。然而，在实际应用中，获取值栈的内容往往通过 Struts2 的标签实现，更为便捷有效。Struts2 的标签默认使用的表达式语言是 OGNL，下节中将学习 OGNL 语言。

8.2 OGNL

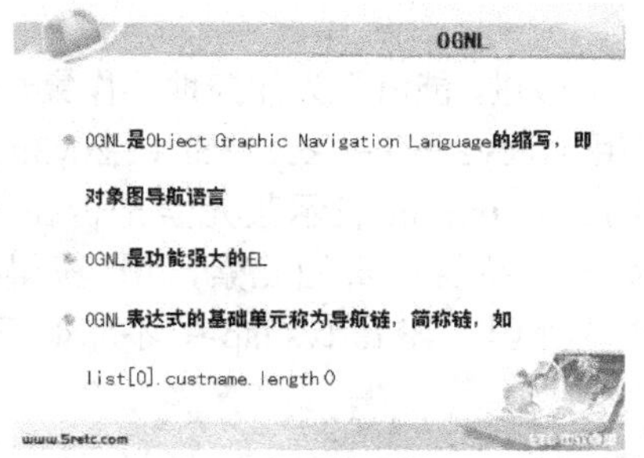

OGNL 是 Object Graphic Navigation Language 的缩写，即对象图导航语言，是一种功能强大的 EL。OGNL 是独立的 API，有单独的 jar 包，必须引入到 Struts2 工程中，如图 1-8-1 所示。

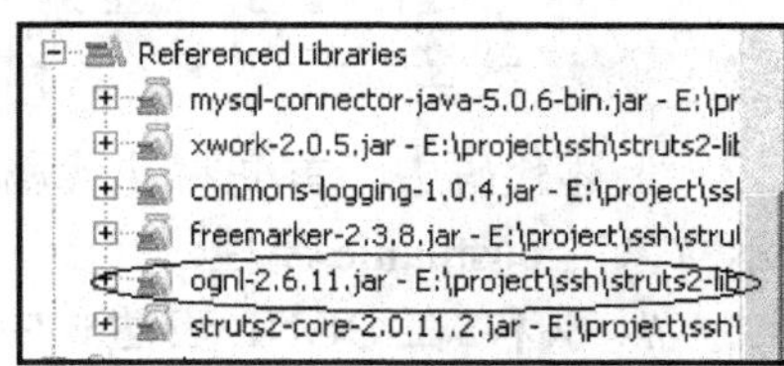

图 1-8-1　引入 OGNL 包

OGNL 的基本语法非常简单，然而 OGNL 能支持丰富而复杂的表达式。OGNL 表达式的基础单元称为导航链，简称链，如 list[0].custname.length()就是一个链。一个基本的链由如下部分组成：

（1）属性名：如 cust.custname.length()中的 cust 即属性名。

（2）方法调用：如 cust.custname.length()中的 length()即方法调用。

（3）数组、集合元素：如 list[0].custname.length()中的 list[0]即集合的第一个元素。

标准的 OGNL 会设定一个根对象（root 对象），Struts2 中的 OGNL 的根是值栈。Struts2 中 OGNL 上下文包括如下对象：

（1）值栈：OGNL 上下文的根对象。

（2）application：访问 ServeltContext

（3）session：访问 HttpSession

（4）request：访问 HttpServletRequest

（5）parameters：访问请求参数

（6）attr：按照 page-request-session-application 顺序访问属性。

值栈是 OGNL 上下文的根对象，所以可以直接访问，而 application、session 等对象不是根对象，如果需要访问这些对象，就需要使用#进行访问。例如，#session.cust 相当于 ActionContext.getContext().getSession().getAttribute("cust")，即访问一个名字为 cust 的会话范围属性。

OGNL 往往结合 Struts2 的标记使用，修改 TestVSAction，在会话范围内存储属性，代码如下所示：

```
Map session=ActionContext.getContext().getSession();
session.put("cust",cust);
```

上述代码中，在会话范围内存储一个名字为 cust 的属性，在 testvs.jsp 文件中，使用 property 标记显示 OGNL 表达式的值：

```
OGNL: <br>
    <s:property value="cust.custname.length()"/><br>
    <s:property value="title"/><br>
    <s:property value="#session.cust"/>
```

上述代码中，cust.custname.length()将返回属性 cust 的 custname 变量的长度，#session.cust 则返回会话范围内的 cust 属性。

OGNL 对集合的操作也有很大改进，能够更为便捷地操作集合元素。例如，可以使用{e1,e2,s3}直接生成一个 List 对象，可以使用#{key1:value1,key2:value2,key3:value3}生成一个 Map 对象。

对于集合类型，可以使用 in 和 not in 表示某元素是否在该集合中，用?表示获得符合逻辑的所有元素，用^表示获得第一个符合逻辑的元素，用$获得符合逻辑的最后一个元素。下面通过实例演示 OGNL 对集合的处理，在 testvs.jsp 中添加如下代码：

```
<s:iterator value="list.{?#this.age>20}">
       <li><s:property value="custname" /></li>
</s:iterator>
```

上述代码中，首先将迭代属性 list，获取集合中 age 属性大于 20 的 Customer 对象，并显示对象的 custname 属性。

#、%和$在 OGNL 表达式中经常出现，下面总结这三种符号的作用。

（1）#号：#有三种作用。

访问非根对象：OGNL 上下文的根对象是值栈，可以直接访问，当访问其他非根对象时，需要使用#，如#session.cust，可以获得会话的 cust 属性。

用于过滤集合：list.{?#this.age>20}，取出年龄大于 20 的集合元素。

用来构造 Map：如#{“cust0”:cust0, “cust1”:cust1}，可以构建一个 Map 对象，包含两对键值记录，

（2）%号：%号用来计算 OGNL 表达式的值。

在 Struts2 标签库中，有的标签属性是一个字符串，如 url 标签。在 testvs.jsp 中加入如下代码：

```
<p><s:url value="http://www.5retc.com" /></p>
```

其中 value 属性即将其值作为一个字符串输出，例如，通过 http://localhost:8080/chapter08/ TestVS.action? title=Java 访问，跳转到 testvs.jsp 中显示 url 的值，如图 1-8-2 所示。

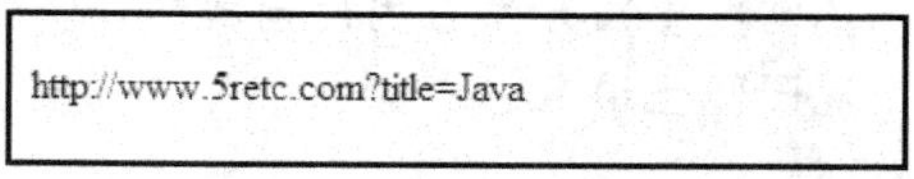

http://www.5retc.com?title=Java

图 1-8-2　显示 url 值

然而，如果 url 标记的 value 值不是一个字符串，而是一个 OGNL 表达式，希望将 OGNL 表达式的运算值作为 value 的值，那么就需要使用%，同时看一下不使用%的情况，代码如下所示：

```
<s:set name="foobar" value="#{'foo1':'bar1', 'foo2':'bar2'}" />
<p>The value of key "foo1" is <s:property value="#foobar['foo1']" /></p>
<p><s:url value="#foobar['foo1']" /></p>
<p><s:url value="%{#foobar['foo1']}" /></p>
```

上述代码中，使用<s:url value="#foobar['foo1']"/>输出 url 的值，url 的值通过 OGNL 表达式生成，但是却并没有使用%。接下来，使用<s:url value="%{#foobar['foo1']}" />输出另外一个 url 的值，url 依然通过 OGNL 表达式生成，但是却使用了%。通过 http://localhost:8080/ chapter08/ TestVS.action?title=Java 访问，跳转到 testvs.jsp 中，显示结果如图 1-8-3 所示。

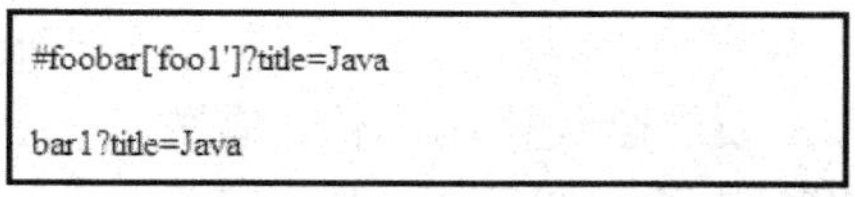

#foobar['foo1']?title=Java

bar1?title=Java

图 1-8-3　显示结果

可见，不使用%则并没有运算#foobar['foo1']，而是将表达式直接作为字符串输出。而使用了%的 OGNL，则将#foobar['foo1']当作 OGNL 表达式进行了运算，输出运算后的结果 bar1?title=Java。

（3）$号：$有两种作用。

国际化资源文件中使用：在国际化资源文件中，使用${ }引用 OGNL 表达式。国际化相关知识请参考后面章节。

Struts2 的配置文件中使用：使用${}引用 OGNL 表达式。

8.3　本章小结

值栈是 Struts2 框架中一个重要的对象，存储在请求范围内。Struts2 运行过程中的所有值都可以在值栈中找到。OGNL 可以直接访问值栈中的对象，是 Struts2 默认的表达式语言，往往结合 Struts2 的标签使用。通过本章的学习，读者可以更深入理解 Action 属性的使用，同时也对使用 Struts2 标签打下必要的基础。

第 9 章 国际化

一个 Web 应用的用户可能具有不同语言背景，那么就有必要提供不同语言版本的应用，如英语版、中文版、法语版等。然而我们却不希望从头开始为每种语言开发一套完整的应用。使用 Struts2 的国际化机制能够将不同语言版本的字符保存在属性文件中，在不需要重新开发应用的前提下，实现不同语言版本的应用。本章将学习 Struts2 中如何实现国际化编程。

9.1 哪些内容需要国际化

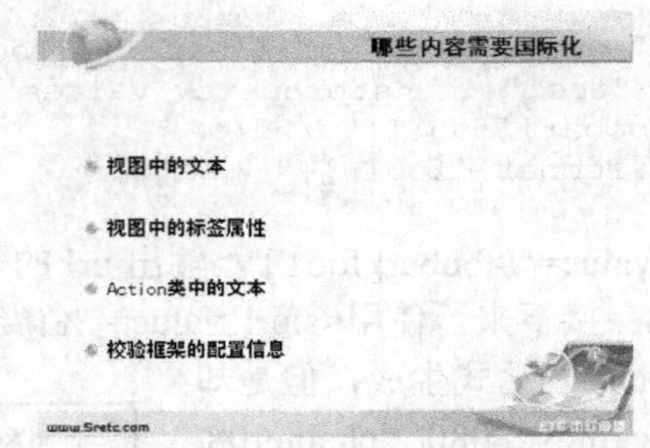

要学会使用国际化，首先需要了解一个 Web 应用中哪些内容需要进行国际化。需要国际化的内容往往有以下几个方面。

（1）视图中的文本。

视图中的文本往往需要进行国际化。如果视图采用 JSP 文件，如 register.jsp 文件：

```
<%@taglib uri="/struts-tags" prefix="s" %>
    Please Input your register info:<br>
    <s:form action="Register">
        <s:textfield name="custname" label="Input your custname"></s:
textfield>
        <s:password name="pwd" label="Input your password"></s:password>
        <s:textfield name="age" label="Input your age"></s:textfield>
        <s:textfield name="address" label="Input your address"></s:
textfield>
        <s:submit value="Register"></s:submit>
    </s:form>
  </body>
```

上述代码中的“Please Input your register info:”就是文本，如果应用需要国际化，那么这样的文本就不应该硬编码到视图文件中，而是应该能够动态显示不同语言版本的内容，即进行国际化编程。

（2）视图中标签的属性。

视图中除了文本以外大多都是表单元素，表单元素很多属性也需要国际化。如上面提到的 register.jsp 文件中的标签“<s:textfield name="custname" label="Input your custname"></s:textfield>”，其中 label 的值将作为文本框的标记显示，就应该需要国际化；又如“<s:submit value="Register"></s:submit>”中的 value 值作为按钮的标记显示，也应该需要国际化。

（3）Action 类中的文本。

在 Action 类中，可能有些文本需要显示到视图上，那么这些文本也需要国际化，而不应该硬编码到类文件中。Action 类如果需要使用国际化的文本，往往继承 ActionSupport 类，调用 ActionSupport 类的 getText 方法即可获得国际化资源。相关内容参见下面章节的输入校验部分。

（4）使用校验框架的配置信息。

Action 类可以通过校验框架配置进行输入校验。在配置校验框架时，可以使用国际化资源。相关内容参见下面章节的输入校验部分。

如果能将上面提到的 4 种内容都进行了国际化，那么该应用就是一个国际化的应用。

9.2 Struts2 国际化资源文件

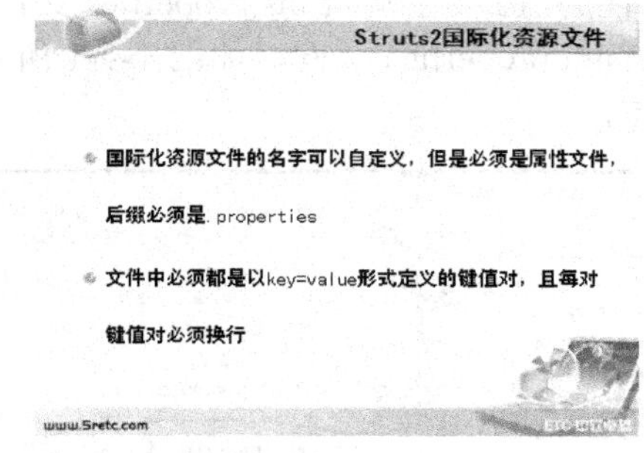

要对应用中的必要内容进行国际化，需要在 Struts2 工程中创建国际化资源文件，在资源文件中定义国际化的内容。国际化资源文件名字可以自定义，但是后缀必须是 properties，文件中必须都是以 key=value 形式定义的键值对，且每个键值对必须换行。

接下来，通过修改“教材案例”，学习使用 Struts2 框架进行国际化编程的步骤。在工程的 src 目录下，创建 messageResource.properties 文件，代码如下所示：

```
#The Text
register.info=Please input your register Info:
#The Form
custname.label=Input your name
pwd.label=Input your password
age.label=Input your age
address.label=Input your address
register.button=Register New Customer
```

上述文件就是一个国际化资源文件，定义了一系列的键值对。在后续章节中，还将学习定义不同语言版本的国际化资源文件。

9.3 struts.properties 文件

如上节中学习到的那样，Struts2 框架的国际化资源文件的文件名可以自行定义，然而，必须在 struts.properties 文件中进行指定。本节就先介绍 struts.properties 文件，struts.properties 文件是 Struts2 框架中一个重要的配置文件，在 src 目录下创建，是一个属性文件，文件中都是以 key=value 形式定义的键值对。struts.properties 文件中定义了 Struts2 框架的属性，其中 key 即属性的名字，value 是属性的值。要了解 struts.properties 文件的作用，首先要了解 Struts2 框架的 jar 文件中所包含的 default.properties 文件，如图 1-9-1 所示，default.properties 文件定义了 Struts2 框架的默认属性值。

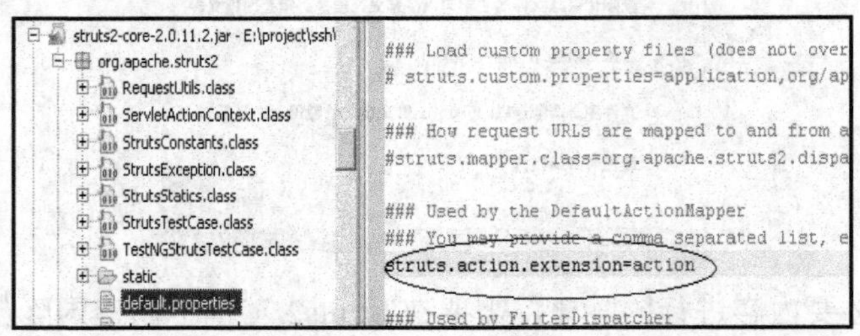

图 1-9-1　default.properties 文件

struts.properties 文件可以用来修改 default.properties 文件中的默认属性值。例如，default.properties 中定义了 struts.action.extension=action 键值对，其中 struts.action.extension 是属性名，值为 action，定义了 Action 类的默认后缀为 action。也就是说，FilterDispatcher 过滤 URL 时，如果 URL 访问的资源后缀是 action，就认为是访问 Struts2 的 Action 类。同时，Struts2 的 form 标签解析其 action 属性时，也是默认使用.action 后缀。如 register.jsp 中的表单：

```
<s:form action="Register">
    <s:submit value="Register"></s:submit>
</s:form>
```

上述代码中表单的 action 属性值为 Register，访问该页面后查看源代码，如下所示：

```
<form id="Register" name="Register" onsubmit="return true;" action="/chapter09/
Register.action" method="post">
```

可见，form 表单的属性 action 的值被解析为/chapter09/Register.action，后缀为 default.

properties 中定义的.action。可以在 struts.properties 中修改默认的扩展名，在 struts.properties 中定义如下信息：

```
struts.action.extension=do
```

上述配置中，将 struts.action.extension 属性的值定义为 do，而不再是 action。struts.properties 文件可以覆盖 default.properties 文件的内容，再次访问 register.jsp，查看源代码，如下所示：

```
    <form id="Register" name="Register"onsubmit="return true;" action="/
chapter09/Register.do"
    method="post">
```

可见，action 属性的值为/chapter09/Register.do，后缀是新设置的值 do。类似地，struts.properties 中还可以定义或修改其他的属性值。struts.properties 文件中的配置信息也可以在 struts.xml 中使用 constant 标记配置，可以得到相同效果，代码如下所示：

```
    <struts>
    <constant name=" struts.action.extension" value="do">
    </constant>
```

在 struts.xml 中使用 constant 配置常量，与在 struts.properties 中配置常量效果相同。

言归正传，如果 Struts2 应用中要进行国际化，那么必须首先在 struts.properties 中配置资源文件的名字。代码如下所示：

```
struts.custom.i18n.resources=messageResource
```

上述配置信息中使用名字为 struts.custom.i18n.resources 的属性配置资源文件的名字，属性的值 messageResource 是资源文件 messageResource.properties 的名字。

9.4 使用国际化资源文件

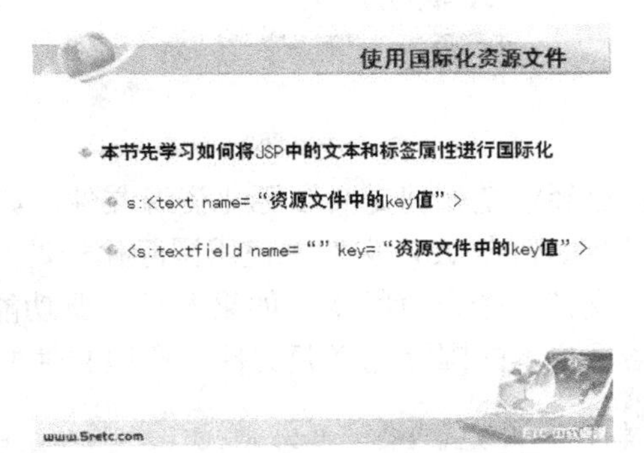

本章第一节介绍了常常需要国际化的四种情况，其中 Action 类中的文本和配置文件实现国际化的情况在第 10 章学习。本节学习如何将 JSP 中的文本和标签属性进行国际化。目前，已经定义了 messageResource.properties 资源文件，而且在 struts.properties 中定义了 struts.custom.i18n.resources= messageResource 键值对。在 JSP 中使用国际化资源文件，主要是通过 Struts2 的标签实现。修改 register.jsp 文件，代码如下所示：

```
<body>
  <%@taglib uri="/struts-tags" prefix="s" %>
  <s:text name="register.info"></s:text><br>
  <s:form action="Register">
  <s:textfield name="custname" key="custname.label"></s:textfield>
  <s:password name="pwd" key="pwd.label"></s:password>
  <s:textfield name="age" key="age.label"></s:textfield>
 <s:textfield name="address" key="address.label"></s:textfield>
  <s:submit key="register.button"></s:submit>
  </s:form>
</body>
```

上述代码中的<s:text name="register.info"></s:text>将输出资源文件中key为"register.info"的值，其中<s:textfield name="custname" key="custname. label">将输出资源文件中 key 为"custname.label"的值作为标记。运行效果如图1-9-2所示。

图 1-9-2　使用了国际化资源文件的注册页面

可见，register.jsp文件中的文本、输入域的标记以及按钮的值等，都是在messageResource.properties文件中定义，而不是硬编码到register.jsp文件中。目前，只定义了一个资源文件，显然不能实现根据浏览器信息动态显示不同语言版本的效果，下节将学习如何在一个应用中使用多个国际化资源文件。

9.5　使用多个国际化资源文件

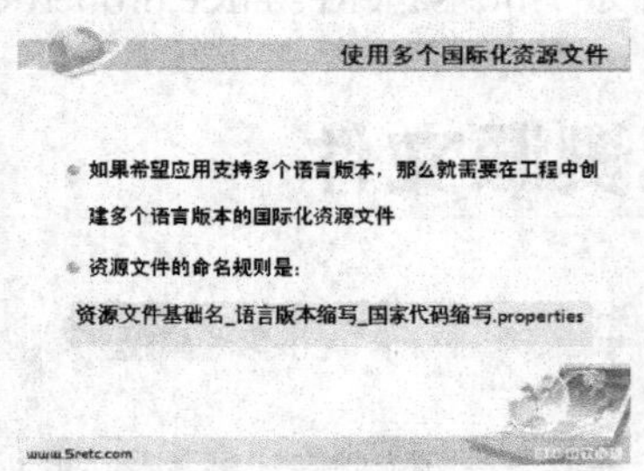
使用多个国际化资源文件
如果希望应用支持多个语言版本，那么就需要在工程中创建多个语言版本的国际化资源文件
资源文件的命名规则是：
资源文件基础名_语言版本缩写_国家代码缩写.properties
www.5retc.com

通过前面章节的学习，已经清楚如何定义国际化资源文件，如何在struts.properties中定义资源文件的文件名属性以及如何在JSP文件中使用国际化资源文件。然而，目前的“教材案例”中的注册功能依然只支持一个语言版本。如果希望注册功能支持多个语言版本，那么就需要在工程中创建多个语言版本的国际化资源文件。资源文件的命名规则是：

```
资源文件基础名_语言版本缩写_国家代码缩写.properties
```

其中资源文件基础名即在 struts.properties 中定义的名字，如“教材案例”中的struts.properties中有如下配置信息：

```
struts.custom.i18n.resources=messageResource
```

那么，资源文件基础名即为messageResource。如果需要创建支持中文的资源文件，那么名字为 messageResource_zh_CN.properties；如果需要创建支持美国英语的资源文件，那么名字为 messageResource_en_US.properties。

下面修改“教材案例”，使其中的 register.jsp 页面支持中文和英文两种语言版本。

（1）在 src 下创建 messageResource_en_US.properties 文件，定义英文版本的键值对，代码如下所示：

```
#The Text
register.info=Please input your register Info:
#The Form
custname.label=Input your name
pwd.label=Input your password
age.label=Input your age
address.label=Input your address
register.button=Register New Customer
```

（2）在 src 下创建 messageResource_zh_CN.properties，定义中文版本的键值对，代码如下所示：

```
#The Text
register.info=请输入您的注册信息：
#The Form
custname.label=输入用户名
pwd.label=输入密码
age.label=输入年龄
address.label=输入地址
register.button=注册新用户
```

（3）使用 JDK 中的 native2ASCII 工具，将 messageResource_zh_CN.properties 中的中文内容转换成本地的 ASCII 编码，保证中文正常显示，如图 1-9-3 所示。

```
E:\project\ssh>native2ASCII message_zh_CN.properties temp.properties

E:\project\ssh>_
```

图 1-9-3　使用 native2ASCII 工具

执行上述命令后，将 messageResource_zh_CN.properties 重新编码到 temp.properties 文件中，中文字符都转化为 unicode 码，将避免乱码问题。接下来将生成的 temp.properties 文件的内容拷贝至 messageResource_zh_CN.properties 中，如下所示：

```
#The Text
register.info=\u8bf7\u8f93\u5165\u60a8\u7684\u6ce8\u518c\u4fe1\u606f:
#The Form
custname.label=\u8f93\u5165\u7528\u6237\u540d
pwd.label=\u8f93\u5165\u5bc6\u7801
age.label=\u8f93\u5165\u5e74\u9f84
address.label=\u8f93\u5165\u5730\u5740
register.button=\u6ce8\u518c\u65b0\u7528\u6237
```

（4）查看浏览器中默认的语言版本，如图 1-9-4 所示。

当前浏览器语言选项为 zh-cn，那么将自动调用 messageResource_zh_CN.properties 文件，使用其中定义的键值对构建页面。

（5）访问 register.jsp 文件，如图 1-9-5 所示，将显示中文版本页面。

当前浏览器的语言首选项是中文，所以 register.jsp 调用了 messageResource_zh_CN.properties 文件，使用其中的键值对构建注册页面，显示中文版本的注册页面。

（6）修改浏览器中默认的语言版本为美国英语，如图 1-9-6 所示。

（7）再次访问 register.jsp 文件，如图 1-9-7 所示。

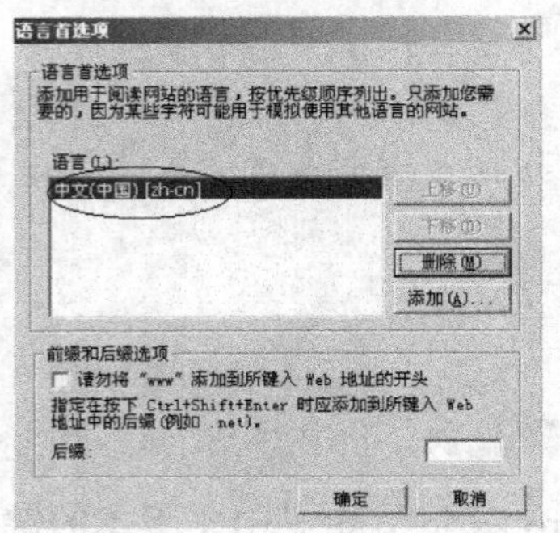

图 1-9-4　当前浏览器语言首选项是中文

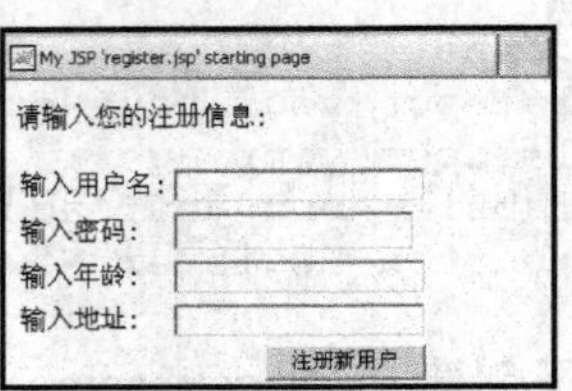

图 1-9-5　中文版本注册页面

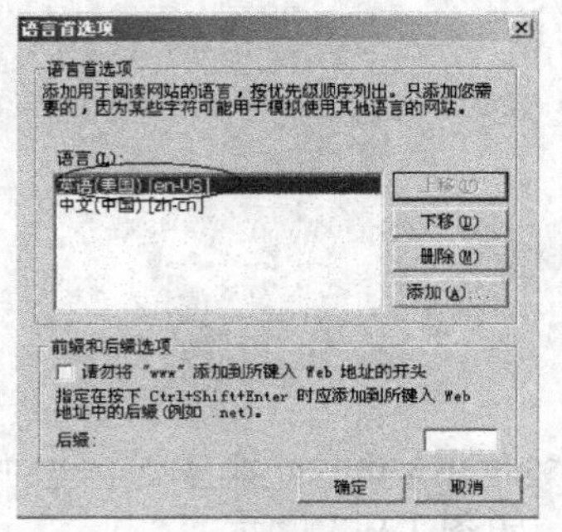

图 1-9-6　修改浏览器的语言首选项为英语

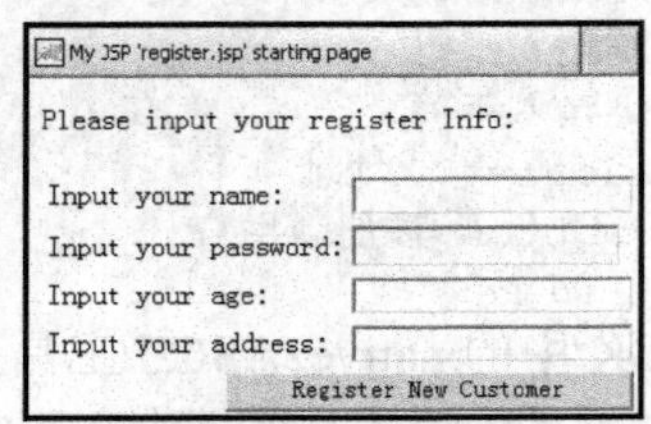

图 1-9-7　英文版本的注册页面

由于当前浏览器的语言首选项是美国英语，所以 register.jsp 将自动调用 messageResource_en_US.properties 文件，使用其中的键值对构建注册页面，显示英文版本的页面。

至此，“教材案例”中的 register.jsp 视图中的表单以及文本已经实现了国际化，可以根据浏览器的不同语言选项而显示不同的语言版本，而 register.jsp 文件只有一个。

9.6　本章小结

如果某个 Web 应用需要支持多个语言版本，可以借助 Struts2 的国际化机制实现。要使用 Struts2 的国际化机制，首先需要在 struts.properties 文件中配置一个属性 struts.custom.i18n.resources，指定国际化资源文件的基础名字。然后根据“基础名字_语言代码_国家代码.properties”的命名方式，在 src 下创建不同语言版本的资源文件。资源文件中都使用 key=value 的形式声明键值对。在 Struts2 的 Web 应用中，往往有四种情况可能会使用资源文件，即视图中的文本、视图中的标签、Action 类中的文本以及配置文件。本章学习了 JSP 中的文本以及标签属性如何使用国际化资源文件，以实现页面的静态部分国际化。下面章节中，将学习在 Action 以及配置文件中如何使用国际化资源文件。

第10章

输入校验

Web应用中的用户输入校验是非常必要的，例如注册时，用户名和密码必须填写、年龄必须是大于18的整数等，都是非常常见且必要的输入校验。对输入进行校验，可以尽量保证输入的有效性，减少无效数据与服务端的交互，从而提高性能和效率，同时也能一定程度增强用户体验。本章将学习Struts2中对用户输入校验的支持。

10.1 ActionSupport类

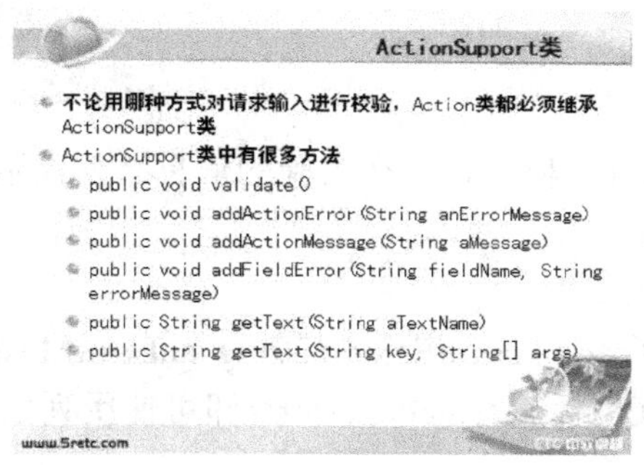

由于Struts2框架总是把用户的输入信息封装到Action的属性中，所以如果要进行输入校验，Action类都必须继承ActionSupport类，使用ActionSupport中的方法进行输入校验。本节先学习ActionSupport类中的重要方法。

（1）public void validate()

该方法往往被Action类覆盖，实现对输入参数的校验。

（2）public void addActionError(String anErrorMessage)

该方法将Action级别的错误信息添加到Action中。

（3）public void addActionMessage(String aMessage)

该方法将Action级别的消息添加到Action中。

（4）public void addFieldError(String fieldName, String errorMessage)

该方法将域级错误消息添加到特定的域中。

（5）public String getText(String aTextName)

从国际化资源文件中获取属性值，其中参数是属性文件的key值。

（6）public String getText(String key, String[] args)

从国际化资源文件中获取属性值，其中key是属性文件的key值，args对应国际化资源文件中的参数。

如果校验失败，往往会调用 ActionSupport 类的 addActionError 或 addFieldError 方法添加错误信息；如果是一些友好的提示信息，则调用 addActionMessage 方法添加 Action 消息。错误信息和提示信息都应该显示到 JSP 页面上。下节将学习如何在 JSP 页面中显示错误信息和提示信息。

10.2 JSP 中显示校验信息

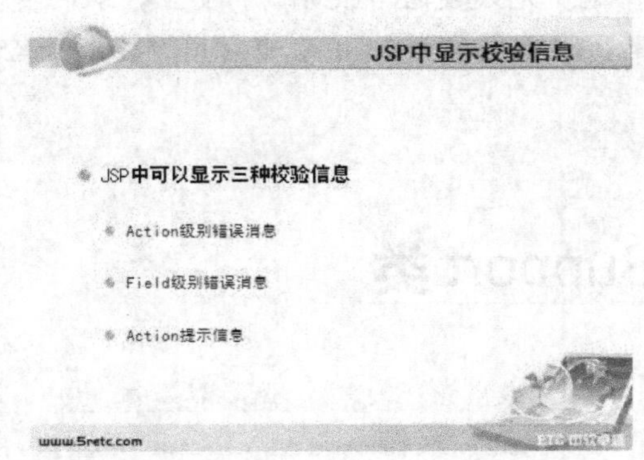

如果 Action 类对输入进行了校验，那么校验的信息必须显示在 JSP 页面中。本节将学习如何在 JSP 页面中显示信息。

（1）Action 级别错误消息。

如果 Action 类中调用了 addActionError (String anErrorMessage)方法添加了 Action 级别的错误消息，那么在 JSP 中使用标签<s:actionerror/>即可使用列表形式显示所有的 Action 级别错误消息。

（2）Field 级别错误消息。

如果 Action 类中调用了 addFieldError(String fieldName, String errorMessage)方法对某个特定的表单域添加了域级别的错误消息，那么有两种方式显示错误信息：

① Struts2 的表单标签将自动显示对应域的错误消息。

如果调用 addFieldError("custname","错误提示");方法，则在 JSP 的表单中的文本框<s:textfield name="custname" key="custname.label"></s:textfield>处，自动显示 custname 对应的错误信息，不需要其他处理。

② 使用<s:fielderror></s:fielderror>标签显示所有的域级别错误信息。

如果需要在某个位置显示所有的域错误信息，则使用<s:fielderror>标签即可。

（3）Action 提示信息。

Web 应用中，有时候需要一些友好的提示信息，如“注册成功，请登录”，那么就可以使用 ActionSupport 中的 addActionMessage(String aMessage)方法添加信息，在 JSP 中使用<s:actionmessage/>标签即可显示所有的提示信息。

10.3 input 视图

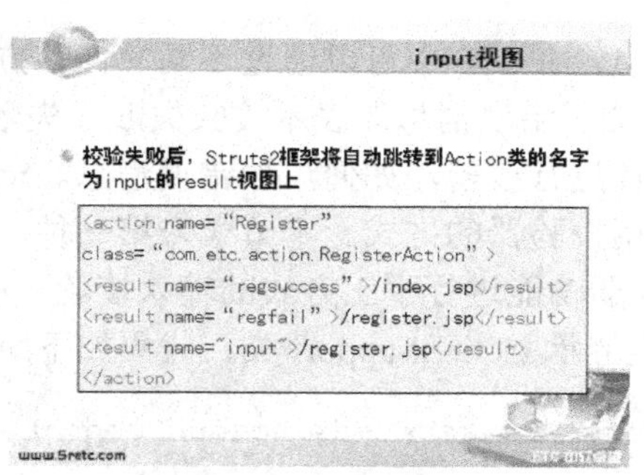

通过前面章节的学习，读者可以了解到 ActionSupport 类的主要方法，以及如何使用 ActionSupport 类中的方法添加错误信息，如何在 JSP 文件中显示不同的信息。如果 Action 类中通过 addActionError 或者 addFieldError 方法添加了错误信息，那么就称为 Action 类校验失败。校验失败后，Struts2 框架将自动跳转到 Action 类的名字为 input 的 result 视图上。因此，如果一个 Action 类对输入进行校验，那么一定要为该 Action 在 struts.xml 中配置一个名字为 input 的 result，作为校验失败的跳转视图。

修改“教材案例”，对注册功能的输入进行校验，那么首先需要对 RegisterAction 在 struts.xml 中添加一个 input 的 result。注册输入如果校验失败，则自动跳转到 input 指定的 register.jsp 页面，配置如下：

```
<action name="Register" class="com.etc.action.RegisterAction">
        <result name="regsuccess">/index.jsp</result>
        <result name="regfail">/register.jsp</result>
        <result name="input">/register.jsp</result>
</action>
```

上述配置中，为 RegisterAction 定义了一个名字为 input 的 result 视图，对应的视图是 register.jsp，那么当 RegisterAction 校验失败后，Struts2 框架将自动跳转到 register.jsp 页面显示校验信息。

10.4 手工校验方式

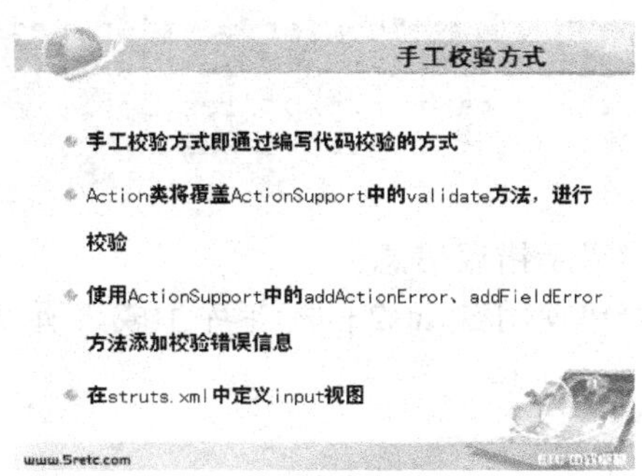

基于上面章节的学习，与校验有关的知识点，读者已经掌握如下几点：

（1）Action 如果要对输入进行校验，必须继承 ActionSupport 类。

（2）错误消息分两种，即 Action 错误以及 Field 错误，通过 ActionSupport 类中的不同方法添加。

（3）不同级别的错误消息，在 JSP 中可以通过不同的标签方式显示。

（4）只要在 Action 中添加了错误消息即表示校验失败，失败后自动跳转到 input 视图。

本节开始将具体学习如何进行校验，如何添加错误消息。Struts2 中有两种进行校验的方式，即手工校验方式以及使用校验器的方式。本节学习第一种，即手工校验方式。

修改“教材案例”，对注册功能进行手工方式的输入校验，校验用户名和密码不能为空。

（1）使 RegisterAction 类继承 ActionSupport 类，代码如下所示：

```
public class RegisterAction extends ActionSupport implements ModelDriven<
Customer> {
}
```

（2）在 RegisterAction 类中覆盖 ActionSupport 类的 validate 方法，代码如下所示：

```
@Override
public void validate() {
}
```

（3）在 validate 方法中，对请求参数 custname 和 pwd 进行校验，如果校验失败，选择使用 addActionError 或者 addFieldError 添加错误。代码如下所示：

```
@Override
   public void validate() {
        String custname=cust.getCustname();
        String pwd=cust.getPwd();
        if(custname==null||custname.equals("")){
        this.addFieldError("custname", "Pls input your custname.");
        }
        if(pwd==null||pwd.equals("")){
            this.addFieldError("pwd", "Pls input your password.");
        }
   }
```

上述代码中，首先判断用户输入的用户名和密码是否为空，如果为空，则校验失败，使用 addFieldError 方法添加错误信息，也就是说选择使用了域级别的错误信息。

（4）在 struts.xml 中配置 input 视图，校验失败后，将跳转到 input 视图。代码如下所示：

```
<action name="Register" class="com.etc.action.RegisterAction">
<result name="regsuccess">/index.jsp</result>
<result name="regfail">/register.jsp</result>
<result name="input">/register.jsp</result>
</action>
```

（5）在 register.jsp 页面中显示错误信息。

由于 register.jsp 页面的表单使用 Struts2 的标签库生成，所以域级别的错误信息将自动显示到表单元素处。

（6）测试。

访问 register.jsp，不输入用户名和密码，直接单击“注册新用户”按钮，如图 1-10-1 所示。

单击“注册新用户”按钮后，Action 对用户名和密码校验失败，添加域级错误，跳转到 struts.xml 中配置的 input 视图 register.jsp 页面，在对应域的位置显示校验错误信息，如图 1-10-2 所示。

图 1-10-1 输入注册信息，不输入用户名和密码　　图 1-10-2 校验失败，显示域级错误

如果需要在 JSP 页面中某处集中显示所有的域级错误信息，而不是分别在对应域的位置显示错误信息，那么可以使用 fielderror 标签实现。在 register.jsp 中添加如下代码：

```
<body>
   <%@taglib uri="/struts-tags" prefix="s" %>
   <s:fielderror></s:fielderror>
```

再次进行上面的步骤测试，效果如图 1-10-3 所示。

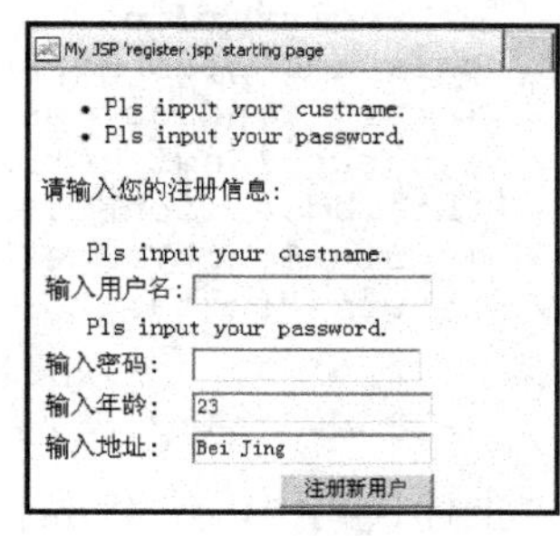

图 1-10-3 集中显示所有域级错误

（7）使用 Action 级别错误。

除了上面步骤中使用到的域级别错误，也可以使用 addActionError 方法添加 Action 级别错误。下面修改 RegisterAction 类中的 execute 方法，当用户名存在时，添加 Action 级别错误信息，代码如下所示：

```
public String execute(){
   CustomerServiceImpl cs=new CustomerServiceImpl();
   cs.setDao(new CustomerDAOImpl());
try {
   cs.register(cust);
   return "regsuccess";
} catch (RegisterException e) {
   this.addActionError("Sorry,custname already existed.");
   e.printStackTrace();
   return "regfail";
}
}
```

上述代码中，当用户名已经存在并捕获异常后，调用 addActionError 方法添加 Action 级别错误。

（8）在 JSP 中显示 Action 级别的错误信息。

在 JSP 中使用 actionerror 标签即可方便地显示所有的 Action 级别信息，如修改 register.jsp 文件，添加如下代码：

```
<body>
   <%@taglib uri="/struts-tags" prefix="s" %>
   <s:actionerror/>
```

（9）测试。

图 1-10-4　显示 Action 级别错误

访问 register.jsp 文件，输入用户名为 ETC，该用户名已经存在，则效果如图 1-10-4 所示。

（10）使用 Action 消息。

很多时候，在 Web 应用中需要一些友好的提示信息，而不是错误信息。例如，注册成功后跳转到登录页面，提示“注册成功，请登录”的信息。Action 中可以调用 addActionMessage 方法添加 Action 消息。修改 RegisterAction 类的 execute 方法，注册成功时，添加 Action 消息，代码如下所示：

```
public String execute(){
CustomerServiceImpl cs=new CustomerServiceImpl();
cs.setDao(new CustomerDAOImpl());
try {
cs.register(cust);
this.addActionMessage("Register successfully,login pls.");
return "regsuccess";
} catch (RegisterException e) {
this.addActionError("Sorry,custname already existed.");
e.printStackTrace();
return "regfail";
}
}
```

上述代码中，使用 this.addActionMessage 方法添加了 Action 消息，在注册成功后显示到登录页面。

（11）在 JSP 中显示 Action 消息。

JSP 中使用 actionmessage 标签即可以方便地显示 Action 消息，在 index.jsp 页面中添加如下代码：

```
<body>
  <%@taglib uri="/struts-tags" prefix="s" %>
  <s:actionmessage/>
```

（12）测试。

访问 register.jsp 文件，输入用户名、密码等信息进行注册，如图 1-10-5 所示。

注册成功后将跳转到 index.jsp，并同时将 Action 消息也转发到 index.jsp 中，index.jsp 使用 actionmessage 标签显示 Action 消息，如图 1-10-6 所示。

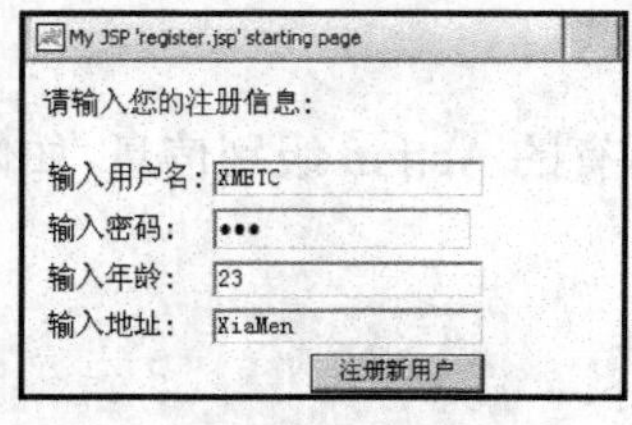

图 1-10-5　注册新用户

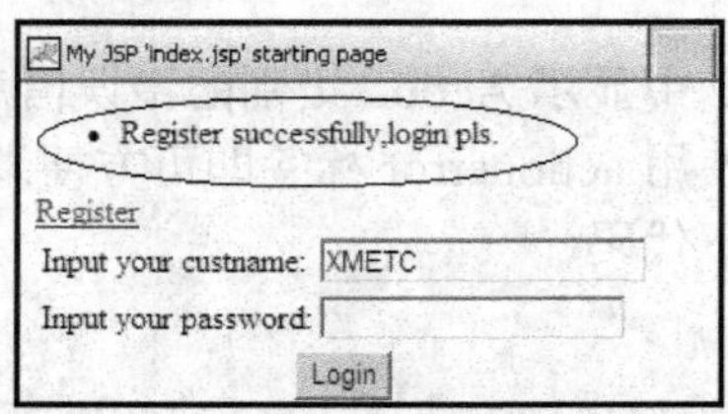

图 1-10-6　显示 Action 消息

至此，通过完善“教材案例”，详细介绍了各种消息的使用和显示。然而，目前的案例消息显示大有“不伦不类”之感，语言版本不统一。这是因为案例中将消息内容都硬编码到源代码中，只能使用一种语言版本。下节将学习如何将消息内容进行国际化。

10.5　Action 中使用国际化资源文件

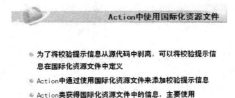

上节中学习了如何用手工编码方式对输入进行校验，以及如何在 JSP 中显示不同级别的错误信息。目前为止，错误信息都硬编码在 Action 类中，不但维护困难，也无法进行国际化。本节将学习如何在 Action 中获取国际化资源文件信息，从而将校验信息定义在资源文件中。

Action 类获得国际化资源文件中的信息，主要使用 ActionSupport 类的 getText 方法进行。ActionSupport 类重载了很多 getText 方法，常用的有如下几个：

（1）getText(String aTextName)：参数 aTextName 是资源文件中的 key 值，可以返回对应的 value 值。

（2）getText(String key,String[] args)：参数 key 是资源文件中的 key 值，args 可以用来给资源文件中的参数传值。

Action 类继承了 ActionSupport 后，只要选择合适的 getText 方法，即可获得资源文件中的信息。

参考第 9 章的内容，在 messageResource_en_US.properties 以及 messageResource_zh_CN.properties 中添加校验信息的键值对。

在 messageResource_en_US.properties 文件中添加如下信息：

```
#The Text
register.info=Please input your register Info:
#The Form
custname.label=Input your name
pwd.label=Input your password
age.label=Input your age
address.label=Input your address
register.button=Register New Customer
#error message
custname.null=Input your custname,please.
pwd.null=Input your password,please.
custname.exist=Sorry,the custname already existed.
#action message
register.successful=Regsiter successfully,login pls.
```

在 messageResource_zh_CN.properties 文件中添加如下信息：

```
#The Text
register.info=请输入您的注册信息:
#The Form
custname.label=输入用户名
pwd.label=输入密码
age.label=输入年龄
address.label=输入地址
register.button=注册新用户
#error message
custname.null=用户名不能为空。
pwd.null=密码不能为空。
custname.exist=用户名已存在，请用其他用户名注册。
#action message
register.successful=注册成功，请登录。
```

参考第 9 章相关内容，使用 native2ASCII 工具，将 messageResource_zh_CN.properties 文件进行转化，如下所示：

```
#The Text
register.info=\u8bf7\u8f93\u5165\u60a8\u7684\u6ce8\u518c\u4fe1\u606f:
#The Form
custname.label=\u8f93\u5165\u7528\u6237\u540d
pwd.label=\u8f93\u5165\u5bc6\u7801
age.label=\u8f93\u5165\u5e74\u9f84
address.label=\u8f93\u5165\u5730\u5740
register.button=\u6ce8\u518c\u65b0\u7528\u6237
#error message
custname.null=\u7528\u6237\u540d\u4e0d\u80fd\u4e3a\u7a7a\u3002
pwd.null=\u5bc6\u7801\u4e0d\u80fd\u4e3a\u7a7a\u3002
custname.exist=\u7528\u6237\u540d\u5df2\u5b58\u5728\uff0c\u8bf7\u7528\u5
176\u4ed6\
u7528\u6237\u540d\u6ce8\u518c\u3002
#action message
register.successful=\u6ce8\u518c\u6210\u529f\uff0c\u8bf7\u767b\u5f55\u3002
```

修改 RegsiterAction 类，凡是涉及显示信息的代码，都调用 getText 方法，从国际化资源文件中获取信息，代码如下所示：

```
public String execute(){
      CustomerServiceImpl cs=new CustomerServiceImpl();
      cs.setDao(new CustomerDAOImpl());
try {
   cs.register(cust);
   this.addActionMessage(this.getText("register.successful"));
   return "regsuccess";
} catch (RegisterException e) {
   this.addActionError(this.getText("custname.exist"));
   e.printStackTrace();
   return "regfail";
   }
}
   @Override
public void validate() {
      String custname=cust.getCustname();
      String pwd=cust.getPwd();
      if(custname==null||custname.equals("")){
this.addFieldError("custname",
```

```
this.getText("custname.null"));
        }
        if(pwd==null||pwd.equals("")){
this.addFieldError("pwd", this.getText("pwd.null"));
        }

    }
```

确定浏览器的默认语言选项是中文，访问 register.jsp 文件，不输入用户名和密码，发生校验错误，效果如图 1-10-7 所示。

如果用户名已经存在，则发生校验错误，显示效果如图 1-10-8 所示。

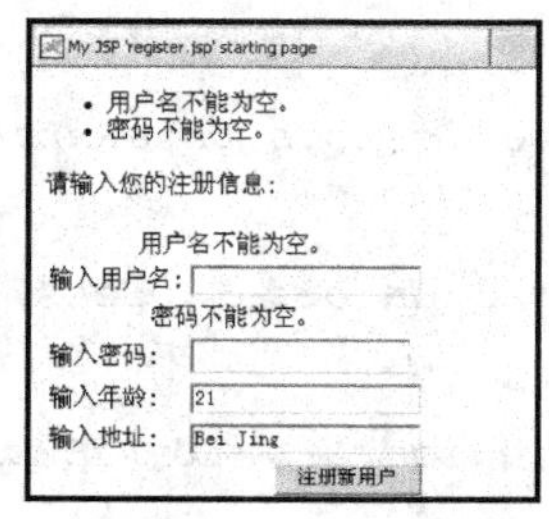

图 1-10-7　显示中文版本校验信息

图 1-10-8　显示校验错误

至此，已经使用国际化资源文件定义了校验信息，并在 JSP 中使用标签输出。这样一来，就能够根据浏览器的语言首选项设置，动态显示不同版本的页面。

10.6　校验器校验

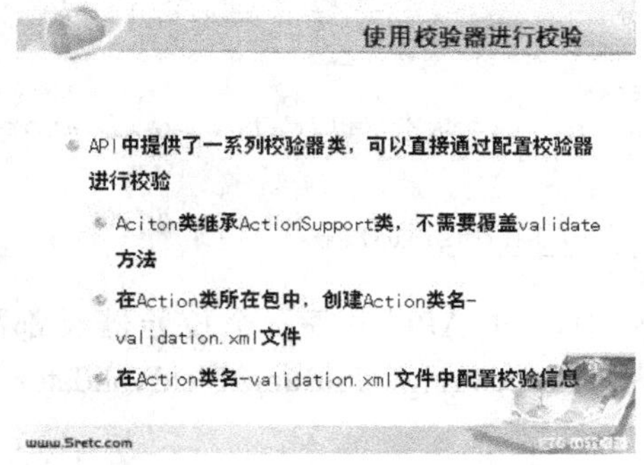

除了可以像上节中提到那样使用手工编码方式进行输入校验外，另外也可以使用 API 中定义好的校验器进行校验。API 中存在一个接口 Validator，称之为校验器接口。该接口有很多实现类，称为校验器类，如 EmailValidator、RequiredFieldValidator 等。

校验器类中都实现了 validate(Object object)方法，可以对表单的域进行校验。例如，RequiredStringValidator 可以校验某个表单域必须输入值；IntRangeFieldValidator 可以校验某个表单域输入的整数范围；EmailValidator 可以校验某个表单域必须输入有效的 E-mail 地址等。

校验器在使用之前，必须进行定义。xwork 的 jar 包中存在一个 default.xml 文件，在这个文件中对 API 中的校验器进行了定义，代码如下所示：

```
<!-- START SNIPPET: validators-default -->
<validators>
<validator name="required"
class="com.opensymphony.xwork2.validator.validators.RequiredFieldValidat
or"/>
<validator name="requiredstring"
class="com.opensymphony.xwork2.validator.validators.RequiredStringValida
tor"/>
<validator name="int"
class="com.opensymphony.xwork2.validator.validators.IntRangeFieldValidat
or"/>
<validator name="double"
class="com.opensymphony.xwork2.validator.validators.DoubleRangeFieldVali
dator"/>
<validator name="date"
class="com.opensymphony.xwork2.validator.validators.DateRangeFieldValida
tor"/>
<validator name="expression"
class="com.opensymphony.xwork2.validator.validators.ExpressionValidator"
/>
<validator name="fieldexpression"
class="com.opensymphony.xwork2.validator.validators.FieldExpressionValid
ator"/>
<validator name="email"
class="com.opensymphony.xwork2.validator.validators.EmailValidator"/>
<validator name="url"
class="com.opensymphony.xwork2.validator.validators.URLValidator"/>
<validator name="visitor"
class="com.opensymphony.xwork2.validator.validators.VisitorFieldValidato
r"/>
<validator name="conversion"
class="com.opensymphony.xwork2.validator.validators.ConversionErrorField
Validator"/>
<validator name="stringlength"
class="com.opensymphony.xwork2.validator.validators.StringLengthFieldVal
idator"/>
<validator name="regex"
class="com.opensymphony.xwork2.validator.validators.RegexFieldValidator"
/>
</validators>
<!--  END SNIPPET: validators-default -->
```

上述的 default.xml 文件中，对 API 中每一个校验器类都配置了一个 name，例如，RequiredStringValidator 名字为 requiredstring，IntRangeFieldValidator 名字为 int，EmailValidator 名字为 email 等。

Action 对输入进行校验，不仅可以使用前面章节学习的手工编码方式，还可以使用 API 中提供的校验器校验。下面列举使用校验器进行校验的具体步骤。

（1）Aciton 类继承 ActionSupport 类，但是不需要覆盖 validate 方法。

（2）在 Action 类所在包中创建“Action 类名-validation.xml”形式的文件。

使用校验器校验输入，需要在 Action 类的包下创建一个 xml 文件，文件的命名规则是：Action 类名-validation.xml。下面修改上节中 RegisterAction 类的手工校验方法，使用校验器进行校验。

首先需要在 com.etc.action 包下创建 RegisterAction-validation.xml 文件，配置校验信息，代码如下所示：

```
<?xml version="1.0" encoding="UTF-8"?>
<!DOCTYPE validators PUBLIC
"-//OpenSymphony Group//XWork Validator 1.0.2//EN"
"http://www.opensymphony.com/xwork/xwork-validator-1.0.2.dtd">
<validators>
    <field name="custname">
          <field-validator type="requiredstring">
              <param name="trim">true</param>
              <message key="custname.null"></message>
          </field-validator>
    </field>
    <field name="pwd">
          <field-validator type="requiredstring">
              <param name="trim">true</param>
              <message key="pwd.null"></message>
          </field-validator>
    </field>
    <field name="age">
          <field-validator type="int">
              <param name="min">18</param>
              <param name="max">60</param>
              <message key="age.int"></message>
          </field-validator>
    </field>
    <field name="address">
       <field-validator type="email">
         <message key="address.email"></message>
       </field-validator>
    </field>
</validators>
```

上述代码中，<field name=" ">表示对指定 name 的域进行校验，例如，<field name="custname">表示对名字为 custname 的域校验。<field-validator type=" ">表示使用 type 指定的名字的校验器进行校验，校验器的名字在 default.xml 中使用 name 定义。例如，<field-validator type="requiredstring">表示使用名字为 requiredstring 的校验器进行校验。<param name=" "></param>可以配置该校验器的参数，例如，RequiredStringValidator 类中存在 setTrim(boolean trim)方法，则可以指定名字为 trim 的参数，值为 boolean 类型，如<param name="trim">true</param>表示参数 trim 的值为 true。又如，IntRangeFieldValidator 中存在 setMax(int max)和 setMin(int min)方法，则可以为其指定 max 和 min 参数，值为 int 类型。<message key=" "></message>表示如果校验器校验失败后的错误提示信息。错误信息为域级别的信息，信息的值为国际化资源文件中 key 对应的值。如<message key="custname.null"></message>表示错误信息是国际化资源文件中 custname.null 对应的值。

RegisterAction-validation.xml 中对 RegisterAction 的 custname、pwd、age 以及 address 都配置了校验器，对 custname 和 pwd 配置了 requiredstring 校验器，即要求 custname 和 pwd 不能为空。age 配置了 int 校验器，即要求 age 必须在一定范围内，范围由参数 max 和 min 指定。address 配置了 email 校验器，要求 address 的值必须是一个有效的 email 地址，规则由 EmailValidator 类中定义。

（3）在资源文件中添加 age.int 以及 address.email 键值，以定义错误信息。

```
messageResource_zh_CN.properties:
age.int=年龄必须在${min}和${max}之间。
address.email=地址必须是一个有效的 email 地址。
```

其中${min}和${max}是 OGNL 表达式，可以获得配置文件中的 max 和 min 参数值。

（4）测试。

访问 register.jsp 文件，不输入用户名和密码，并输入不符合规则的年龄和地址，如图 1-10-9 所示。

单击“注册新用户”按钮后，将进行输入校验，校验失败的信息将显示到输入页面，如图 1-10-10 所示。

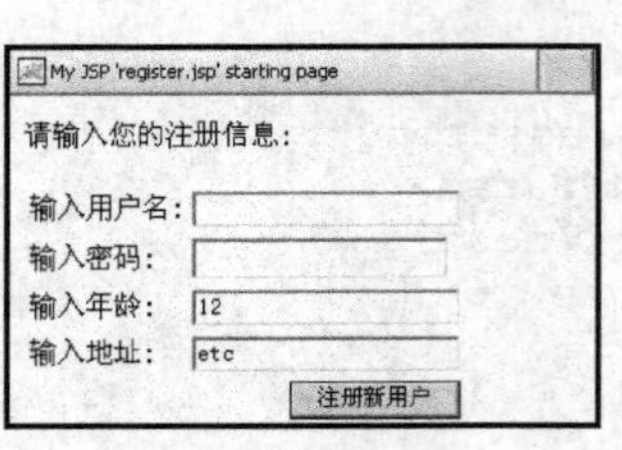

图 1-10-9　输入不合法注册信息

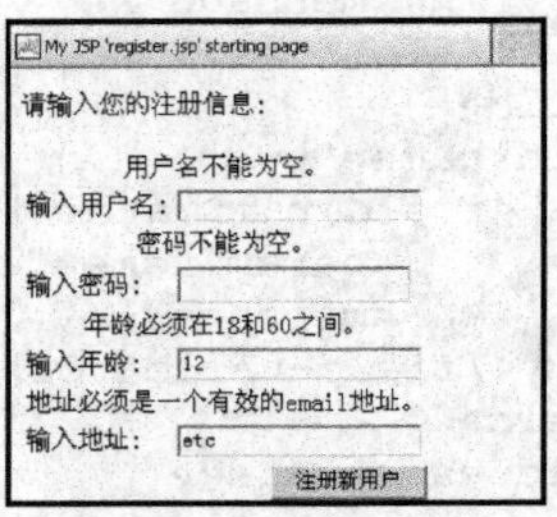

图 1-10-10　校验失败

至此，已经使用了校验器对 RegisterAction 输入进行了输入校验，并通过国际化资源文件定义了校验失败信息。

10.7　类型转换

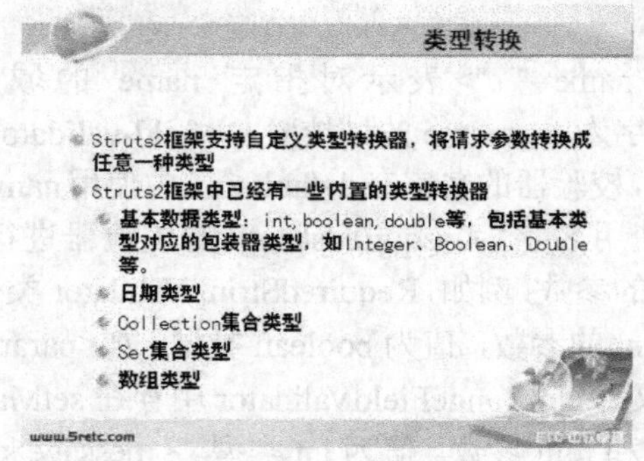

请求参数的类型都是 String 类型，而在实际应用中，却往往需要将请求参数转换成其他类型，如 int、double、List 等 API 中的类型，或者其他自定义的类型。Struts2 框架支持自定义类型转换器，将请求参数转换成任意一种类型。同时，Struts2 框架中已经有一些内置的类型转换器，可以直接使用。

Struts2 框架的内置类型转换器有：

（1）基本数据类型：int、boolean、double 等，包括基本类型对应的包装器类型，如 Integer、Boolean、Double 等。

（2）日期类型。

（3）Collection 集合类型。

（4）Set 集合类型。

（5）数组类型。

只要 Action 类继承了 ActionSupport 类，则内置的类型转换器将默认生效。如 RegisterAction 类中的 age 属性，类型为 Integer，如果访问 register.jsp 文件，输入不合法的年龄值，如 abc，将出现校验错误，如图 1-10-11 所示。

可见，因为 RegisterAction 类继承了 ActionSupport，所以内置的类型转换器将生效，输入年龄为"abc"字符串，无法转换成 Integer 类型的 age，所以校验失败，返回到 input 视图，并显示默认的校验信息：Invalid field value for field "age"。

如果需要修改默认的类型转换校验信息，则只要在 Action 类的包中声明局部属性文件即可，名字为"Action 类名.properties"，如图 1-10-12 所示。

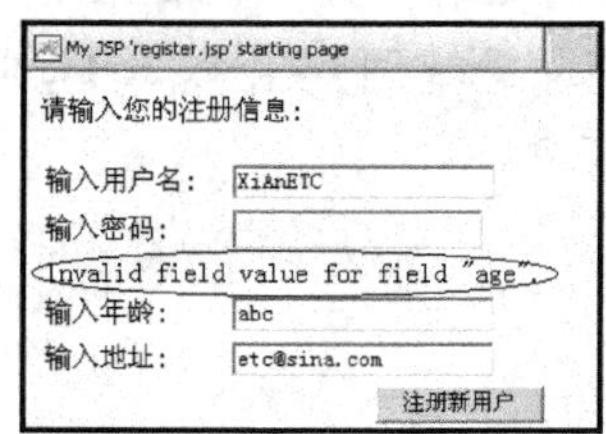

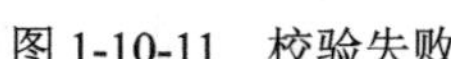
图 1-10-11 校验失败

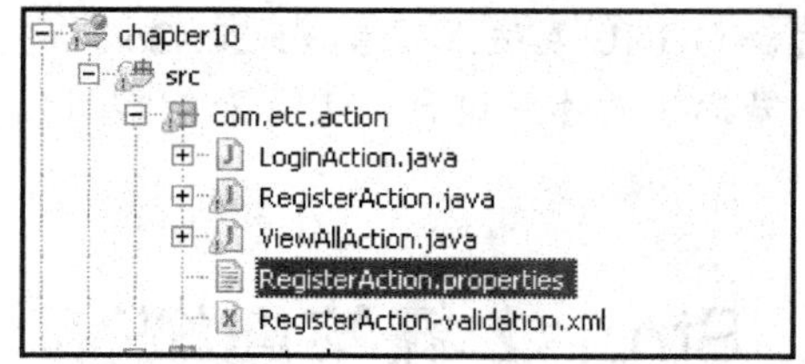

图 1-10-12 局部属性文件

其中，RegisterAction.properties 文件的内容如下所示：

```
invalid.fieldvalue.age=年龄必须是数字
```

上述文件中的 invalid.fieldvalue.age 中的 invalid. fieldvalue 是不能随意修改的部分；age 是域名，可以根据实际需要进行修改。再次测试 register.jsp 页面，如图 1-10-13 所示。

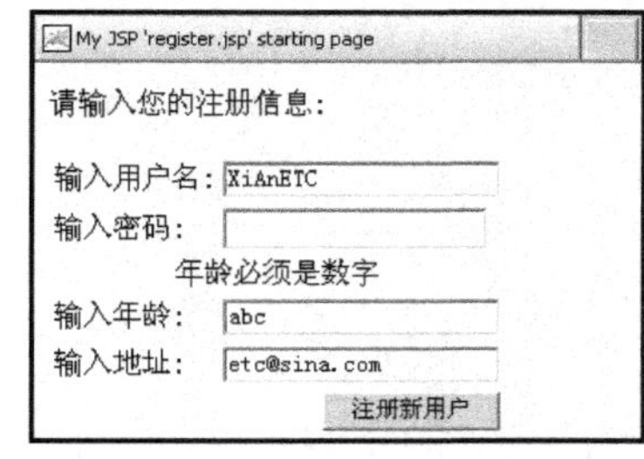

图 1-10-13 显示自定义转换校验信息

如图 1-10-13 所示，当定义了局部属性文件后，校验失败信息将被修改，不再使用默认的校验信息，而显示属性文件中定义的校验信息。

10.8 本章小结

本章学习了 Struts2 中进行输入校验的方法。Action 类封装了请求参数，所以 Struts2 的输入校验都是在 Action 类中进行。如果需要对 Action 进行输入校验，那么 Action 类必须继承 ActionSupport 类。往往有两种输入校验方法，即手工编码方式校验以及使用校验器校验。手工编码校验方式主要在 validate 方法或者 execute 方法中进行校验，使用 ActionSupport 类的 addActionError 和 addFieldError 方法添加不同级别的错误信息。而使用校验器校验，不需要覆盖 validate 方法，默认都是域级别的错误，通过在 Action 类的包下创建校验 xml 文件来配置校验规则。不论使用哪种校验方式，错误消息都可以通过 Struts2 标签显示到 input 视图中，主要有 fieldError、actionError、actionMessage 三个标签可以显示错误信息及提示信息。另外，本章还介绍了 Struts2 内置类型转换器的使用。

第11章 Struts2标签

Struts2 主要支持三种视图技术：JSP、FreeMarker 和 Velocity。Struts2 框架提供了丰富的标签，部分标签在三种模板技术下都可以使用，但是也有部分只能在某一种模板下使用。结合 OGNL 表达式语言，Struts2 的标签功能强大，完全可以替代 JSTL 的功能。本章将根据标签的作用进行分类，介绍常用的 Struts2 标签。

11.1 Struts2 标签库概述

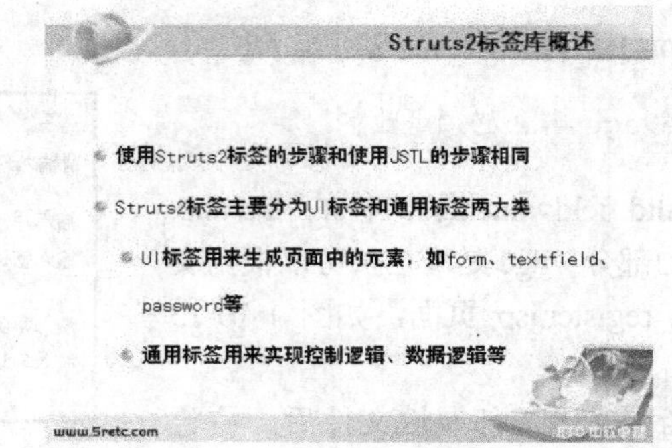

使用 Struts2 标签的步骤和使用 JSTL 的步骤相同，只需在 JSP 中使用 taglib 指令引入标签库的 tld 文件中的 uri，并指定前缀即可。Struts2 标签库的 tld 文件只有一个存在于 struts2-core.jar 包中，名字为 struts-tags.tld，如图 1-11-1 所示。

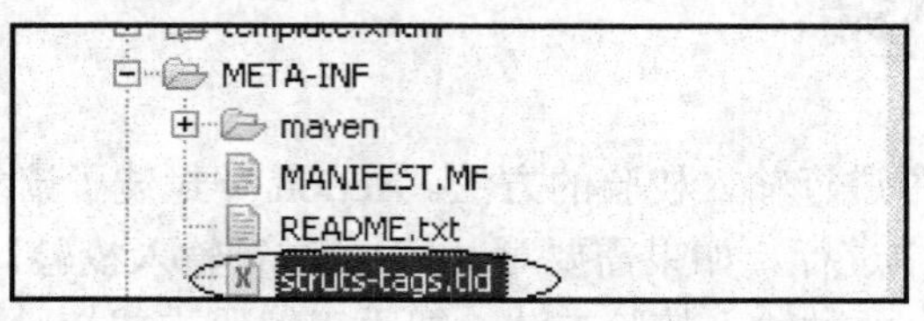

图 1-11-1 tld 文件的位置

使用 Struts2 标签库，只需要在 JSP 中引入 struts-tags.tld 文件的 uri 并定义前缀即可，代码如下所示：

```
<body>
    <%@taglib uri="/struts-tags" prefix="s" %>
```

Struts2 标签主要分为 UI 标签和通用标签两大类：UI 标签用来生成页面中的元素，如 form、textfield、password 等；通用标签用来实现控制逻辑、数据逻辑等。

11.2　表单 UI 标签

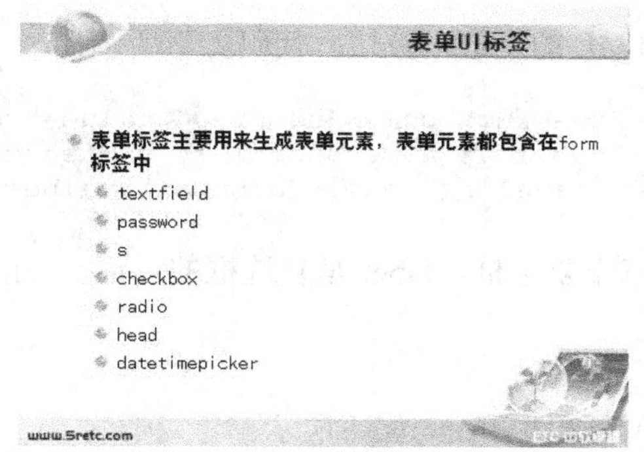

表单标签主要用来生成表单元素，表单元素都包含在 form 标签中。下面介绍常用的表单标签。

（1）form

form 标签用来生成表单，常用的属性有 action，指定接收表单提交请求的 Action 类的名字。form 还可以指定 theme 属性。Struts2 中有三种 theme，分别为 simple、xhtml、Ajax，默认为 xhtml。一种 theme 称为一个主题，页面将按照当前主题的特征进行布局，如 xhtml theme 即将表单元素放置到一个两列表格中。如果不希望使用默认布局，可以指定 theme 为 simple，使用自己的布局方式。然而，simple theme 下某些标记的属性将不会生效，例如 textfield 的 label 属性在 simple theme 下将无效。代码如下所示：

```
<s:form action="Register">  </s:form>
```

上述代码创建了一个表单元素，该表单将被提交到名字为 Register 的 Action 上，并默认使用 xhtml 主题布局。

（2）textfield

textfield 可以用来输出一个 HTML 的文本框。代码如下所示：

```
<s:textfield name="age" label="Input your age"></s:textfield>
<s:textfield name="address" key="address.label"></s:textfield>
```

其中 name 表示该域的名字，label 是域的标签，key 用来获取资源文件中的 key 值，作为 label 值使用。

（3）password

password 用来输出一个 HTML 的密码框。代码如下所示：

```
<s:password name="pwd" key="pwd.label"></s:password>
```

其中 name 表示密码框的名字，key 用来获取资源文件中对应的 key 值，作为 label 值使用。

（4）submit

submit 可以用来输出一个 HTML 的提交按钮。代码如下所示：

```
<s:submit key="register.button"></s:submit>
```

其中 key 用来获取资源文件中对应 key 的内容，作为按钮的标记使用。

（5）checkbox

checkbox 用来输出 HTML 的复选框按钮。代码如下所示：

```
<s:checkbox label="reading" name="hobbies" value="reading"/>
<s:checkbox label="cooking" name="hobbies" value="cooking"/>
<s:checkbox label="traveling" name="hobbies" value="traveling"/>
```

上述代码中，将生成三个复选框，label 是复选框的标记，value 是复选框的值，name 是复选框的名字。

（6）radio

radio 输出 HTML 的单选按钮。代码如下所示：

```
<s:radio list="{'male','female'}" name="sex" label="sex"></s:radio>
```

上述代码中的 list 定义了单选按钮的值，将生成两个单选按钮，分别显示为 male 和 female。label 为所有单选按钮定义了标记，name 是单选按钮的名字。

（7）head

head 标签用来包含必需的 CSS 和 JavaScript 文件，常在<head></head>之间使用。代码如下所示。

```
<head>
  <s:head />
</head>
```

（8）datetimepicker

datetimepicker 可以生成日历，但是必须同时使用 head 标记，以便导入框架中必要的 CSS 和 JavaScript 文件，代码如下所示：

```
<s:datetimepicker label="Birthday" value="2010-06-01" toggleType="wipe"
toggleDuration="300" name="birthday" />
```

其中，label 定义了标记，value 定义了默认值，生成如图 1-11-2 所示的界面。

本节学习的都是常用的表单标签。除了这些表单标签外，Struts2 框架还定义了一系列的非表单标签，下节将继续学习。

图 1-11-2　datetimepicker 显示效果

11.3　非表单 UI 标签

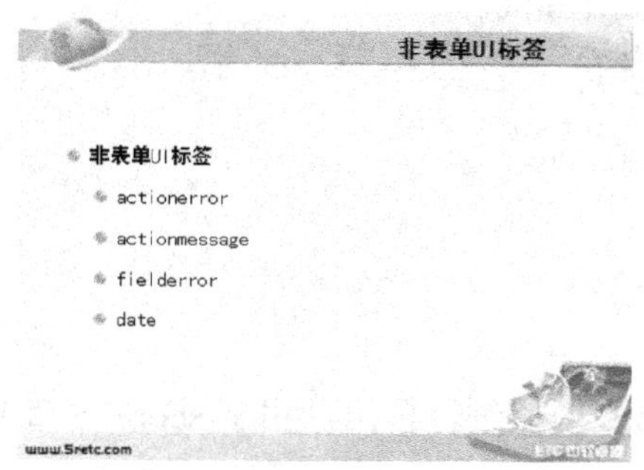

UI 中除了表单，还有一些其他的信息，如错误信息、友好提示信息等。非表单 UI 标签就是指这些生成非表单元素的 UI 标签。下面介绍常用的非表单 UI 标签。

（1）actionerror

输出存在的所有 Action 级别错误消息，具体可参考输入校验章节。

（2）actionmessage

输出存在的所有 Action 友好提示消息，具体可参考输入校验章节。

（3）fielderror

输出存在的所有 Field 级别错误消息，具体可参考输入校验章节。

（4）date

根据指定的格式，输出 name 指定的日期，如：

```
<%
Date date=new Date();
request.setAttribute("date",date);
%>
<s:date name="%{#request.date}" format="MM/dd/yy hh:mm" />
```

上述代码中，将获得当前日期对象，并使用 MM/dd/yy hh:mm 的格式输出，如 06/07/2011 11:23。

11.4　控制标签

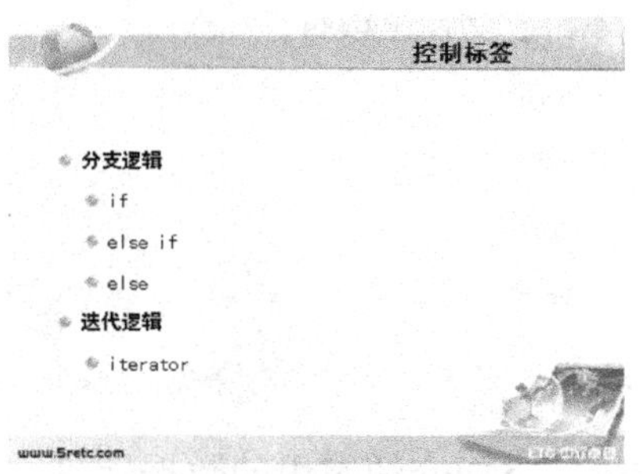

控制标签主要用来实现流程控制，如分支、循环等。下面介绍常用的控制标签。

（1）if/else if/else

if/else if/else 实现分支逻辑，代码如下所示：

```
<%@taglib uri="/struts-tags" prefix="s" %>
  <s:set name="score" value="78"></s:set>
  <s:if test="%{#score>90}">
     <s:text name="Good"></s:text>
  </s:if>
  <s:elseif test="%{#score>70}">
     <s:text name="Ok"></s:text>
  </s:elseif>
  <s:else>
     <s:text name="Bad"></s:text>
  </s:else>
```

上述代码中通过判断 score 的值进行输出，由于 score 的值使用 set 标签设置为 78，所以输出结果为 OK。

（2）iterator

iterator 是迭代标记，可以用来迭代集合或数组，代码如下所示：

```
<table border=1>
<s:iterator   value="{'BeiJingETC','DaLianETC','WuXiETC','ChangShaETC'}"
status="st">
<tr>
<td><s:property value="#st.getIndex()+1" /></td>
<td><s:property /></td>
</tr>
</s:iterator>
</table>
```

1	BeiJingETC
2	DaLianETC
3	WuXiETC
4	ChangShaETC

图 1-11-3　iterator 迭代集合的显示效果

上述代码中，使用 iterator 标签迭代一个集合，集合通过 value 属性指定，status 指定了迭代过程中的临时变量名，显示效果如图 1-11-3 所示。

11.5　数据标签

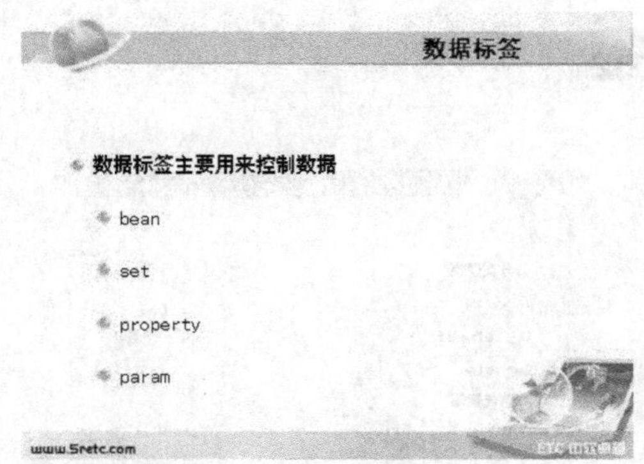

数据标签主要用来控制数据，下面介绍常用的数据标签。

（1）bean

bean 标签用来实例化一个对象，标签体中使用 param 标签调用对象的 setXXX 方法对属性赋值。代码如下所示：

```
<s:bean name="com.etc.vo.Customer" id="cust">
        <s:param name="custname">ETC</s:param>
        <s:param name="pwd">123</s:param>
</s:bean>
```

上述代码实例化了一个 Customer 类的对象 cust，并对其中的 custname、pwd 属性进行了赋值。

（2）set

set 标记赋予一个变量某个值，并将该变量存储到特定范围内，代码如下所示：

```
<s:bean name="com.etc.vo.Customer" id="cust">
        <s:param name="custname">ETC</s:param>
        <s:param name="pwd">123</s:param>
    </s:bean>
<s:set name="customer" value="cust" scope="session"></s:set>
${sessionScope.customer.custname}
```

上述代码将 cust 对象赋值给 customer，且将 customer 存储到会话范围内，输出结果为 ETC。

（3）property

property 用来输出值栈中的属性值。代码如下所示：

```
<s:set name="customer" value="cust" scope="session"></s:set>
<s:property value="#session.customer.custname"/>
```

输出结果为 ETC。

（4）param

param 标签用来传递属性，往往作为其他标签的子标签使用，例如在 bean 标签中使用。

```
<s:bean name="com.etc.vo.Customer" id="cust">
        <s:param name="custname">ETC</s:param>
        <s:param name="pwd">123</s:param>
</s:bean>
```

上述代码中，通过 param 标签为对象 cust 赋值，将 custname 赋值为 ETC，将 pwd 赋值为 123。

11.6　本章小结

Struts2 目前主要支持三种视图技术，包括 JSP、FreeMarker 及 Velocity。对于不同的视图技术，Struts2 提供了强大的标签库。大部分标签都是可以在不同的模板中使用的，也有一部分标签只能在特定模板中使用。Struts2 标签可以大致分为 UI 标签和通用标签两大类。而 UI 标签又可以细分为表单标签和非表单标签，通用标签又可细分为控制标签和数据标签。本章介绍了各类标签中的常用标签的含义和用法，帮助读者快速掌握 Struts2 标签，提高视图开发效率。

第12章

Struts2 异常处理

异常往往在 Model 层使用 throws 声明，控制器调用 Model 时必须处理异常。本章将学习 Struts2 应用中的异常处理方式。

12.1 Model 层抛出异常

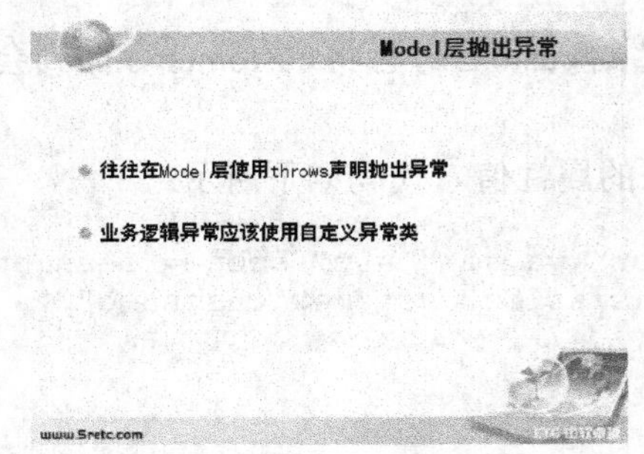

Model层抛出异常
往往在Model层使用throws声明抛出异常
业务逻辑异常应该使用自定义异常类
www.5retc.com

本节将结合“教材案例”，展示在 Model 层抛出异常的实例。“教材案例”中，在业务逻辑接口的 register 方法中，声明抛出异常 RegisterException，代码如下所示：

```
public interface CustomerService {
   public boolean login(String custname,String pwd);
   public void register(Customer cust)throws RegisterException;
   public Customer viewPersonal(String custname);
   public List<Customer> viewAll();
}
```

接口的实现类实现了接口的抽象方法，其中在 register 方法中，当用户名已经被注册时，将抛出 RegisterException 异常，代码如下所示：

```
public void register(Customer cust) throws RegisterException{
Customer c=dao.selectByName(cust.getCustname());
           if(c==null){
               dao.insert(cust);
           }else{
               throw new RegisterException();
           }
}
```

Model 层抛出异常后，却并不马上捕获处理，往往是声明抛出。Web 应用中使用控制器调用 Model，Struts2 应用中使用 Action 调用 Model。因此，Strut2 应用中的异常往往在 Model

层抛出，却在 Action 类中处理。Action 类往往有两种处理异常的方式，后面章节将继续学习。

12.2　Action 中直接捕获异常

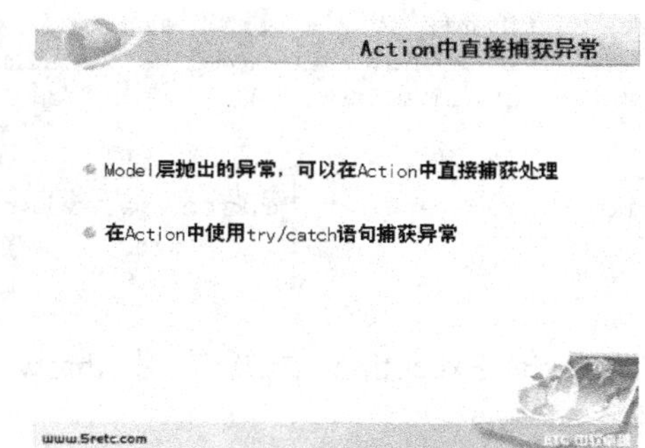

Action 调用 Model 中的抛出异常的方法，可以在 Action 中直接处理抛出的异常，即 Action 类使用 try/catch 捕获异常后，返回结果视图，跳转到相关页面处理异常。例如，RegisterAction 中调用 register 方法，使用 try/catch 捕获异常，代码如下所示：

```
public String execute(){
       CustomerServiceImpl cs=new CustomerServiceImpl();
       cs.setDao(new CustomerDAOImpl());
try {
   this.addActionMessage(this.getText("register.successful"));
   return "regsuccess";
} catch (RegisterException e) {
   this.addActionError(this.getText("custname.exist"));
   e.printStackTrace();
   return "regfail";
}}
```

上述代码的 catch 块中，捕获异常后，添加 Action 错误，返回结果视图，跳转到处理页面。使用 try/catch 直接捕获异常并返回结果视图的方法比较灵活，可以针对每次异常发生进行不同的处理。

12.3　在 struts.xml 中声明异常映射

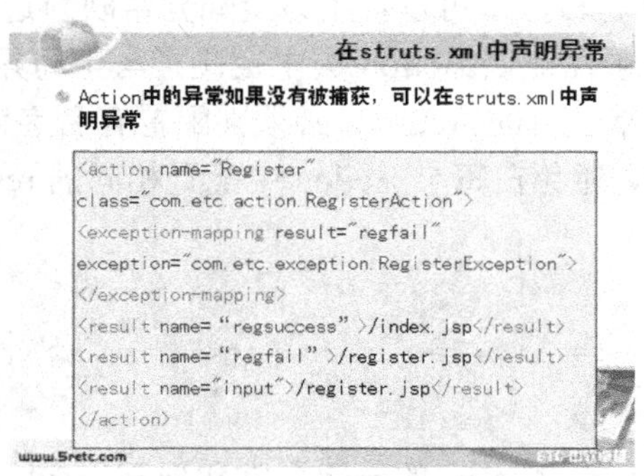

Struts2 应用中的异常处理，可以像前面章节介绍的那样，在 Action 类中使用 try/catch 捕获异常。也可以在 struts.xml 中进行异常配置，指定发生该类型异常时跳转的结果视图，而不需要在 Action 类中捕获异常。例如 RegisterAction 类的 execcute 方法，可以将 RegisterException 异常继续声明抛出而并不捕获，代码如下所示：

```
public String execute() throws RegisterException{
      CustomerServiceImpl cs=new CustomerServiceImpl();
      cs.setDao(new CustomerDAOImpl());
   …
} catch (RegisterException e) {
   this.addActionError(this.getText("custname.exist"));
   throw e;
}}
```

RegisterAction 类中将 RegsiterException 异常使用 throw e 抛出，并使用 throws RegsiterException 声明该异常。

在 struts.xml 中使用<exception-mapping>对 RegisterAction 类声明异常映射，代码如下所示：

```
<action name="Register" class="com.etc.action.RegisterAction">
<exception-mapping  result="regfail"  exception="com.etc.exception. Register
xception">
</exception-mapping>
          <result name="regsuccess">/index.jsp</result>
          <result name="regfail">/register.jsp</result>
          <result name="input">/register.jsp</result>
</action>
```

当 RegisterAction 类抛出 RegisterException 而没有被处理时，则返回 result=regfail 的结果视图。

如果多个 Action 类都将抛出 RegisterException，而每次抛出该异常都统一返回到特定的视图，那么可以在 package 中声明全局异常映射，代码如下所示：

```
<package name="com.etc.chapter12" extends="struts-default">
<global-exception-mappings>
<exception-mapping result="regfail" exception="com.etc.exception. Register
xception">
</exception-mapping>
</global-exception-mappings>
```

配置了 global-exception-mappings 后，该包中任意一个 Action 类，只要发生了 RegisterException 又没有被捕获时，都可以使用该全局异常映射进行异常处理。需要注意的是，如果使用全局异常映射，必须保证该 Action 类中定义了与全局异常映射对应的 result 视图。如上述例子中，使用全局异常映射的 Action，必须都配置有名字为 regfail 的 result。也可以在<package>中配置全局 result，避免在每个 Action 中配置相同的 result，简化配置文件。代码如下所示：

```
<global-results>
   <result name="regfail">/register.jsp</result>
</global-results>
```

当全局异常和全局 result 与 Action 的局部异常和局部 result 有重名时，Struts2 框架遵守就近原则，即先以局部的为准；如果不存在局部异常或局部 result，则查找符合要求的全局异常和全局 result 进行处理。

12.4 本章小结

本章学习了 Struts2 应用中处理异常的两种方式。业务异常往往在 Model 层被声明或抛出，当控制器调用 Model 时处理异常。Action 类调用抛出异常的业务逻辑后，可以直接使用 try/catch 进行捕获，捕获异常后，返回结果视图，跳转到异常处理页面。这种处理异常的方式比较灵活，可以根据具体需要，在每次抛出异常后进行自定义处理。另外，Action 类抛出异常后，可以不在 Action 类中捕获，而是使用 throws 声明异常，交给 Struts2 框架处理。在 struts.xml 中，可以对 Action 类配置异常映射，指定发生该异常后处理异常的视图。另外，可以在 struts.xml 的<package>标签中配置全局异常和全局 result，供多个 Action 类统一处理异常使用。

第13章 Struts2的Ajax支持

Struts2 框架对 Ajax 技术提供了非常多的支持，使得可以非常轻松地在 Struts2 应用中使用 Ajax。本章将学习如何在 Struts2 应用中使用 Ajax 技术。

13.1 Ajax 简介

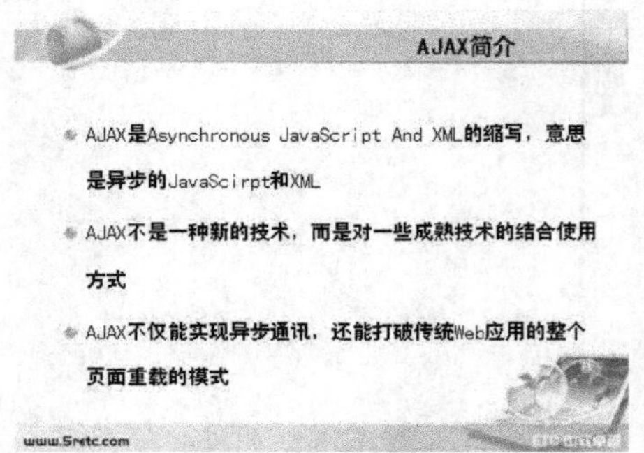

Ajax 是 Asynchronous JavaScript And XML 的缩写，意思是异步的 JavaScirpt 和 XML。Ajax 不是一种新的技术，而是对一些成熟技术的结合使用方式，可谓“新瓶装老酒”。

Ajax 技术包括的主要组件有 JavaScript、XML、DOM、CSS 以及 XMLHttpRequest 对象。Ajax 技术能够实现异步通信以及页面局部刷新，能够在浏览器中实现类似窗口的效果，增强用户体验。

传统的 Web 应用模型都是基于请求和响应的，例如：用户输入所有注册信息，单击“注册”按钮，向 Web 服务器提交请求；Web 服务器处理请求后，向客户端返回处理结果，如果输入的用户名在数据库中已经存在，则提示错误信息，返回注册页面。这样的工作流程给用户带来很多不方便。单击“注册”按钮前，用户不知道用户名是否存在，必须将注册信息都填写完毕后，提交注册请求，才能得知用户名是否存在。很多 Web 应用的注册页面进行了改进，在输入用户名的文本框右侧提供一个“检测”按钮，方便用户输入用户名后，立刻单击“检测”按钮，检测当前用户名是否被注册过。然而，用户单击“检测”按钮后，进程就去执行校验功能，用户不能做任何操作，只能等待校验结束返回结果后才能继续填写其他注册信息。

使用 Ajax 技术可以进行异步通信。例如：用户输入用户名后，光标离开用户名文本框，文本框失去焦点后将触发事件，向服务器端发送异步请求，服务器端开始进行校验。客户端此时不需要等待服务器端返回，可以继续输入其他注册信息，实现异步通信。

Ajax 不仅能实现异步通信，还能打破传统 Web 应用的整个页面重载的模式。如注册时校验用户名发现用户名已经被注册过，将返回注册页面。传统的 Web 应用模式将重载整个注册页面，而 Ajax 可以只刷新注册页面的局部，不重新加载整个页面，可以提高性能，增强用户体验。

Ajax 并不是一项新的技术，主要由以下几种技术配合使用实现其功能。

（1）JavaScript

JavaScript 是 Ajax 使用的编程脚本语言，是 Ajax 中最为重要的组成部分。可以用来创建异步通信对象 XMLHttpRequest，使用该对象向服务器发送异步请求；创建回调函数，当服务器处理结束，调用回调函数；通过 DOM 局部刷新页面。

（2）DOM

DOM 是 Document Object Model 的缩写，即文档对象模型。在 Ajax 技术中，JavaScript 通过 DOM API 操作 HTML/XHTML，从而完成对文档的操作。DOM API 中提供了易用的方法，可以方便地操作文档的各个元素，便捷地修改文档。

（3）XMLHttpRequest

XMLHttpRequest 是一个浏览器内部对象，是 Ajax 的核心，用来发送 HTTP 请求，接收 HTTP 响应。默认情况下，通过 XMLHttpRequest 发送的请求是异步请求。可以通过 JavaScript 创建 XMLHttpRequest 对象，并发送请求和接收响应。

（4）CSS

CSS 是 Cascading Style Sheets 的缩写，即层叠样式表。用来控制和增强页面的样式，并能够将页面的样式信息和内容进行分离。

（5）XML

Ajax 技术可以使用 XML 文档作为响应，再通过 DOM 解析 XML 内容，局部刷新页面。

可见，Ajax 并不是一个新技术，而是搭配使用成熟技术，实现异步的、可以局部刷新以及良好用户体验的 Web 应用。Ajax 的请求流程如下：

（1）客户端使用 JavaScript 创建 XMLHttpRequest 对象；

（2）通过 JavaScript 设置回调方法；

（3）通过 XMLHttpRequest 发送异步请求，并监视返回状态；

（4）响应返回，自动调用回调方法；

（5）回调方法将使用 DOM 解析返回结果，局部刷新页面。

下节中将通过实例展示 Ajax 的实际使用步骤以及各项技术的配合使用情况。

13.2　Ajax 简单案例

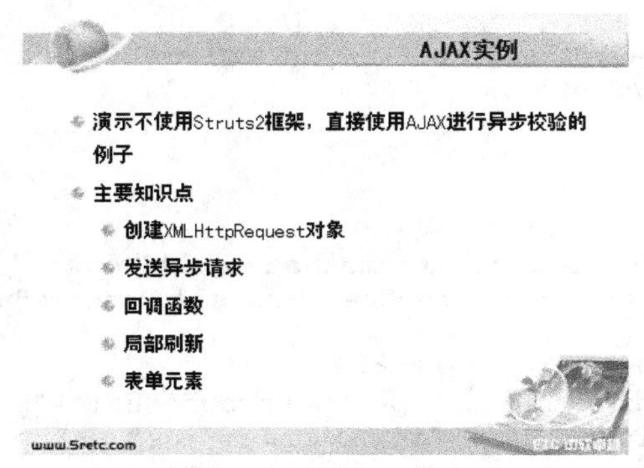

上节学习了 Ajax 的基本概念、核心技术以及工作流程。本章使用 Ajax 实现异步校验功

能：用户输入注册用户名后，向服务器端的 Servlet 类提交异步请求，Servlet 调用业务逻辑进行校验。而客户端不需要等待校验结果，可以继续填写其他注册信息。校验结束后，客户端将显示不同的提示信息。

业务逻辑依然使用“教材案例”的 Model 层中的 register 方法。创建 registerajax.jsp 文件实现用户注册表单，对表单域 custname 进行异步校验。registerajax.jsp 文件代码如下所示：

```
<html>
  <head>
    <script type="text/javascript">
        var xmlHttp;
        function createXMLHttpRequest() {
            if (window.ActiveXObject) {
                xmlHttp = new ActiveXObject("Microsoft.XMLHTTP");
            }
            else if (window.XMLHttpRequest) {
                xmlHttp = new XMLHttpRequest();
            }
        }
        function validate() {
            createXMLHttpRequest();
            var name = document.getElementById("custname");
            var url = "registerajax?custname=" + escape(name.value);
            xmlHttp.open("GET", url, true);
            xmlHttp.onreadystatechange = callback;
            xmlHttp.send(null);
          }
        function callback() {
            if (xmlHttp.readyState == 4) {
                 alert(xmlHttp.status);
                if (xmlHttp.status == 200) {
var mes = xmlHttp.responseXML.getElementsByTagName("message")[0].first
Child.data;
var val = xmlHttp.responseXML.getElementsByTagName("passed")[0].first
Child.data;
                     setMessage(mes, val);
                }}}
        function setMessage(message, isValid) {
         alert(message);
            var messageArea = document.getElementById("custnameerror");
            var fontColor = "red";

            if (isValid == "true") {
                fontColor = "green";
            }
           messageArea.innerHTML = "<font color=" + fontColor + ">" + message +
                " </font>";
        }
    </script>
  </head>
  <body>
    <form action="registerajax" method="post">
        Your custname:<input type="text" name="custname" onchange=" validate();"
><br>
        <div id="custnameerror"></div>
        Your password:<input type="password" name="pwd"><br>
        Your age:<input type="text" name="age" ><br>
        Your address:<input type="text" name="address"><br>
        <input type="submit" value="Register">
```

```
    </form>
  </body>
</html>
```

接下来，对 registerajax.jsp 文件的代码进行分解学习。

（1）创建 XMLHttpRequest 对象。

XMLHttpRequest 对象是 Ajax 中的核心对象，用来向服务器发送异步请求。Registerajax.jsp 中使用 JavaScript 函数来创建 XMLHttpRequest 对象，代码如下所示：

```
function createXMLHttpRequest() {
          if (window.ActiveXObject) {
             xmlHttp = new ActiveXObject("Microsoft.XMLHTTP");
          }
          else if (window.XMLHttpRequest) {
             xmlHttp = new XMLHttpRequest(); }}
```

XMLHttpRequest 对象在 IE 浏览器中是一个 ActiveX 对象，在其他浏览器中是一个 JavaScript 对象，所以该对象往往使用上述函数的方式创建。

（2）发送异步请求。

创建 XMLHttpRequest 对象后，使用该对象向服务器端发送请求。例子中使用 url-pattern 为 validate 的 servelt 组件接收请求，进行校验。Servlet 代码在本节后半部分学习。

```
function validate() {
          createXMLHttpRequest();
          var name = document.getElementById("custname");
          var url = "registerajax?custname=" + escape(name.value);
          xmlHttp.open("GET", url, true);
          xmlHttp.onreadystatechange = callback;
          xmlHttp.send(null);
}
```

xmlHttp.open("GET", url, true)创建一个与指定 url 之间的 GET 方式的连接，该 url 将 JSP 中 custname 域的输入值作为参数传递到服务器端；xmlHttp.onreadystatechange = callback 指定响应状态有变化时的回调函数，函数名为 callback，该函数在 regsiterajax.jsp 中定义。xmlHttp.send(null)向指定 url 发送异步请求。

（3）回调函数。

在 validate 函数中，指定了如果异步响应状态改变时，调用 callback 函数。callback 函数定义如下：

```
function callback() {
if (xmlHttp.readyState == 4) {
if (xmlHttp.status == 200) {
var mes = xmlHttp.responseXML.getElementsByTagName("message")[0].first
Child.data;
 var val = xmlHttp.responseXML.getElementsByTagName("passed")[0].first
Child.data;
 setMessage(mes, val);
}}}
```

callback 函数中判断了 XMLHttpRequest 对象的 readyState 和 status，当响应成功返回时，

使用 DOM API 解析 Servlet 返回的 XML 内容，并调用 setMessage 函数刷新局部页面。

（4）局部刷新。

callback 函数中，解析了返回的 XML 内容后，调用 setMessage 方法刷新局部页面。setMessage 函数内容如下：

```
    function setMessage(message, isValid) {
              var messageArea = document.getElementById("custnameerror");
              var fontColor = "red";
              if (isValid == "true") {
                  fontColor = "green";
              }
    messageArea.innerHTML = "<font color=" + fontColor + ">" + message + "
</font>";}
```

该函数将解析 XML 得到的 message 显示到 registerajax.jsp 中的 custnameerror 处。

（5）表单元素。

上面的代码片断都是 JavaScript 函数，JavaScript 函数是基于事件驱动的。在表单中的 custname 域中，使用 onchange=validate 定义了 onchange 事件调用 validate 函数，且在表单中定义了 id=custnameerror 的 div 元素，以显示校验信息。代码如下所示：

```
    <form action="registerajax" method="post">
       Your custname:<input type="text" name="custname" onchange="validate();
"><br>
            <div id="custnameerror"></div>
```

当输入用户名后，将调用 validate 函数，向 registerajax Servlet 提交异步请求，进行校验，并返回 XML 格式的提示信息。用来实现校验功能的 Servlet 的 doGet 方法如下所示：

```
    public class RegisterServlet extends HttpServlet {
       public  void  doGet(HttpServletRequest  request,  HttpServletResponse
response)
       throws ServletException, IOException {
            PrintWriter out = response.getWriter();
            CustomerDAOImpl dao=new CustomerDAOImpl();
            Customer c=dao.selectByName(request.getParameter("custname"));
            boolean passed=(c==null);
            response.setContentType("text/xml");
            response.setHeader("Cache-Control", "no-cache");
            String message = "The custname already be registered.";
            if (passed) {
                message = "You have entered a valid custname.";
            }
            out.println("<response>");
            out.println("<passed>" + Boolean.toString(passed) + "</passed>");
            out.println("<message>" + message + "</message>");
            out.println("</response>");
            out.close();}
```

可见，Servlet 校验结束后，将向客户端返回 XML 格式的校验内容。接下来，访问 registerajax.jsp 文件，输入已经被注册过的用户名 ETC，输入结束后，用户继续输入密码等其他信息时，Servlet 开始对用户名进行校验，返回校验信息，局部刷新 registerajax.jsp，显示提示信息，如图 1-13-1 所示。

如果输入没有被注册过的用户名，则校验成功，如图 1-13-2 所示。

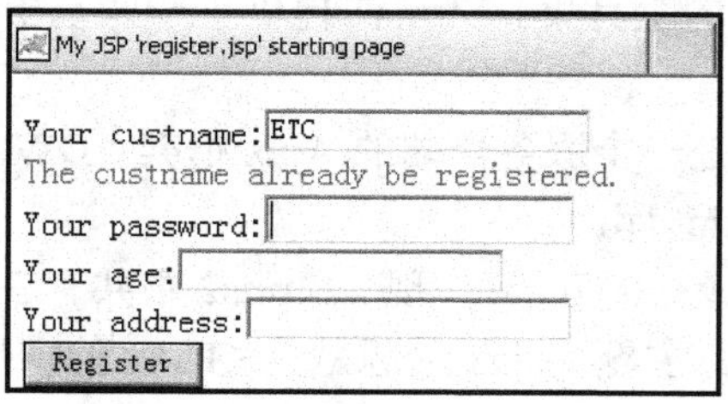

图 1-13-1 异步校验失败

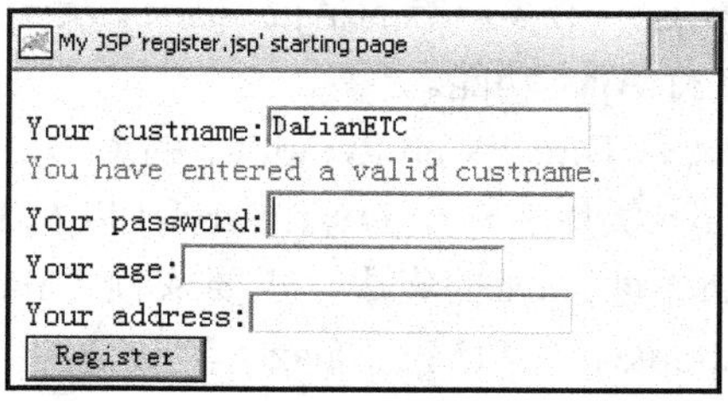

图 1-13-2 异步校验成功

至此，已经使用 Ajax 实现了异步校验。当输入用户名后继续输入其他信息时，Ajax 将用户名提交给服务器端的 Servlet 进行校验，用户可以继续其他操作，校验信息返回后使用 DOM 局部刷新页面。该实例的运行步骤为：

（1）在 custname 域中输入值后，继续输入其他信息，触发 custname 域的 onchange 事件。

（2）调用 onchage 事件的响应函数 validate。该函数首先调用 createXMLHttpRequest 函数创建 XMLHttpRequest 对象 xmlHttp。

（3）validate 函数使用 xmlHttp 异步调用 registerajax Servlet，其对应的类为 RegisterServlet，且同时将输入的 custname 值作为请求参数传递给 regsiterajax。

（4）validate 函数指定回调函数为 callback。

（5）RegisterServlet 类的 doGet 方法被调用，将输入的 custname 使用 CustomerDAOImpl 类进行校验，并使用 XML 文件返回校验结果。

（6）当 registerajax 的响应状态有变化时，将自动调用 callback 函数。响应正常返回，即状态码是 200 时，callback 中对 RegisterServlet 返回的 XML 内容使用 DOM 解析，并将解析的内容传递给 setMessage 函数。

（7）setMessage 函数中将解析生成的内容，并局部刷新 registerajax.jsp，将提示信息显示在 custnameerror 处。

13.3 struts2 中对 Ajax 的支持

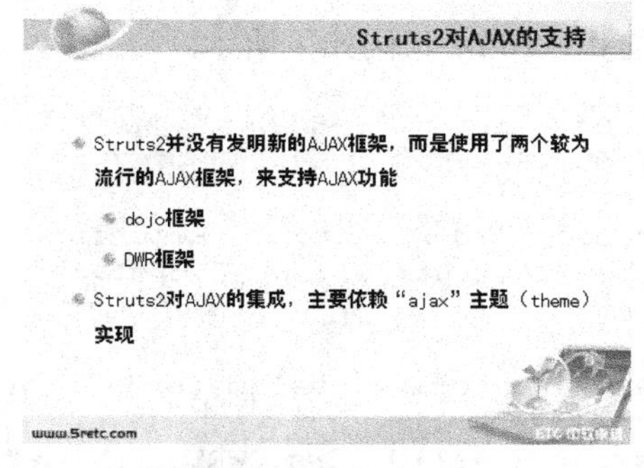

学习上节内容后，可见在 JSP 中使用 Ajax 技术相对比较复杂，需要在 JSP 中使用大量的 JavaScript 脚本，用来发送请求、处理响应、刷新页面等。目前已经有很多 Ajax 框架，提供了可以直接使用的功能。Struts2 并没有发明新的 Ajax 框架，而是使用了两个较为流行的 Ajax

框架，来支持 Ajax 功能，即 Dojo 框架和 DWR 框架。

Dojo 是一个客户端的 Ajax 框架，是一个 JS 的工具集。Struts2 提供了一些基于 Dojo 的标签，支持 Ajax 功能。

DWR 是 Direct Web Remoting 的缩写。DWR 是一个服务器端的 Ajax 框架。DWR 包含服务器端 Java 类库、一个 DWR Servlet 以及 JavaScript 库。

Struts2 对 Ajax 的集成，主要依赖“ajax”主题（theme）实现。Struts2 中共有三种主题，分别是 simple、XHTML、ajax。默认使用 XHMTL 主题；ajax 主题是 XHTML 的扩展，加入了 Ajax 的特性。

本节将通过实例，学习 Struts2 中使用 Ajax 进行输入校验的步骤。接下来修改“教材案例”中注册页面的输入校验功能，使用 Struts2 Ajax 校验，可以与上节的实现过程进行比较，体现 Struts2 中使用 Ajax 的便捷。

（1）下载 DWR 库，引入工程中，如图 1-13-3 所示。

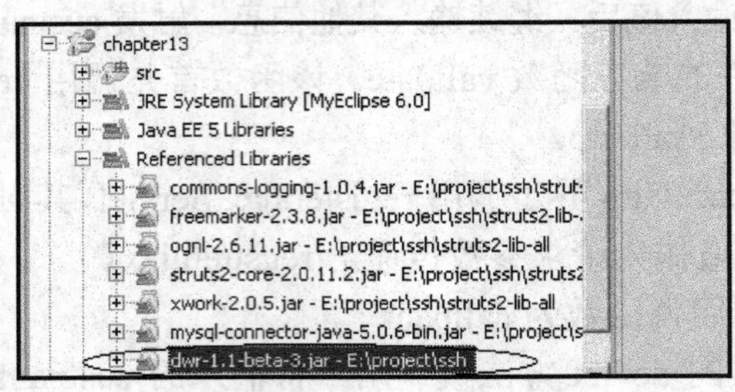

图 1-13-3　引入 DWR 库

（2）在 web.xml 中配置 DWR Servlet。

```
<servlet>
   <servlet-name>dwr</servlet-name>
   <servlet-class>uk.ltd.getahead.dwr.DWRServlet</servlet-class>
   </servlet>
   <servlet-mapping>
       <servlet-name>dwr</servlet-name>
       <url-pattern>/dwr/*</url-pattern>
   </servlet-mapping>
```

DWR 中有一个核心控制器，即 DWRServlet，必须在 web.xml 中进行配置。

（3）在 WEB-INF 下创建 dwr.xml，代码如下所示。

```
<?xml version="1.0" encoding="UTF-8"?>
<!-- START SNIPPET: dwr -->
<!DOCTYPE dwr PUBLIC
   "-//GetAhead Limited//DTD Direct Web Remoting 1.0//EN"
   "http://www.getahead.ltd.uk/dwr/dwr10.dtd">
<dwr>
<allow>
<create creator="new" javascript="validator">
<param name="class"
value="org.apache.struts2.validators.DWRValidator" />
</create>
<convert converter="bean"
match="com.opensymphony.xwork2.ValidationAwareSupport" />
   </allow>
```

```
    <signatures>
        <![CDATA[
        import java.util.Map;
        import org.apache.struts2.validators.DWRValidator;
        DWRValidator.doPost(String, String, Map<String, String>);
        ]]>
    </signatures>
</dwr>
<!-- END SNIPPET: dwr -->
```

上述配置中，配置了 Struts 框架与 DWR 框架集成的信息。

（4）在 register.jsp 中使用 head 标签，指定 ajax 主题。

```
<head>
<s:head theme="ajax"/>
</head>
```

使用 head 标签能够引入一些必要的 JavaScript 和 CSS 文件，以支持 Ajax 功能。

（5）为 register.jsp 中的 form 增加 validate 和 theme 属性。

```
<s:form action="Register" validate="true" theme="ajax">
        <s:textfield name="custname" key="custname.label"></s:textfield>
        <s:password name="pwd" key="pwd.label"></s:password>
        <s:textfield name="age" key="age.label"></s:textfield>
        <s:textfield name="address" key="address.label"></s:textfield>
        <s:submit key="register.button"></s:submit>
    </s:form>
```

validate=true 表示表单支持客户端校验；theme=ajax 表示该表单是一个远程表单，将使用 Ajax 进行校验。

（6）RegisterAction 类中，在 validate 方法中校验用户名是否存在。

```
@Override
   public void validate() {
       CustomerDAOImpl dao=new CustomerDAOImpl();
       Customer c=dao.selectByName(cust.getCustname());
       if(c!=null){
   this.addFieldError("custname", this.getText("custname.exist"));
       }}
```

（7）配置 RegisterAction-validation.xml 文件，配置校验器校验输入内容。

```
<validators>
    <field name="custname">
          <field-validator type="requiredstring">
              <param name="trim">true</param>
              <message key="custname.null"></message>
          </field-validator>
     </field>
     <field name="pwd">
          <field-validator type="requiredstring">
              <param name="trim">true</param>
              <message key="pwd.null"></message>
          </field-validator>
     </field>
     <field name="age">
```

```
            <field-validator type="int">
                <param name="min">18</param>
                <param name="max">60</param>
                <message key="age.int"></message>
            </field-validator>
        </field>
        <field name="address">
           <field-validator type="email">
              <message key="address.email"></message>
        </field-validator>
      </field>
  </validators>
```

可见，使用 Ajax 校验后，Action 类和校验框架配置文件没有修改，与不使用 Ajax 时相同。

访问 register.jsp 文件，输入已经存在的用户名 ETC，继续输入其他注册项，用户名使用 Ajax 异步校验，返回校验失败提示信息，如图 1-13-4 所示。

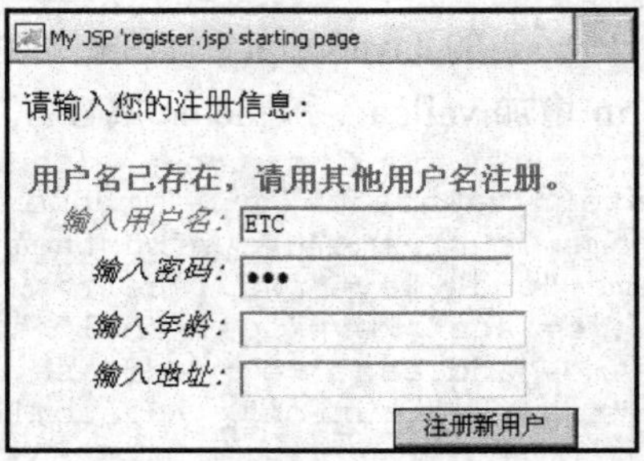

My JSP 'register.jsp' starting page

请输入您的注册信息：

用户名已存在，请用其他用户名注册。

输入用户名：ETC

输入密码：•••

输入年龄：

输入地址：

注册新用户

图 1-13-4　异步校验效果

本节使用了 Struts2 的 Ajax 支持对注册用户名进行校验，与上节的实例功能相同。但是比起上节的实现过程，本节的实现更为方便快捷，JSP 中并不需要大量的 JavaScript 代码。

13.4　本章小结

一流的 Ajax 支持是 Struts2 框架的一大特色。Struts2 框架没有提供新的 Ajax 框架，而是集成了 Dojo 和 DWR 框架，支持 Ajax 特性。本章首先介绍 Ajax 基本概念，然后通过完全手工编码方式实现 Ajax 校验，最后通过 Struts2 支持的 Ajax 校验实现相同的功能，帮助读者直观理解并掌握 Struts2 中的 AJAX 特性和使用。

第14章 配置文件总结

任何一个框架，都离不开大量配置文件的支持。Struts2 框架也有很多配置文件，本章将对 Struts2 中常用的配置文件进行总结。

14.1 web.xml

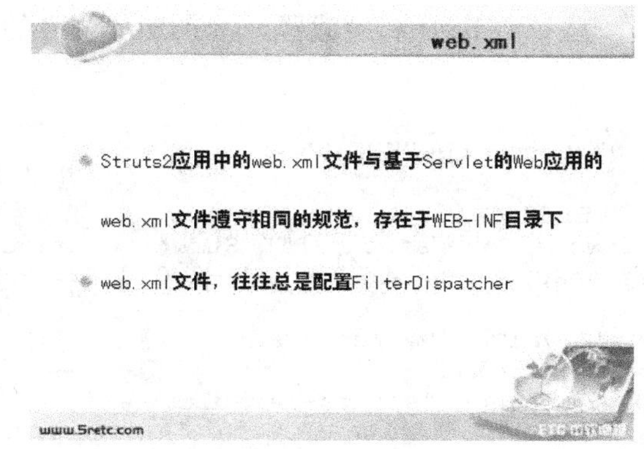

web.xml
Struts2应用中的web.xml文件与基于Servlet的Web应用的
web.xml文件遵守相同的规范，存在于WEB-INF目录下
web.xml文件，往往总是配置FilterDispatcher
www.5retc.com

Struts2 是一个 Web 应用框架，所以 Struts2 应用中也必须包括 web.xml 文件。Struts2 应用中的 web.xml 文件与基于 Servlet 的 Web 应用的 web.xml 文件遵守相同的规范，存在于 WEB-INF 目录下。

在 Struts2 应用中，web.xml 文件中往往总是配置 FilterDispatcher，代码如下所示：

```
      <filter>
      <filter-name>FilterDispatcher</filter-name>
      <filter-class>org.apache.struts2.dispatcher.FilterDispatcher</filter-
class>
      </filter>
      <filter-mapping>
          <filter-name>FilterDispatcher</filter-name>
          <url-pattern>/*</url-pattern>
      </filter-mapping>
```

14.2 struts.xml

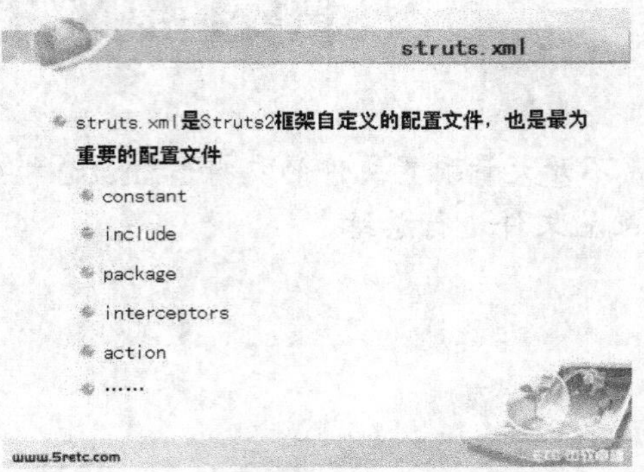

struts.xml 是 Struts2 框架自定义的配置文件，也是最为重要的配置文件，往往在工程的 src 目录下创建。容器在加载 struts.xml 文件前，总是默认加载框架自带的 struts-default.xml 文件，struts-default.xml 中定义了一些核心 bean 和拦截器。struts.xml 文件的根元素是<struts>，主要结构如下：

```
<?xml version="1.0" encoding="UTF-8" ?>

<!DOCTYPE struts PUBLIC
    "-//Apache Software Foundation//DTD Struts Configuration 2.0//EN"
    "http://struts.apache.org/dtds/struts-2.0.dtd">
<struts>
   <constant name="" value=""></constant>
   <include file=""></include>
   <package name="" extends="struts-default">
       <interceptors>
           <interceptor name="" class=""></interceptor>
           <interceptor-stack name=""></interceptor-stack>
       </interceptors>

       <global-results>
           <result></result>
       </global-results>

       <global-exception-mappings>
           <exception-mapping result="" exception=""></exception-mapping>
       </global-exception-mappings>

       <action name="" class="">
           <result></result>
           <exception-mapping result="" exception=""></exception-mapping>
           <interceptor-ref name=""></interceptor-ref>
           <param name=""></param>
       </action>
   </package>
</struts>
```

下面介绍 struts.xml 的主要配置元素的含义。

（1）constant

struts.xml 中可以在根元素<struts>下使用 constant 标签定义常量，与 struts.properties 功能相同。例如：

```
<struts>
<constant name="struts.custom.i18n.resources" value="messageResource">
</constant>
```

（2）include

实际开发过程中，往往是多模块同时开发。可以对每个模块定义一个配置文件，最终在 struts.xml 中的根元素<struts>下使用 include 包含即可。例如：

```
<struts>
   <include file="/bbs/bbs.xml"></include>
   <include file="/news/news.xml"></include>
</struts>
```

（3）package

package 标签位于根元素<struts>下，Struts2 的核心组件如 Action、拦截器等都配置在 package 标签下。例如：

```
<struts>
   <package name="com.etc.chapter05" extends="struts-default">
   </package>
</struts>
```

package 标签必须指定包名，必须继承某个父包，默认继承 struts-default.xml 中的 struts-default 包。

（4）interceptors

interceptors 标签位于 package 标签内，用来定义拦截器及拦截器栈，例如：

```
<interceptors>
<interceptor name="tester" class="com.etc.interceptor.InterceptorTester">
</interceptor>
</interceptors>
```

（5）default-interceptor-ref

default-interceptor-ref 标签位于 package 标签内，用来配置当前包默认的拦截器引用。例如：

```
<default-interceptor-ref name="defaultStack"/>
```

（6）global-results

global-results 标签位于 package 标签内，用来配置全局 result，全局 result 可以被所有 Action 使用。当 Action 的返回结果在 Action 的配置中没有找到对应的 result，则使用全局 result。例如：

```
<global-results>
      <result name="error">/error.jsp</result>
</global-results>
```

（7）global-exception-mappings

global-exception-mappings 标签位于 package 标签内，用来配置全局异常映射。例如：

```
<global-exception-mappings>
<exception-mapping result="error"
exception="java.lang.NullPointerException"></exception-mapping>
</global-exception-mappings>
```

其中 result 是已定义的 result 名字。

（8）action

action 标签位于 package 标签内，用来配置 Action 类的信息。例如：

```
<action name="Login" class="com.etc.action.LoginAction">
</action>
```

其中 name 是用来访问 Action 的名字，class 是 Action 的类。

（9）result

result 标签位于 action 标签内，用来配置 Action 类的返回结果。例如：

```
<action name="Login" class="com.etc.action.LoginAction">
<result name="success">/welcome.jsp</result>
<result name="fail">/index.jsp</result>
</action>
```

name 与 Action 类的返回值对应，如果 name="success"，可以省略 name 属性，如上述代码可以省略为：

```
<action name="Login" class="com.etc.action.LoginAction">
          <result>/welcome.jsp</result>
          <result name="fail">/index.jsp</result>
</action>
```

（10）interceptor-ref

interceptor-ref 标签位于 action 标签内，用来配置 Action 的拦截器引用，可以引用单个的拦截器，也可以引用拦截器栈。例如：

```
<interceptor-ref name="logininterceptor"></interceptor-ref>
```

（11）exception-mapping

exception-mapping 标签位于 action 标签内，用来配置 Action 的异常映射。例如：

```
<exception-mapping  result="register.jsp"  exception="com.etc.exception.R
egisterException"></ exception-mapping>
```

（12）param

param 标签位于 action 标签内，用来配置 Action 类的属性。例如：

```
<param name="startTime">6</param>
```

封装和获取该 param，只需在 Action 类中声明 startTime 属性，并为其提供 getXXX 和

setXXX 方法即可。

14.3　struts.properties

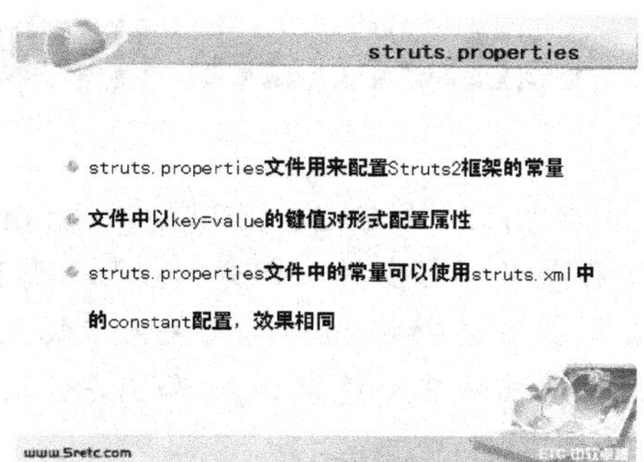

struts.properties 文件用来配置 Struts2 常量，文件中以 key=value 的键值对形式配置属性，往往在工程的 src 目录下创建。例如：

```
struts.custom.i18n.resources=messageResource
struts.action.extension=do
```

struts.properties 中的属性覆盖了 default.properties 的值。另外，struts.properties 文件中的常量可以使用 struts.xml 中的 constant 配置，效果相同。例如：

```
<struts>
<constant name=" struts.custom.i18n.resources " value=" messageResource
"></constant>
<constant name=" struts.action.extension" value="do"></constant>
```

14.4　本章小结

本章总结了 Struts2 应用中常用的配置文件，主要包括 web.xml、struts.xml 和 struts.properties。其中 struts.xml 是最重要的一个配置文件，与 Struts2 框架有关的组件信息都在 struts.xml 中配置。本章对 struts.xml 中的主要标签及其属性含义进行了介绍，帮助读者正确配置 Struts2 应用。struts.properties 文件配置 Struts2 框架的常量，可以使用 struts.xml 中的 constant 替代。除了 web.xml、struts.xml、struts.properties 文件之外，Struts2 应用中还存在一些内置的配置文件，如 struts-defautl.xml，定义了核心 bean 和常用的拦截器、拦截器栈；default.xml 定义了内置校验器；default.properties 定义了默认的常量。

第二部分

Hibernate 框架

Hibernate 框架是目前使用较为广泛的 ORM（Object-Relational Mapping）框架。JavaEE 企业级应用中，数据持久层编程是必不可少的一部分。JDBC 是 JavaEE 应用进行数据持久层编程的常用解决方案。Hibernate 框架能够将 Java 类与关系数据表进行映射，同时提供面向对象的数据查询机制，能够最大程度缩短程序员在 SQL 和 JDBC 上的编程时间，从大量的数据持久层编程工作中解脱出来。

本部分先从 Hibernate 基础开始学习，帮助读者快速了解 Hibernate 框架，并结合 Eclipse+MyEclipse 的开发环境，构建简单的 Hibernate 实例，帮助读者对 Hibernate 的核心组件有直观了解，达到快速入门的目的。第 2 章将集中对 Hibernate 框架的核心技术进行学习，包括持久类、对象状态、Hibernate 属性配置、映射文件基础、HQL 语言，通过本章学习，将进一步了解 Hibernate 框架。接下来的每个章节将针对具体主题进行深入学习。第 3 章将深入学习 HQL 语言，包括 HQL 的 select、from、where、order by、group by 等子句。第 4 章将学习如何对一张数据表进行细分设计，包括基于性能和设计的两种细分策略。第 5 章和第 6 章是 Hibernate 框架中的重点内容，将深入学习关联映射和继承映射。关联映射将详细学习 one-to-one、one-to-many/many-to-one 以及 many-to-many 各种关联关系映射配置，继承映射章节将详细学习三种常用的映射策略，即 TPS、TPH 以及 TPC。第 7 章主要学习优化 Hibernate 查询性能的几种方法。最后，第 8 章通过修改“教材案例”，使用 Hibernate 替代案例的持久层 JDBC 进行编程，实现了 Hibernate 和 Struts2 框架的整合使用，能够进一步深入掌握 Hibernate 的实际应用。

第 1 章 Hibernate 快速入门

本章将快速了解 Hibernate 的体系结构以及常用 API，并基于 Eclipse 开发平台开发运行第一个简单的 Hibernate 例子，帮助读者快速入门。

1.1 Hibernate 概述

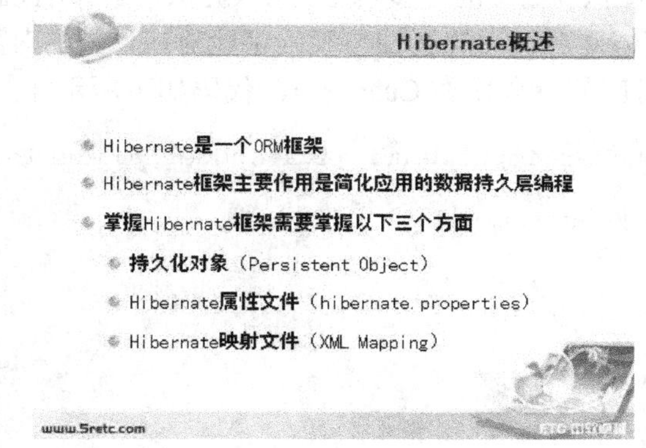

Hibernate 是一个 ORM（Object-Relational Mapping）框架，主要作用是简化应用的数据持久层编程，不需要程序员花大量时间编写 SQL 和 JDBC 代码。图 2-1-1 是 Hibernate 参考文档中提供的 Hibernate 体系结构图。

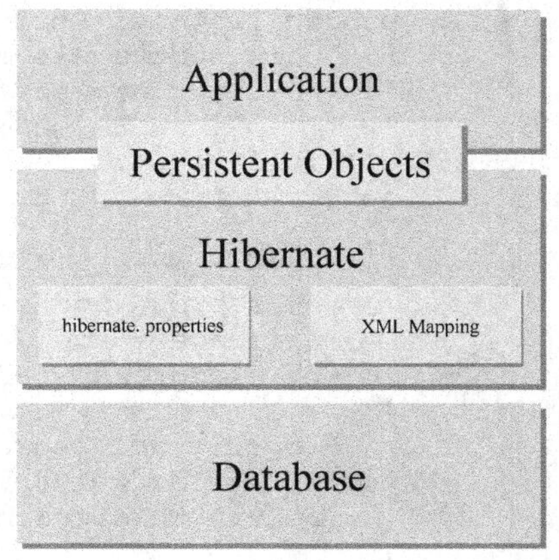

图 2-1-1　Hibernate 体系结构图

可见，Hibernate 框架位于应用层和数据库之间，解决数据持久层编程。如图 2-1-1 所示，Hibernate 框架主要包括持久化对象（Persistent Objects）、Hibernate 属性文件（hibernate.properties）以及 XML 映射文件（.hbm.xml 文件）三部分，下面分别介绍这三部分的作用。

（1）持久化对象（Persistent Object）：持久化对象是 Hibernate 框架中非常重要的组成部分，简称为 PO。PO 用来映射数据库中的记录，可以通过修改 PO 而修改数据库记录。在第 2 章将详细介绍持久化对象。

（2）Hibernate 属性文件（hibernate.properties）：使用 Hibernate 进行数据持久层编程，相关的数据库访问信息需要在 Hibernate 属性文件中配置，如数据库驱动类、连接串、用户名、密码等。也可以使用名字为 hibernate.cfg.xml 的 xml 文件配置属性。

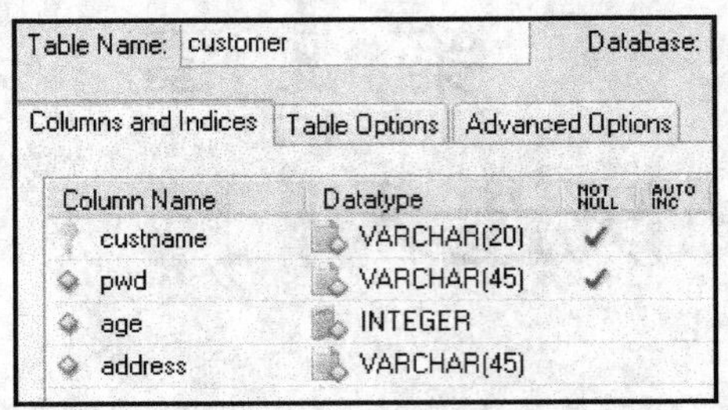

图 2-1-2　customer 表结构

（3）Hibernate 映射文件（XML Mapping）：持久化对象映射数据库中的记录，其映射关系依靠 Hibernate 框架的映射文件配置，映射文件是 XML 文件，往往使用*.hbm.xml 形式命名，其中*是持久化对象的类名。

下面通过简单实例，演示上述三个方面的具体内容。使用 MySQL 数据库创建名为 demo 的数据库，在 demo 下创建表 customer，表结构如图 2-1-2 所示。

如图 2-1-2 所示，表 customer 中有四个字段，其中 custname 是主键。接下来，分步骤学习使用 Hibernate 框架对 Customer 表进行操作。

（1）创建持久化类，映射 customer 表。

Hibernate 框架使用持久化对象映射数据库中的记录，持久化对象通过持久化类实例化得到。持久化类往往是普通的 Java 类，称为 POJO（Plain Old Java Object）类。持久化类通常是符合 JavaBean 规范的类，提供 public 的无参构造方法，提供符合命名规范的 getXXX 和 setXXX 方法。持久化类与数据库表对应，类的属性与表的字段对应，类的对象将对应表的一条记录。首先创建与 customer 表对应的持久化类 Customer，代码如下所示：

```
public class Customer implements java.io.Serializable {
    // Fields
    private String custname;
    private String pwd;
    private Integer age;
    private String address;
    // Constructors
    /** default constructor */
    public Customer() {
    }
    /** minimal constructor */
    public Customer(String custname, String pwd) {
        this.custname = custname;
        this.pwd = pwd;
    }
    /** full constructor */
    public Customer(String custname, String pwd, Integer age, String address)
{
        this.custname = custname;
        this.pwd = pwd;
        this.age = age;
        this.address = address;
    }
    // Property accessors
    public String getCustname() {
        return this.custname;
    }
    public void setCustname(String custname) {
        this.custname = custname;
    }
//省略其他 getters 和 setters
}
```

上述 Customer 类中声明了与表 customer 字段对应的四个属性，并声明了无参数的构造方法，同时遵照 JavaBean 规范为属性提供了 getXXX 方法和 setXXX 方法。

（2）在 hibernate.cfg.xml 中配置数据库连接信息。

Hibernate 是用来实现连接数据库、操作数据库记录的框架，因此 Hibernate 框架首先需要配置连接数据库的信息。Hibernate 框架使用连接池（Connetcion Pool）获得数据库连接，其发布包中提供了多个第三方开源连接池，也可以使用 Hibernate 内置的连接池。连接池的信息在 Hibernate 属性文件中配置，可以是 hibernate.properties 文件，也可以是 hibernate.cfg.xml 文件。本节使用 hibernate.cfg.xml 文件配置连接信息，使用 Hibernate 内置连接池，代码如下所示：

```
<hibernate-configuration>
     <session-factory>
   <property name="connection.username">root</property>
   <property name="connection.url">
       jdbc:mysql://localhost:3306/demo
   </property>
   <property name="dialect">
       org.hibernate.dialect.MySQLDialect
   </property>
   <property name="connection.password">123</property>
   <property name="connection.driver_class">
       com.mysql.jdbc.Driver
   </property>
   <property name="connection.pool_size">20</property>
   </session-factory>
</hibernate-configuration>
```

上述文件中配置了数据库连接池所需要的信息，包括访问数据库的用户名、密码、驱动类、连接串等。其中 connection.pool_size 属性配置了连接池中的最大连接数。dialect 称为方言，Hibernate 框架对每种特定的数据库提供了对应的方言类，可以针对不同的数据库生成优化的 SQL 语句。上述文件中使用 MySQL 数据库，所以配置了 MySQL 的方言类。

（3）在映射文件中配置映射信息。

持久化类映射数据库表，类的属性映射表的字段，其对应关系需要在映射文件中配置。映射文件往往包含在持久类所在的包中，名字与持久类相同，后缀为.hbm.xml。Customer 类对应的映射文件为 Customer.hbm.xml，代码如下所示：

```
<hibernate-mapping>
   <class name="com.etc.po.Customer" table="customer" catalog="demo">
      <id name="custname" type="java.lang.String">
         <column name="custname" length="20" />
         <generator class="assigned" />
      </id>
      <property name="pwd" type="java.lang.String">
         <column name="pwd" length="45" not-null="true" />
      </property>
      <property name="age" type="java.lang.Integer">
         <column name="age" />
      </property>
      <property name="address" type="java.lang.String">
         <column name="address" length="45" />
      </property>
   </class>
</hibernate-mapping>
```

上述映射文件中，通过 class 节点配置类与表的映射关系，class 元素主要有两种子元素，即 id 和 property。id 定义了与表的主键对应的属性，上述例子中表的主键是 custname 字段，类 Customer 中与之对应的属性是 custname，在映射文件中使用 id 进行了配置。除了主键字段外，其他字段与类属性的映射关系都使用 property 元素定义。

所有的 hbm.xml 文件必须在 hibernate.cfg.xml 中进行配置才能使用，代码如下所示：

```
<mapping resource="com/etc/po/Customer.hbm.xml" />
```

至此，已经创建了持久化类、Hibernate 配置文件、Hibernate 映射文件。接下来就可以通过使用 Hibernate 框架的 API 操作数据库表，下节将学习 Hibernate 框架常用的 API。

1.2 常用 API

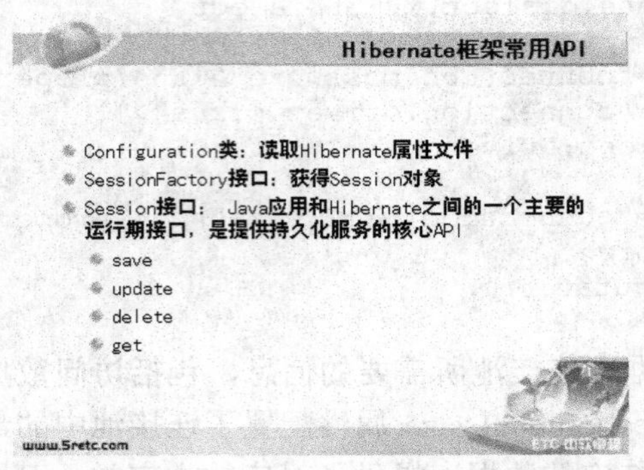

通过上节的学习，读者已经对 Hibernate 中的三个关键组成部分有了快速了解。然而，要想使用 Hibernate 框架操作数据库，必须使用 Hibernate 框架的 API，解析配置文件，操作持久化对象，从而操作数据库。本节将学习 Hibernate 框架中常用的 API。

（1）Configuration 类。

Configuration 类中提供了 configure 方法，可以用来读取指定的 Hibernate 属性文件，为获得数据库连接对象做好准备。代码如下所示：

```
public class TestHibernate {
   public static void main(String[] args) {
       Configuration conf=new Configuration();
       conf.configure("hibernate.cfg.xml");
   }
}
```

如果属性文件是 hibernate.cfg.xml 文件，则可以省略 configure 方法的参数，使用 conf.configure()形式即可。

（2）SessionFactory 接口。

SessionFactory 是 Session 对象的工厂类。一个应用有一个唯一的 SessionFactory 对象，SessionFactory 是不可变的。可以通过 Configuration 对象获得 SessionFactory 对象，代码如下所示：

```
public static void main(String[] args) {
        Configuration conf=new Configuration();
        conf.configure("hibernate.cfg.xml");
        SessionFactory factory=conf.buildSessionFactory();
}
```

SessionFactory 的相关属性在 hibernate.cfg.xml 中进行配置。

（3）Session 接口。

Session 接口是 Java 应用和 Hibernate 之间的一个主要的运行期接口，是提供持久化服务的核心 API。一个 Session 对象类似一个数据库连接对象，其生命周期贯穿整个逻辑事务的始末。Session 的主要功能是用来操作持久化对象，如创建、读取、删除等，从而操作数据库记录。Session 对象可以通过 SessionFactory 对象获得。Session 接口中有如下主要方法：

① save(Object object)：该方法将一个对象进行保存操作，将生成 insert SQL 语句，向数据库中插入一条记录。

② update(Object object)：该方法将对一个对象进行修改操作，将生成 update SQL 语句，修改数据库中对应的记录。

③ delete(Object object)：该方法将对一个对象进行删除操作，将生成 delete SQL 语句，删除数据库中对应的记录。

④ Object get(Class clazz, Serializable id)：该方法将通过 id 查询得到一个对象，将生成一条 select 语句，通过主键值进行查询，将返回的结果记录封装成对象返回。

如果进行增、删、改操作，必须使用 session 对象开始一个事务，并使用 session 对象的 commit 方法提交事务才能生效。如果发生错误可以使用 session 对象的 rollback 方法回滚事务。Hibernate 框架中的事务接口为 Transaction。继续修改上面的代码，添加向 customer 表中插入一条记录的代码，如下所示：

```
public class TestHibernate {
  public static void main(String[] args) {
      Configuration conf=new Configuration();
      conf.configure("hibernate.cfg.xml");
      SessionFactory factory=conf.buildSessionFactory();
      Session session=factory.openSession();
      Transaction tran=session.beginTransaction();
      Customer cust=new Customer("ETC","123",23,"BeiJing");
      session.save(cust);
      tran.commit();
      session.close();
  }}
```

上述代码中先通过 SessionFactory 获取一个 Session 对象，然后通过 Session 对象启动事务并提交事务，并通过 Session 对象的 save 方法操作持久化类 Customer 的对象 cust，从而向 customer 表中插入一条记录，记录的字段值即对象 cust 的属性值。运行后，查看 customer 表中的记录，如图 2-1-3 所示。

custname	pwd	age	address
ETC	123	23	BeiJing

图 2-1-3　通过 Hibernate 插入了一条记录

可见，通过 Hibernate 框架进行持久化编程，不需要写复杂的 SQL 语句，能够使用面向对象的思想操作持久化类的对象，从而操作对象所映射的数据库记录。

1.3 Eclipse 中开发 Hibernate 应用

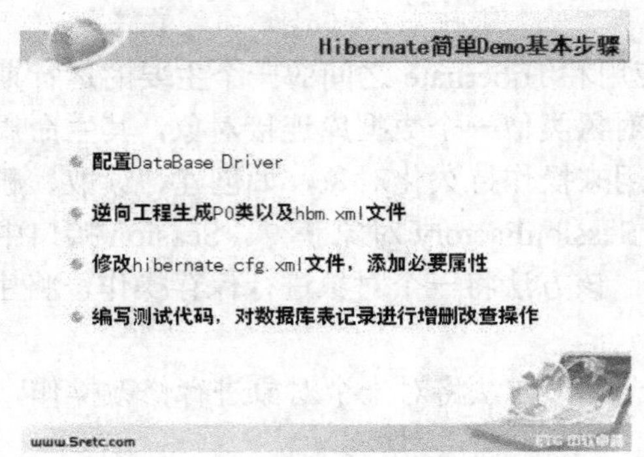

在实际工作中，往往使用集成开发环境构建 Hibernate 应用，例如，使用 Eclipse 的 MyEclipse 插件就可以大大简化 Hibernate 应用开发。本节将使用“step by step”的方式，展示如何使用 MyEclipse 开发 Hibernate 应用。

（1）显示 DB Browser 视图。

使用 MyEclipse 开发 Hibernate 应用，首先需要在 DB Browser 视图中进行必要的配置。单击菜单 window->show view->other，将弹出如图 2-1-4 所示窗口。

双击视图列表中的 DB Browser，将显示 DB Browser 视图，如图 2-1-5 所示。

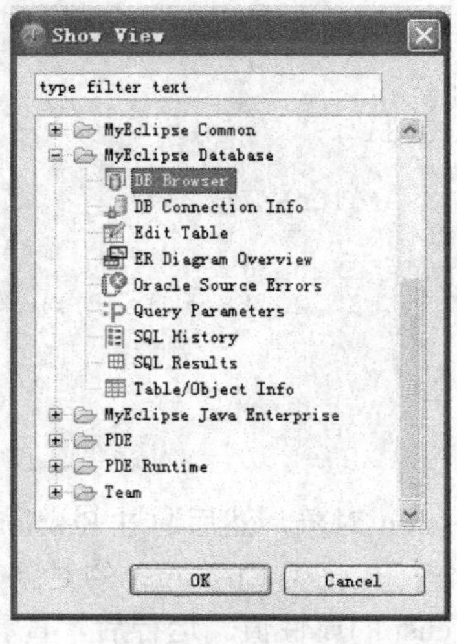

图 2-1-4　show view 对话框

图 2-1-5　DB Browser 视图

（2）配置 DataBase Driver 信息。

在 DB Browser 视图中，单击鼠标右键，从弹出的快捷菜单中选择 new，将弹出 DataBase Driver 对话框，如图 2-1-6 所示。

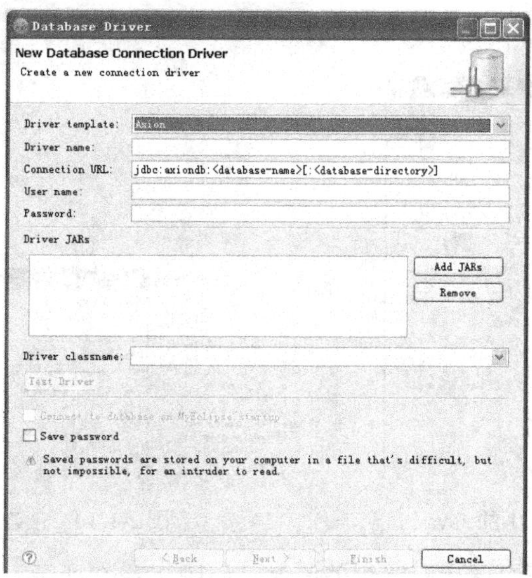

图 2-1-6　Database Driver 对话框

（3）在对话框中可以配置 DataBase Driver 信息，包括连接 URL、用户名等，如图 2-1-7 所示。

（4）在 DataBase Driver 视图中，将显示名字为 etc 的 DataBase Driver。

右键单击 etc，打开数据库连接，显示数据库的结构，如图 2-1-8 所示。

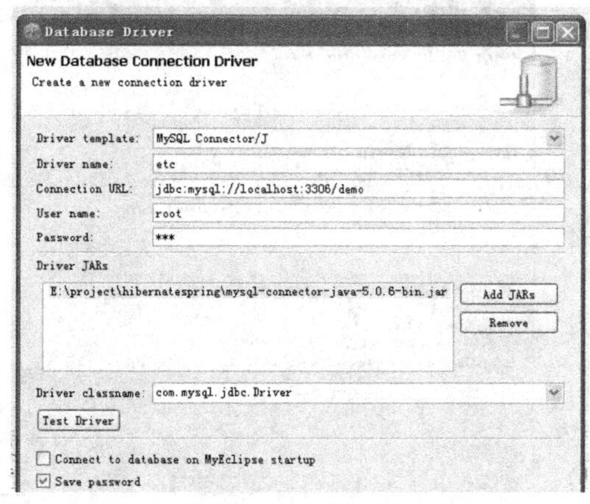

图 2-1-7　配置 Database Driver 信息

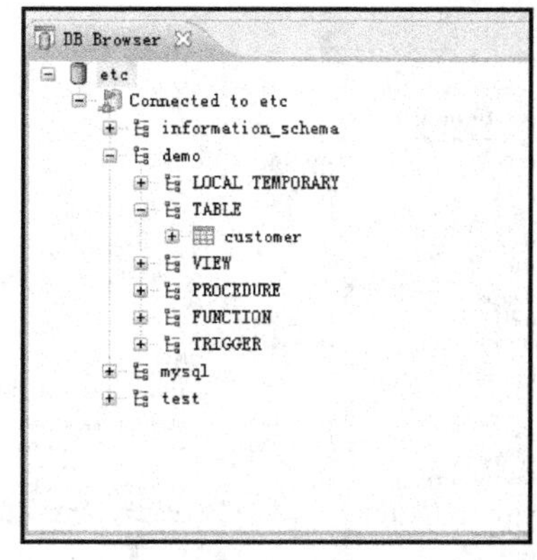

图 2-1-8　打开数据库连接

（5）创建 Java 工程，如图 2-1-9 所示。

Hibernate 框架可以用在任何类型的工程中，如 Java 工程、Java Web 工程等。本例中使用 Java 工程。

（6）在 chapter01 工程下创建包 com.etc.po，如图 2-1-10 所示。

（7）向工程中添加 Hibernate 框架的 jar 包，如图 2-1-11 所示。

如果不使用 MyEclipse，则需要到 Hibernate 网站下载 Hibernate jar 包，并引入到工程中。而 MyEclipse 插件已经包含相关 jar 包，可以右键单击工程名，选择 MyEclipse 菜单，添加

Hibernate 包。

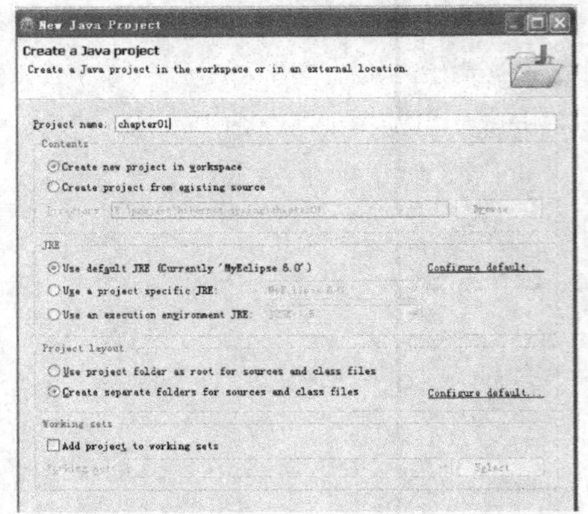

图 2-1-9　创建名字为 chapter01 的 Java 工程

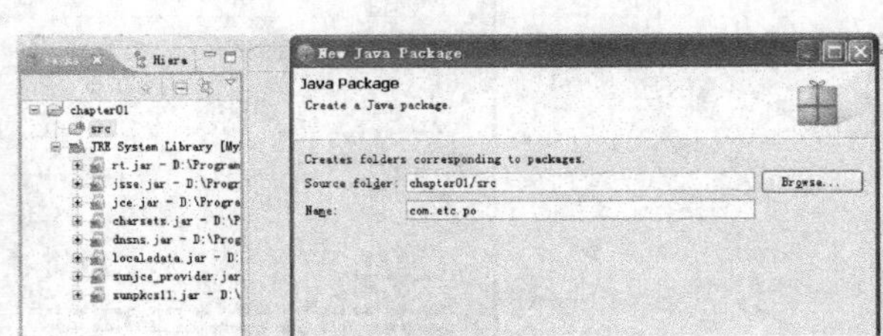

图 2-1-10　创建 com.etc.po 包

（8）在弹出的对话框中逐步配置相关信息，如图 2-1-12 所示。

在弹出的对话框中，可以根据提示逐步配置相关信息，包括选择 Hibernate 版本，选择需要引入的 jar 包。默认选择核心包，如果需要高级功能，则可以勾选 advanced 包。

（9）选择新创建或者引入已存在的属性文件，如图 2-1-13 所示。

如果当前工程中不存在 hibernate.cfg.xml 文件，则选择 new 新创建一个属性文件；如果已经存在属性文件，则选择 Existing。

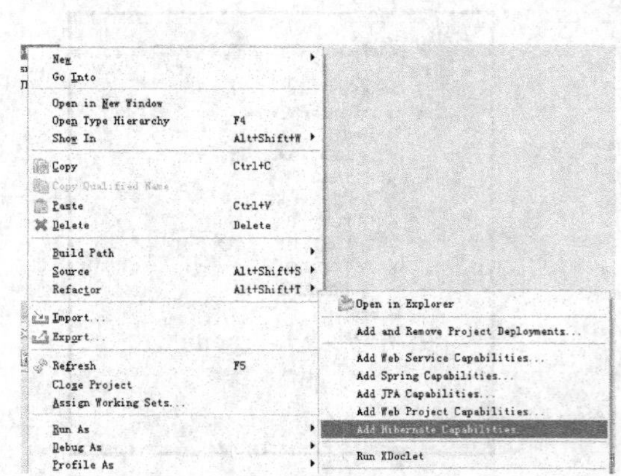

图 2-1-11　添加 Hibernate 包

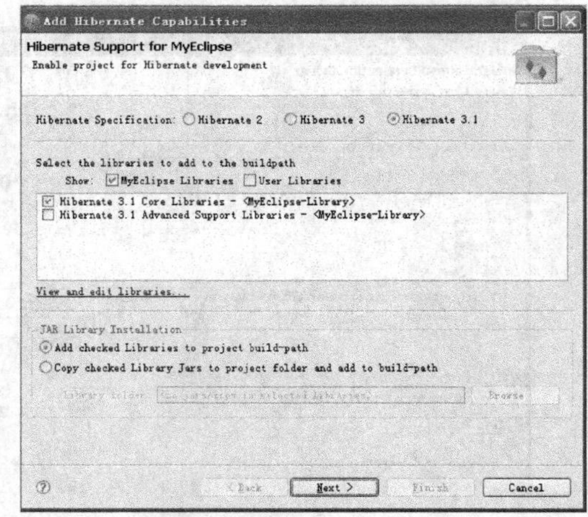

图 2-1-12　配置相关信息

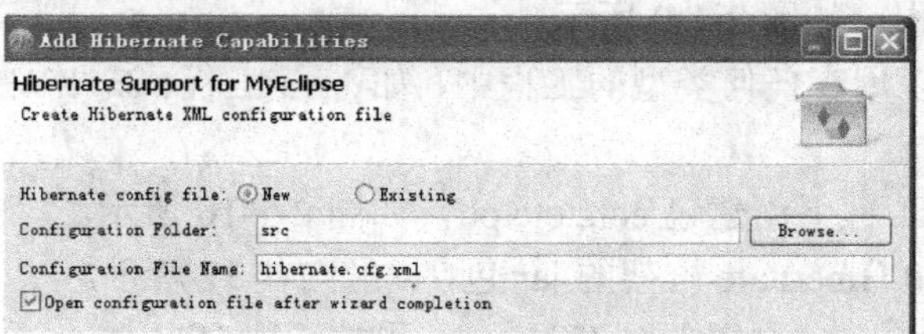

图 2-1-13　配置文件

（10）选择数据库连接信息，如图 2-1-14 所示。

要生成可用的 hibernate.cfg.xml 文件，需要提供详细的数据库连接信息。在 DataBase Driver 视图中已经配置了名字为 etc 的 DataBase Driver，保存了连接数据库的信息，只要选择使用即可。

（11）创建辅助类 HibernateSessionFactory，如图 2-1-15 所示。

如上节中演示，使用 Hibernate 框架都要经过创建 Configuration 对象、获得 SessionFactory 对象、获得 Session 对象的重复过程。MyEclipse 可以自动生成辅助类 HibernateSessionFactory，该类提供了 getSession 方法，可以直接获得 Session 对象，可以根据需要选择是否创建。

（12）向 hibernate.cfg.xml 文件增加属性，如图 2-1-16 所示。

上述步骤结束后，将默认自动打开 hibernate.cfg.xml 的可视化页面，可以在该页面中继续添加其他属性，如 show_sql 属性，该属性值为 true 时，可以在控制台输出 Hibernate 框架生成的 SQL 语句，方便调试。

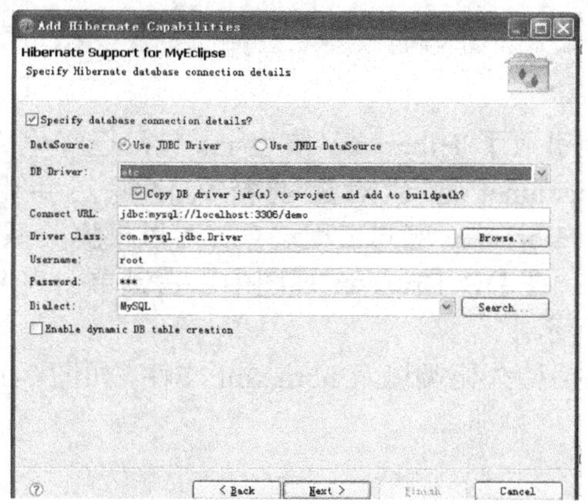

图 2-1-14　选择数据库连接信息

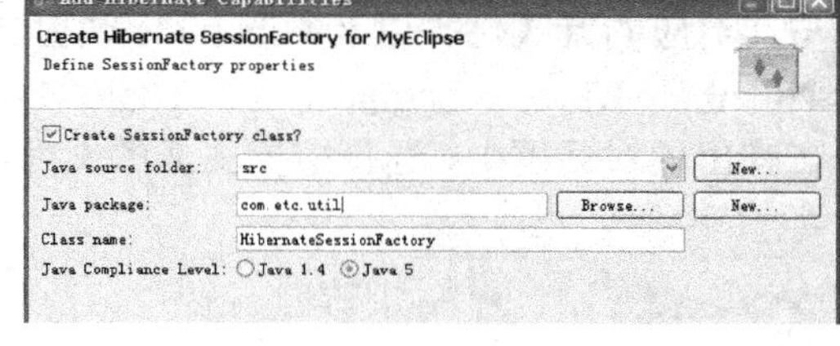

图 2-1-15　生成辅助类

类似地，也可以添加连接池中最多连接数属性等，如图 2-1-17 所示。

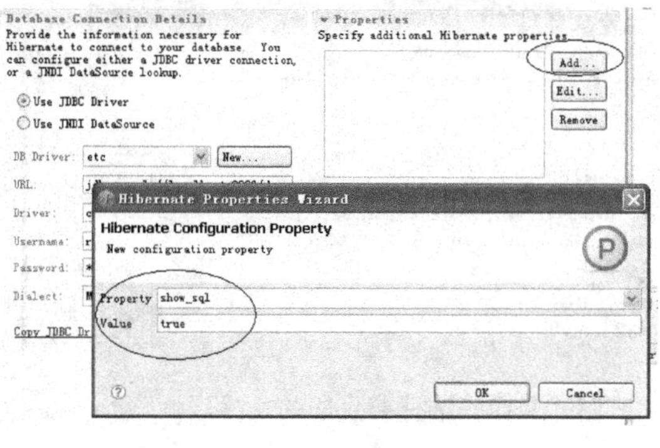

图 2-1-16　添加属性

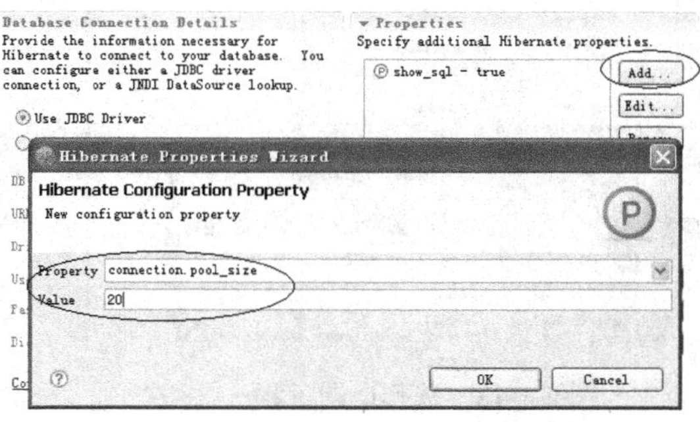

图 2-1-17　添加属性

（13）查看 hibernate.cfg.xml 文件。

属性添加结束后，可以通过 source 标签查看 hibernate.cfg.xml 文件的源代码，如下所示：

```
<hibernate-configuration>
<session-factory>
    <property name="connection.username">root</property>
    <property name="connection.url">
        jdbc:mysql://localhost:3306/demo
    </property>
    <property name="dialect">
        org.hibernate.dialect.MySQLDialect
    </property>
    <property name="myeclipse.connection.profile">etc</property>
    <property name="connection.password">123</property>
    <property name="connection.driver_class">
        com.mysql.jdbc.Driver
    </property>
    <property name="show_sql">true</property>
    <property name="connection.pool_size">20</property>
</session-factory>
</hibernate-configuration>
```

（14）使用 Hibernate 逆向工程。

通过上面的步骤，目前工程 chapter01 中已经引入了 Hibernate 核心 jar 包，已经生成了 hibernate.cfg.xml 文件，接下来就需要为表 customer 创建对应的持久化类，并生成 Customer.hbm.xml 映射文件。MyEclipse 中提供了 Hibernate 逆向工程选项，可以根据关系表，生成与其对应的持久化类以及 Hibernate 映射文件。在 DB Browser 视图中，右键单击表名，选择 Hibernate Reverse Engineering，如图 2-1-18 所示。

在弹出的对话框中，选择需要生成的文件，包括持久化类以及 hbm.xml 文件，如图 2-1-19 所示。

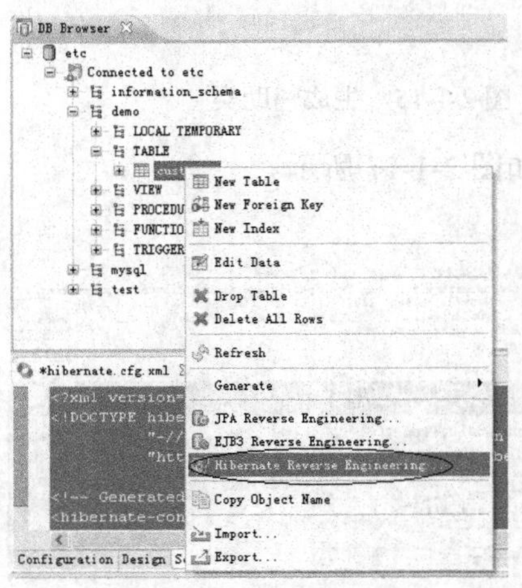

图 2-1-18　选择逆向工程

图 2-1-19　选择要生成的文件

单击“Next”按钮，在弹出的对话框中选择 ID 的生成方式，assigned 表示 ID 通过代码赋值方式生成，如图 2-1-20 所示。

（15）生成的文件，如图 2-1-21 所示。

至此，已经生成持久化类 Customer.java、映射文件 Customer.hbm.xml、Hibernate 属性文件 hibernate.cfg.xml。

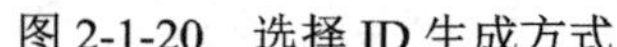
图 2-1-20 选择 ID 生成方式

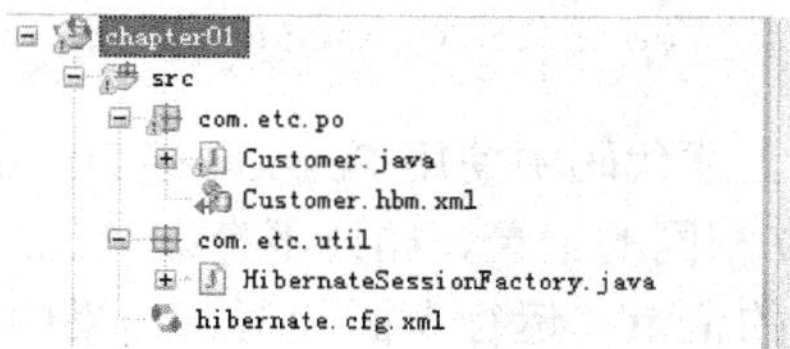

图 2-1-21 工程的结构

（16）测试。

至此，可以创建类 TestCustomer 进行测试，对表 customer 进行增、删、改操作。

① 插入操作，代码如下所示：

```
public class TestCustomer {
    /**
     * @param args
     */
    public static void main(String[] args) {
        Customer cust=new Customer("BJETC","123",18,"BeiJing");
        Session session=HibernateSessionFactory.getSession();
        Transaction tran=session.beginTransaction();
        session.save(cust);
        tran.commit();
        session.close();
    }}
```

上述代码将向表 customer 中插入一条记录，记录的字段值即对象 cust 的属性值。因为在 hibernate.cfg.xml 中配置了 show_sql 属性为 true，所以运行该类时，在控制台将打印出生成的 insert 语句。

② 根据主键查询操作，代码如下所示：

```
public static void main(String[] args) {
    Session session=HibernateSessionFactory.getSession();
    Customer c=(Customer) session.get(Customer.class, "BJETC");
    System.out.println("主键为 BJETC 的记录详细信息："+c.getCustname()+"
    "+c.getPwd()+" "+c.getAge()+" "+c.getAddress());
    tran.commit();
    session.close();}
```

上述代码使用 Session 中的 get 方法，通过主键查询记录，返回的结果直接封装到 Customer 对象中，输出结果如下所示：

```
主键为 BJETC 的记录详细信息：BJETC 123 18 BeiJing
```

③ 修改操作，代码如下所示：

```
    public static void main(String[] args) {
    Session session=HibernateSessionFactory.getSession();
    Transaction tran=session.beginTransaction();
    session.update(new Customer("BJETC","abc",23,"DaLian"));
    Customer c=(Customer) session.get(Customer.class, "BJETC");
    System.out.println("主键为 BJETC 的记录详细信息："+c.getCustname()+"
    "+c.getPwd()+" "+c.getAge()+" "+c.getAddress());
```

```
    tran.commit();
    session.close();}
```

上述代码中使用 Session 接口中的 update 方法，将修改数据库中主键与 update 方法参数的 ID 相同的记录，如果不存在该记录，则不修改。代码中修改了一条记录后，接下来查询修改后的记录。运行上面代码，结果如下：

```
主键为BJETC的记录详细信息：BJETC abc 23 DaLian
```

可见，再次查询主键为 BJETC 的记录，内容已经被修改。

④ 删除操作，代码如下所示：

```
public static void main(String[] args) {
    Session session=HibernateSessionFactory.getSession();
    Transaction tran=session.beginTransaction();
    Customer c=(Customer) session.get(Customer.class, "BJETC");
    session.delete(c);
    tran.commit();
    session.close();
    }
```

上述代码中，通过使用 Session 中的 delete 方法删除对象 c，将删除对象 c 所对应的数据库记录。

1.4 本章小结

本章从 Hibernate 的体系架构开始学习，帮助读者快速了解 Hibernate 框架。Hibernate 框架是一个较为常用的 ORM 框架，用来解决数据持久层编程问题。Hibernate 通过使用持久化类、属性文件、映射文件，将程序员从复杂的 SQL 和 JDBC 编程中解脱出来。本章通过实例展示了 Hibernate 框架的核心组成部分的代码，并通过“step by step”的方式演示了使用 MyEclipse 插件开发 Hibernate 应用的步骤。通过本章学习，读者能够掌握 Hibernate 框架的基础知识，构建最简单的 Hibernate 应用。

第 2 章

Hibernate 核心知识点

要深入了解 Hibernate 框架，需要先理解 Hibernate 的一些核心知识点。本章将学习 Hibernate 框架中的一些重要概念，包括持久化类、对象状态、配置文件、ORM 映射基础、HQL 语言。其中某些知识点还将在后面章节深入学习。

2.1 持久化类

持久化类

- 实现业务实体的类，被称为持久化类（Persistent Class）
  - 必须提供public的无参构造方法
  - 必须提供一个标识属性（Identifier Property）
  - 类的属性都是private权限
  - 为属性提供getXXX和setXXX方法

www.5retc.com

在应用程序中，用来实现业务实体的类被称为持久化类（Persistent Class），如电子商务系统中的订单类 Order，银行交易系统中的账户类 Account，客户信息管理系统中的 Customer 类等。Hibernate 框架中的持久化类与数据库表对应，可以有多种实现方式，较多使用 POJO 编程模式实现。POJO 模式的持久化类往往有如下规范：

（1）必须提供 public 的无参构造方法。

如类 Customer 中，必须有如下构造方法：

```
/** default constructor */
   public Customer() {
   }
```

（2）必须提供一个标识属性（Identifier Property）。

持久化类中必须提供一个标识属性，与表的主键对应。数据类型可以是基本数据类型，如 int、double 等，也可以是 java.util.Date、java.lang.String 类型。有的表也可能是复合主键。例如，Customer 类中的 custname 属性，对应表 customer 的主键，就是一个标识属性，如下所示：

```
public class Customer implements java.io.Serializable {
   private String custname;
```

（3）类的属性都是 private 权限，如下所示：

```
private String custname;
private String pwd;
private Integer age;
private String address;
```

（4）为属性提供 getXXX 方法，没有参数但是有返回值。

```
public String getCustname() {
    return this.custname;
}
```

（5）为属性提供 setXXX 方法，有一个形式参数，无返回值。

```
public void setCustname(String custname) {
    this.custname = custname;
}
```

2.2 对象状态

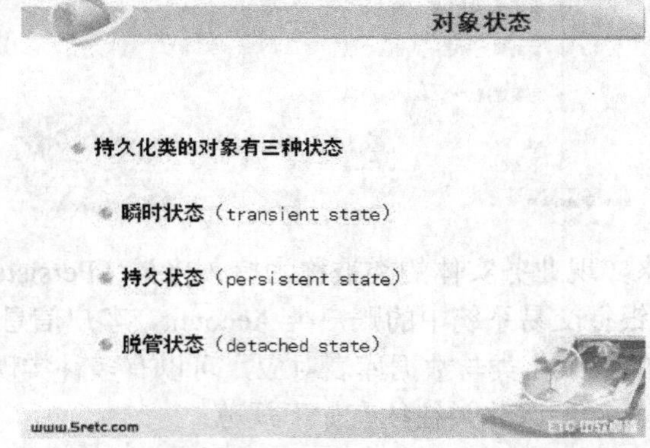

Hibernate 框架是一个完整的 ORM 框架，以对象为基础，通过操作对象，进一步操作对象关联的数据库记录。持久化类与数据表对应，持久化的对象则映射数据库记录。持久化类的对象有三种状态，了解这三种状态，对理解 Hibernate 框架非常重要。Hibernate 开发员不需要关注生成的 SQL 语句，而需要一直关注对象的状态。对象有以下三种状态：

（1）瞬时状态（transient state）。

当通过 new 操作符实例化了一个对象，而这个对象并没有被 Session 对象操作，也就是该对象没有与一个 Session 对象关联时，那么这个对象就称为瞬时状态对象。瞬时状态的对象不能被持久化到数据库中，也不会被赋予持久化标识（Identifier）。也就是说，瞬时状态的对象与普通对象没有区别，没有与数据库的记录有映射关系。如下程序中的 cust 对象，即瞬时状态对象：

```
public static void main(String[] args) {
Customer cust=new Customer("BJETC","123",18,"BeiJing");
```

上述代码中，cust 对象没有与任何一个 session 对象关联，为瞬时状态的对象。

（2）持久状态（persistent state）。

如果一个对象与某一个 Session 对象关联，例如被 Session 对象刚加载的、刚保存的、刚更新的，那么该对象就称为持久状态对象。持久状态的对象与数据库中一条记录对应，并拥有持久化标识（Identifier）。当持久状态对象有改变时，当前事务提交后，Hibernate 会自动检测到对象的变化，并持久化到数据库中。代码如下所示：

```
public class TestCustomer {
   public static void main(String[] args) {
   Session session=HibernateSessionFactory.getSession();
   Transaction tran=session.beginTransaction();
   Customer c=(Customer) session.get(Customer.class, "ETC");
   c.setPwd("abc-update");
   tran.commit();
   session.close();
   }}
```

上述代码中的对象 c 是通过 session 查询得到的对象，与 session 对象关联，即为持久化状态对象，使用 setPwd 方法修改其密码属性后，Hibernate 框架将检测到该变化，自动持久化到数据库中，数据库中记录的密码改变为 abc-update。

（3）脱管状态（detached state）。

当与持久状态对象关联的 session 关闭后，该对象就变成脱管状态（detached state）。脱管状态的对象引用依然有效，可以继续使用。当脱管状态的对象再次与某个 Session 关联后，脱管状态对象将转变为持久状态对象，脱管期间进行的修改将被持久化到数据库中。

2.3　Hibernate 属性配置

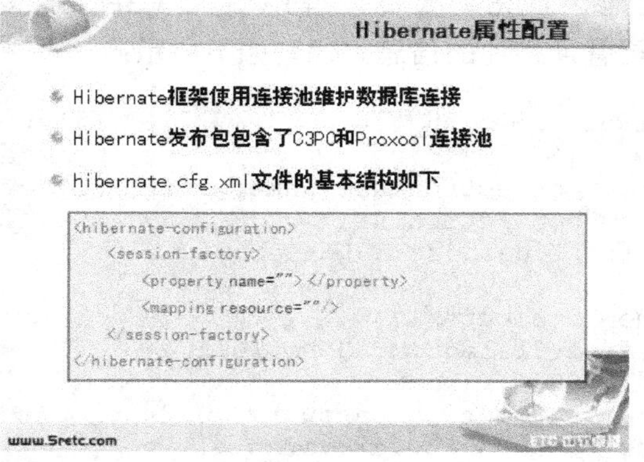

Hibernate 应用的数据库连接信息都通过 Hibernate 属性进行配置，可以在 hibernate.properties 文件中配置，也可以在 hibernate.cfg.xml 中配置，二者是等价的。当二者同时存在时，后者将覆盖前者。本教材中使用 hibernate.cfg.xml 文件配置属性。

Hibernate 框架使用连接池维护数据库连接，Hibernate 发布包中包含了 C3P0 和 Proxool 连接池，只要在属性文件中配置相关属性即可使用。默认情况下，将使用 Hibernate 框架自带的连接池。值得注意的是，在实际应用开发中，往往使用 C3P0、Proxool 或者 DBCP 等连接池，而不会使用 Hibernate 自带的连接池。Hibernate.cfg.xml 文件的基本结构如下：

```
<hibernate-configuration>
    <session-factory>
        <property name=""> </property>
        <mapping resource=""/>
    </session-factory>
</hibernate-configuration>
```

其中，在 hibernate.cfg.xml 文件中 property 标签使用最多，用来配置相关属性，mapping 用来配置.hbm.xml 文件的路径。接下来介绍配置不同连接池的方法。

（1）使用 Hibernate 框架自带连接池。

```
<hibernate-configuration>
    <session-factory>
        <property name="connection.username">root</property>
        <property name="connection.url">
            jdbc:mysql://localhost:3306/demo
        </property>
        <property name="dialect">
            org.hibernate.dialect.MySQLDialect
        </property>
        <property name="connection.password">123</property>
        <property name="connection.driver_class">
            com.mysql.jdbc.Driver
        </property>
        <property name="show_sql">true</property>
        <property name="connection.pool_size">20</property>
        <mapping resource="com/etc/po/Customer.hbm.xml" />
    </session-factory>
</hibernate-configuration>
```

（2）使用 C3P0 连接池。

要使用 C3P0 连接池，首先需要在工程中引入 C3P0 连接池的 jar 包，然后修改 hibernate.cfg.xml 文件，配置连接池的信息。代码如下所示：

```
<hibernate-configuration>
<session-factory>
    <property name="connection.username">root</property>
    <property name="connection.url">
        jdbc:mysql://localhost:3306/demo
    </property>
    <property name="dialect">
        org.hibernate.dialect.MySQLDialect
    </property>
    <property name="connection.password">123</property>
    <property name="connection.driver_class">
        com.mysql.jdbc.Driver
    </property>
    <property name="hibernate.connection.provider_class">
        org.hibernate.connection.C3P0ConnectionProvider
    </property>
```

```
    <property name="hibernate.c3p0.max_size">20</property>
    <property name="hibernate.c3p0.min_size">5</property>
    <property name="hibernate.c3p0.timeout">120</property>
    <property name="hibernate.c3p0.max_statements">100</property>
    <property name="hibernate.c3p0.idle_test_period">120</property>
    <property name="hibernate.c3p0.acquire_increment">2</property>
    <property name="show_sql">true</property>
    <mapping resource="com/etc/po/Customer.hbm.xml" />
</session-factory>
</hibernate-configuration>
```

由上述代码可见，使用 C3P0 连接池，首先也需要配置连接数据库的基本信息，如驱动类、连接串、用户名、密码等。然后指定 Hibernate 框架对 C3P0 连接池的支持类，代码如下所示：

```
<property name="hibernate.connection.provider_class">
      org.hibernate.connection.C3P0ConnectionProvider
</property>
```

接下来配置与 C3P0 连接池相关的属性，如最大连接数、最小连接数、超时时间等。

Hibernate 框架还有很多其他的可选属性可以在 hibernate.cfg.xml 中配置，本节不一一说明。

2.4　ORM 映射基础

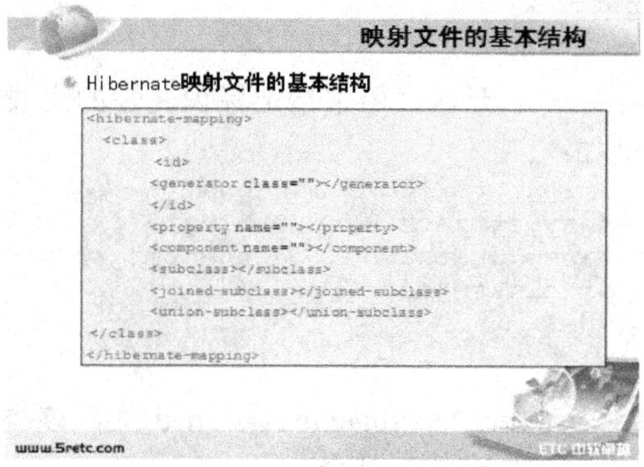

Hibernate 框架是一个 ORM 框架，能够以对象的视角操作数据库。对象和数据库之间的映射关系都在映射文件中配置。映射文件都与其对应的类名相同，后缀是.hbm.xml。映射文件的基本结构如下所示：

```
<hibernate-mapping>
  <class>
       <id>
           <generator class=""></generator>
       </id>
       <property name=""></property>
       <component name=""></component>
       <subclass></subclass>
       <joined-subclass></joined-subclass>
```

```
        <union-subclass></union-subclass>
</class>
</hibernate-mapping>
```

映射文件中所有元素都存在于根元素 hibernate-mapping 下，其中使用最多的元素是 class。class 元素下最常用的子元素有 id、property、component、subclass、joined-subclass、union-subclass 等。本节将介绍这些常用元素的含义。在后续章节中将结合具体知识点，进一步深入学习相关配置属性。

（1）class 元素。

class 元素用来定义一个持久化类。class 元素的主要属性有：

① name：持久化类的完整名字。

② table：与持久化类对应的表名字。

③ discriminator-value：指定区分值，区分不同的子类。

④ polymorphism：多态性，默认值为 implicit，可以指定为 explicit。

⑤ lazy：延迟加载，可以指定为 true 或 false。

⑥ abstract：抽象类，指定该类是否为抽象父类。

（2）id 元素。

class 元素下必须存在 id 元素，用来定义与表的主键对应的属性。id 元素的主要属性有：

① name：持久化类中的标识属性名字。

② type：标识属性的 Hibernate 类型。

③ column：表中的主键字段。

（3）generator 元素。

id 元素下必须存在 generator 元素，用来指定标识属性的生成类。这些生成类都实现了 IdentifierGenerator 接口。例如：

```
<id name="custname" type="java.lang.String">
        <column name="custname" length="20" />
        <generator class="assigned" />
</id>
```

上述配置中的 assigned 对应 org.hibernate.id.Assigned 类，该类要求标识属性必须通过代码方式赋值。主要的 generator 类型有如下几个：

① increment：自动增加，用于为 long/short/int 类型生成唯一标识。

② identity：对 DB2、MySQL 等数据库的内置标识字段进行支持。

③ native：根据数据库底层能力，选择适合的生成方式。

④ assigned：通过应用程序指定标识属性，是默认的生成策略。

⑤ foreign：使用另外一个关联对象的标识作为标识属性。

（4）property 元素。

class 元素下往往存在大量的 property 元素。property 元素映射了持久化类非标识属性与表字段的映射关系。property 元素中主要的属性有：

① name：持久化类中的属性名。

② type：属性的 Hibernate 类型。

③ column：属性对应的表字段。

④ update/insert：默认为 true。定义当执行 update 以及 insert 操作时是否包含该属性。

⑤ lazy：该属性是否延迟抓取。

（5）component 元素。

如果某个持久类的属性非常多，可以将某些属性封装到新的类中。在映射文件中，即可使用 component 元素映射新类的属性和表字段。具体内容请参考第 4 章。

（6）subclass 元素。

如果持久化类存在子类，但是子类并没有映射具体的表，那么可以使用 subclass 元素定义子类属性与表字段的映射关系。请参考第 7 章。

（7）joined-subclass 元素。

如果持久化类对应一张表，同时持久化类存在子类，而且该子类对应具体的表，子类与父类对应的表存在关联关系，则使用 joined-subclass 元素定义子类属性与表字段的映射关系。请参考第 7 章。

（8）union-subclass 元素。

如果持久化类没有对应的表，而持久化类存在子类，子类都对应具体的表，那么可以使用 union-subclass 元素定义子类属性与表字段的映射关系，请参考第 7 章。

2.5　HQL 语言

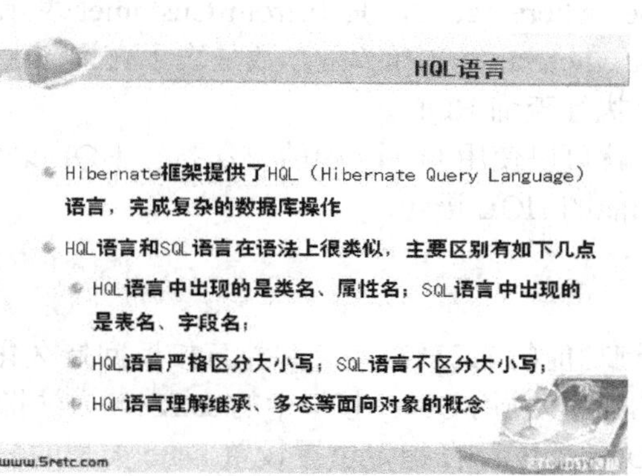

通过本章学习，读者能够了解到 Hibernate 框架通过操作持久对象进一步操作数据库的基本原理，持久对象与数据库之间的映射关系在 XML 映射文件中配置。然而，目前为止，教材中只介绍了使用 Session 对象的 get、save、update、delete 方法进行增、删、改、查的操作。这些操作都以主键为条件，如 get 方法根据主键查询，update 方法根据主键更新，delete 方法根据主键删除等。实际应用中，对数据的操作往往非常复杂，尤其是查询操作。

Hibernate 框架定义了 HQL（Hibernate Query Language）语言，可以完成复杂的数据库操作。HQL 语言和 SQL 语言在语法上很类似，主要区别有如下几点：

（1）HQL 语言中出现的是类名、属性名；SQL 语言中出现的是表名、字段名。

（2）HQL 语言严格区分大小写；SQL 语言不区分大小写。

（3）HQL 语言理解继承、多态等面向对象的概念。

下面是最简单的 HQL 语句：

```
from Customer;
```

其中 Customer 是类的名字，是大小写敏感的。该 HQL 语言将查询出 Customer 类映射的表的所有记录，该类对应的表是 customer，因此，该 HQL 语句将实现 select * from customer 语句的功能。

本节不深入学习 HQL 的语法，详细语法将在第 3 章学习。本节先学习使用 Hibernate API 执行 HQL 语句的具体步骤。

（1）获得 Query 对象。

Hibernate 框架使用 Query 对象执行 HQL 语句。Query 对象可以使用 Session 对象获得。Session 接口中获得 Query 对象的方法如下所示：

```
public Query createQuery(String queryString)
```

该方法的参数是任意一条正确的 HQL 语句，可以使用?指定参数。代码如下所示：

```
public class TestHql {
   public static void main(String[] args) {
       Session session=HibernateSessionFactory.getSession();
       Query query=session.createQuery("from Customer");
       Query query2=session.createQuery("from Customer where age>?");
   }}
```

上述代码中使用 Session 对象创建了两个 Query 对象，对应的 HQL 语句分别是 from Customer 和 from Customer where age>?，其中 from Customer 表示查询 Customer 类对应表的所有记录，from Customer where age>?中的?是参数，表示查询 age 大于参数的记录。

（2）使用 Query 对象执行查询 HQL。

获得 Query 对象后，就可以使用 Query 中的方法执行 HQL 语句。Query 接口中提供了如下方法，能够执行查询功能的 HQL 语句：

```
public List list()
```

list 方法可以执行查询功能的 HQL 语句，并能直接返回持久化对象的 List 集合。

如果 HQL 语句中有?，可以使用 Query 接口中的 setXXX 方法指定参数的具体值，例如：

setDate(int position, Date date)：在指定位置设置 Date 类型的参数。

setInteger(int position, Integer i)：在指定位置设置 Integer 类型的参数。

setString(int position, String s)：在指定位置设置 String 类型的参数。

继续完善上述代码，指定参数，执行查询 HQL 语句，代码如下所示：

```
public static void main(String[] args) {
   Session session=HibernateSessionFactory.getSession();
   Query query=session.createQuery("from Customer");
   Query query2=session.createQuery("from Customer where age>?");
   query2.setInteger(0, 20);
   List<Customer> list=query.list();
   List<Customer> list2=query2.list();
   for(Customer c:list){
   System.out.println(c.getCustname()+" "+c.getPwd()+" "+c.getAge()+"
   "+c.getAddress());
   }
System.out.println("==============================================");
```

```
        for(Customer c:list2){
        System.out.println(c.getCustname()+" "+c.getPwd()+" "+c.getAge()+"
        "+c.getAddress());
            }
        }
```

上述代码中，通过 setInteger 方法为 from Customer where age>?语句传递参数，接下来使用 Query 的 list 方法执行 HQL 语句，并迭代查询结果。运行结果如下所示：

```
ETC abc-update 23 BeiJing
TJETC 123 18 BeiJing
===================================================
ETC abc-update 23 BeiJing
```

可见第二条 HQL 语句只查询出 age 大于 20 的记录信息，第一条 HQL 语句查询出所有记录。

（3）使用 Query 对象执行更新 HQL。

HQL 语句不仅可以实现查询功能，也能实现删除和修改功能。Query 接口中提供了执行更新 HQL 语句的方法：

```
public int executeUpdate()
```

executeUpdate 方法可以执行更新 HQL，包括 update 和 delete 操作。代码如下所示：

```
public static void main(String[] args) {
   Session session=HibernateSessionFactory.getSession();
   Transaction tran=session.beginTransaction();
   Query query=session.createQuery("update Customer set age=30 where
custname='ETC'");
   query.executeUpdate();
   tran.commit();
}
```

上述代码中的 HQL 语句 update Customer set age=30 where custname='ETC'将 custname 为 ETC 的对象的 age 属性更新为 30，使用 executeUpdate 方法执行该 HQL 语句，将更新对应的数据库记录。本节主要学习 HQL 语言的基本概念，以及执行 HQL 语句的具体步骤，第 3 章将深入学习 HQL 语言。

2.6　本章小结

本章对 Hibernate 框架的核心知识点进行学习，为后续章节做必要的准备。持久化类是 Hibernate 框架中至关重要的角色，用来映射数据库中的表。有了持久化类，Hibernate 框架才能以对象的视角操作数据库。持久化类的对象不一定就是持久状态的对象，对象有三种状态，其中持久状态的对象与数据库中的记录对应，Hibernate 框架将自动同步持久状态对象和数据库记录。对象和记录之间的映射关系在 XML 映射文件中配置，本章简单介绍了*.hbm.xml 文件中常用的元素，很多元素将会在后面章节中深入学习。Hibernate 框架提供了功能强大的面向对象的查询语言 HQL，本章学习了 HQL 的基本概念，以及如何使用 API 执行不同类型的 HQL 语句，第 3 章将深入学习 HQL 语言的细节。

第 3 章

HQL 语言详解

HQL（Hibernate Query Language）语言是 Hibernate 框架定义的强大的查询语言。HQL 被设计成面向对象的查询语言，HQL 语言的语法结构与 SQL 语言非常类似，但是千万不要混淆。HQL 语句中使用的是 Java 类名和属性名，大小写敏感。执行 HQL 语句均可通过第 2 章所介绍的 API 进行。本章将重点学习 HQL 语言的详细语法。

3.1 from 子句

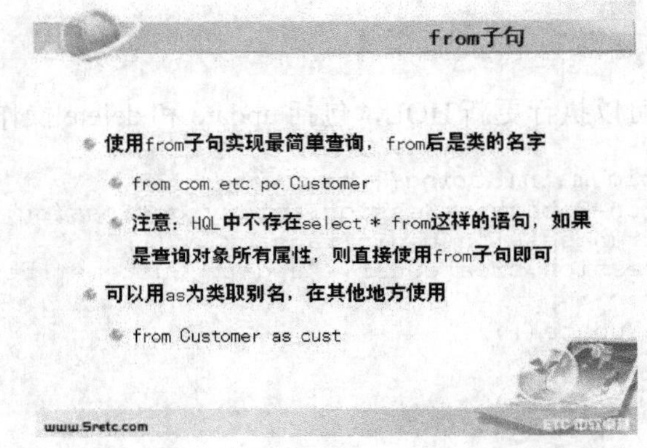

在 HQL 语言中，可以使用 from 子句实现最简单的查询。代码如下所示：

```
String hql1="from com.etc.po.Customer";
```

上述语句将查询出 Customer 类所有的实例，并返回实例的所有属性。也可以省略包名，直接通过类名查询，代码如下所示：

```
String hql1="from Customer";
```

也可以使用 as 为类取别名，以方便在其他地方使用，代码如下所示：

```
String hql1="from Customer as cust";
```

其中 as 可以省略。如果 from 后出现多个类名，则对两个类进行连接查询，返回笛卡尔乘积。代码如下所示：

```
String hql1="from Customer as cust, Product as pro";
```

from 子句将返回实例对象的所有属性，并自动封装成实例对象集合。代码如下所示：

```
String hql="from Customer";
   Session session=HibernateSessionFactory.getSession();
   Query query=session.createQuery(hql);
   List<Customer> list=query.list();
   for(Customer c:list){
   System.out.println(c.getCustname()+" "+c.getPwd()+" "+c.getAge()+"
  "+c.getAddress());  }
```

上述代码执行了 HQL 语句 from Customer，list 方法将直接返回 List<Customer>类型的集合，将查询得到的 Customer 对象封装到集合中。

3.2　select 子句

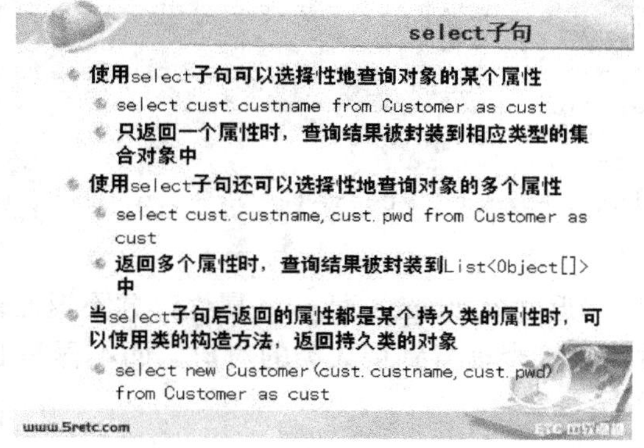

HQL 查询语句中，使用 from 子句可以查询持久化对象的所有属性。如果需要有选择性地查询持久化对象的某些属性，则可以使用 select 子句进行查询。代码如下所示：

```
String hql="select cust.custname from Customer as cust";
```

上述 HQL 语句查询得到 Customer 持久类的 custname 属性，而 pwd、age 和 address 属性将不返回。如果 select 子句只返回一个属性，那么返回结果将直接封装到该元素类型的集合中。例如，select 子句只返回 custname 属性，则返回结果封装到 List<String>集合中；如果 select 子句只返回 age 属性，则返回结果封装到 List<Integer>集合中。通过下面代码执行上述 HQL 语句：

```
String hql="select cust.custname from Customer as cust";
   Session session=HibernateSessionFactory.getSession();
   Query query=session.createQuery(hql);
   List<String> list=query.list();
   for(String custname:list){
       System.out.println(custname);
}
```

上述代码中的 HQL 语句只查询 custname 属性，所以查询结果直接封装到 List<String>类型的集合中。

如果 select 子句返回多个属性，则返回结果封装到 List<Object[]>集合中，如下面的 HQL

语句：

```
String hql="select cust.custname,cust.pwd from Customer as cust";
Session session=HibernateSessionFactory.getSession();
   Query query=session.createQuery(hql);
   List<Object[]> list=query.list();
   for(Object[] obj:list){
   System.out.println(obj[0]+" "+obj[1]);
}
```

上述代码中的HQL语句查询custname以及pwd属性，所以返回结果封装到List<Object[]>类型的集合中，集合中的每个数组表示一条记录。

如果 select 子句后返回的属性都是某个持久类的属性，而没有聚集函数等，则可以使用类的构造方法，返回持久类的对象，代码如下所示：

```
String hql="select new Customer(cust.custname,cust.pwd) from Customer as cust";
   Session session=HibernateSessionFactory.getSession();
   Query query=session.createQuery(hql);
   List<Customer> list=query.list();
   for(Customer c:list){
   System.out.println(c.getCustname()+" "+c.getPwd());
}
```

上述代码中的 HQL 语句返回 custname 和 pwd 属性，并不返回聚集函数的值等，所以可以使用构造方法封装属性，直接查询得到持久类的对象，而不再是 List<Object[]>。

3.3 聚集函数

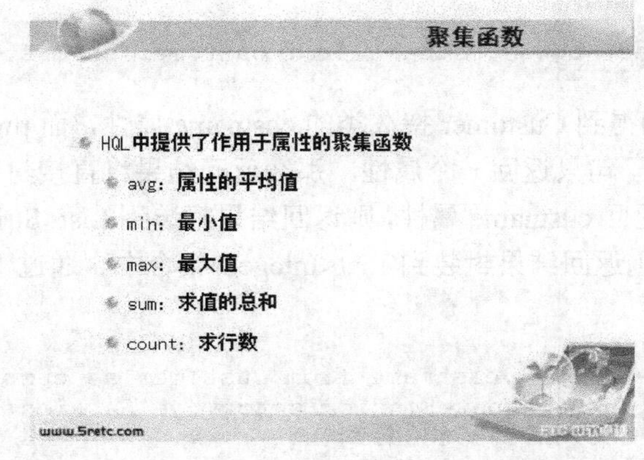

HQL 语句可以返回作用于属性之上的聚集函数的值。HQL 中有以下常用聚集函数：

（1）avg：属性的平均值。

（2）min：最小值。

（3）max：最大值。

（4）sum：求值的总和。

（5）count：求行数。

使用如下代码测试 HQL 中聚集函数的使用：

```
    String hql="select min(age),count(*) from Customer";
    Session session=HibernateSessionFactory.getSession();
    Query query=session.createQuery(hql);
    List<Object[]> list=query.list();
    for(Object[] o:list){
    System.out.println(o[0]+" "+o[1]);
}
```

上述代码中，使用了 min 和 count 函数，可以返回属性 age 的最小值以及 Customer 实例的个数，返回结果封装到 List<Object[]>类型的集合中。

3.4　where 子句

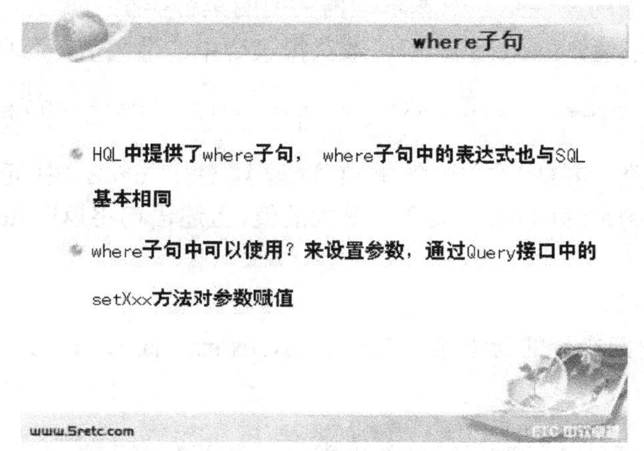

HQL 语言中也定义了 where 子句，与 SQL 语言的 where 子句非常类似，可以定义查询条件。where 子句中的表达式也与 SQL 基本相同。如==、!=、>、<、and、or、is、is not、in、like、between and 等。where 子句中可以使用?来代替参数，通过 Query 接口中的 setXXX 方法对参数赋值。代码如下所示：

```
    String hql="select new Customer(custname,pwd) from Customer where age>? and
address
    is not null";
       Session session=HibernateSessionFactory.getSession();
       Query query=session.createQuery(hql);
       query.setInteger(0, 20);
       List<Customer> list=query.list();
       for(Customer c:list){
       System.out.println(c.getCustname()+" "+c.getPwd());
       }
```

上述代码中，where 子句 where age>? and address is not null 表示查询 age 大于参数同时 address 不为空的条件。使用 Query 的 setInteger 方法为参数赋值为 20，将查询 age 大于 20 且 address 不为空的记录。

除了上面学习的简单 where 子句外，HQL 还支持一些较特殊的 where 子句，下面逐一介绍。

（1）size 属性或者 size()函数。

如果某个持久对象中有集合类型的属性，则可以使用 size 属性或者 size()函数计算集合的大小。例如：

```
from Cart as cart where cart.products.size>10
```

或者：

```
from Cart as cart where size(cart.products)>10
```

其中 products 是 Cart 类的集合类型属性，将返回 products 大小大于 10 的 Cart 实例。

（2）minelement()、maxelement()函数。

如果某个持久对象的属性是存储基本数据类型的集合类型，那么可以使用 minelement()函数获得集合中的最小值，maxelement()函数获得集合中的最大值。代码如下所示：

```
from Order as order where maxelement(order.items)<10000
```

其中 items 是类 Order 的一个集合类型属性，items 中元素的类型是 int。maxelement(order.items)则返回 items 集合中最大的值，上述语句将返回 items 最大值小于 10000 的 Order 实例。

（3）elements()函数。

Elements()函数返回集合的元素集，在使用 in、exists、any、some、all 时可以使用，如下所示：

```
from Cart as cart where exists elements(cart.products)
```

其中 elements(cart.products)将返回 cart 的集合类型的属性 products 的元素集，上述 HQL 将返回属性 products 不为空的 cart 实例。

（4）where 中通过索引使用 List 和 Array 的元素，代码如下所示：

```
from Cart as cart where cart.products[0].id=='001'
```

其中，products 是 Cart 的 List 类型属性，上述 HQL 将查询得到第一个 Product 实例的 id 值为 001 的 Cart 实例。

（5）where 中通过 key 值使用 Map 的元素，如：

```
from Student as stu, Calendar as cal where cal.holidays['national_
day']==stu.birthday
```

其中，holidays 是 Calendar 类的 Map 类型的属性，national_day 是 holidays 中的一个 key 值。上述 HQL 语句查询得到生日是国庆日的学生实例。

3.5　order by 子句

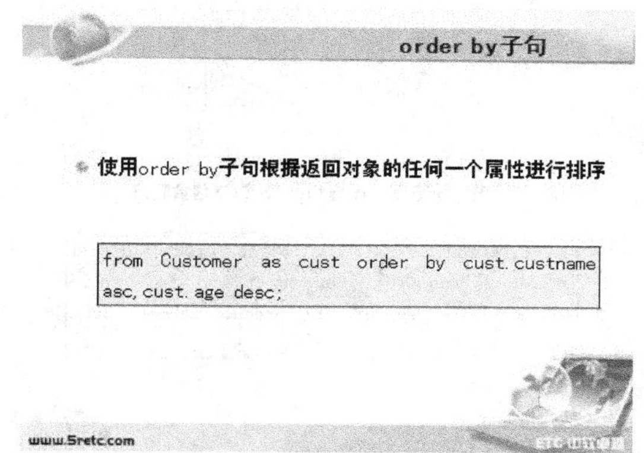

与 SQL 语句类似，HQL 中也可以使用 order by 子句根据返回类的任何一个属性进行排序。如下所示：

```
from Customer as cust order by cust.custname asc,cust.age desc;
```

上述 HQL 语句将查询得到 Customer 实例，并根据 custname 进行升序排列，根据 age 进行降序排列。

3.6　group by 子句

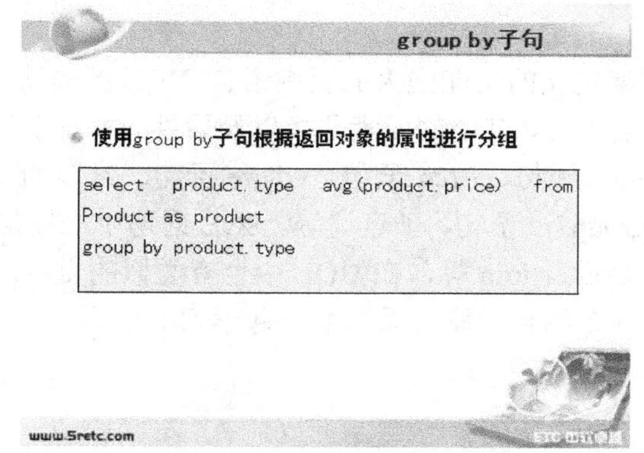

与 SQL 语句类似，HQL 中也可以使用 group by 子句根据返回类的属性进行分组。如下所示：

```
select product.type avg(product.price) from Product as product
group by product.type
```

group by 子句后出现的属性，只能是 select 后出现的属性。反过来，select 后只能出现 group by 子句中出现的属性以及聚合函数，不能出现其他属性。上述 HQL 语句将根据 Product 的 type

属性进行分组，查询每种类型产品的平均价格。

3.7 子查询

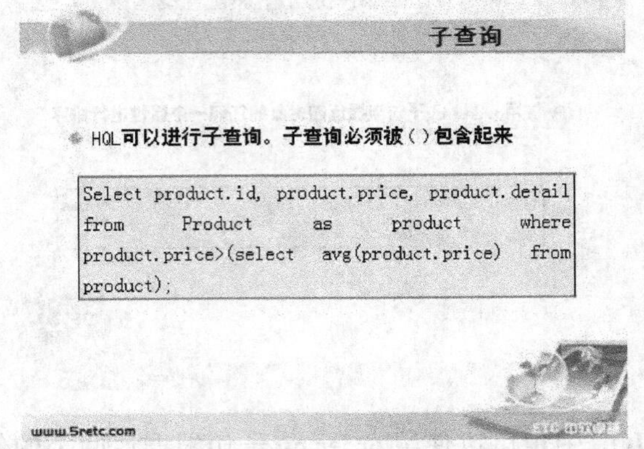

HQL 语言可以进行子查询。子查询必须使用( )包含起来，如下所示：

```
Select product.id, product.price, product.detail from Product as product
where product.price>
(select avg(product.price)
 from product);
```

上述 HQL 语句，将查询价格大于产品平均价格的 Product 的属性。

3.8 本章小结

HQL 是 Hibernate 框架定义的功能强大的查询语言。HQL 的语法和特征与 SQL 非常相似，然而 HQL 是从对象的角度出发，其中的元素是类以及属性。本章学习了在实际应用开发中常用的 HQL 语法，包括 select 子句、from 子句、where 子句、常用的 where 子句的表达式、聚合函数、order by 子句、group by 子句、子查询等。SQL 语句中比较常用的连接查询，如 inner join、left outer join、right outer join 等，在 HQL 中也有类似的支持。本章没有学习与连接有关的 HQL 语法，将在第 6 章结合关联关系映射一起学习。

第 4 章 粒度设计

在前面的章节中，基本是一张实体表映射为一个 PO 类。然而，实际应用开发过程中，往往一张表可能被映射到多个类，进行粒度的细分。由于目的不同，细分的方式也有所不同。本章将学习常用的两种粒度设计方法，即基于设计的粒度设计和基于性能的粒度设计。

4.1 基于设计的粒度设计

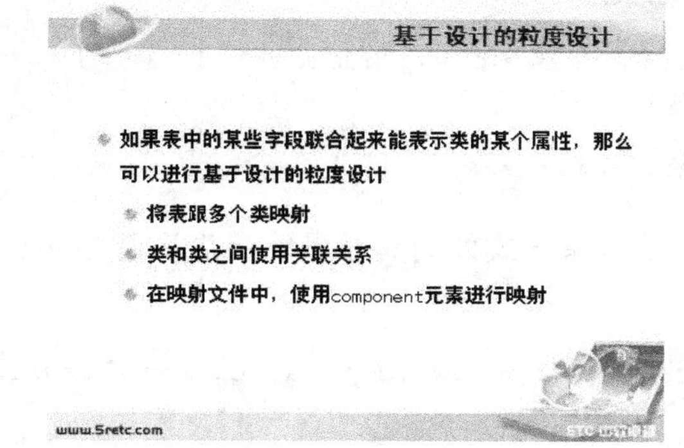

基于设计的粒度设计
如果表中的某些字段联合起来能表示类的某个属性，那么可以进行基于设计的粒度设计
将表跟多个类映射
类和类之间使用关联关系
在映射文件中，使用component元素进行映射
www.5retc.com

为了说明基于设计的粒度细分，首先创建一张表 contactee，表中存储了联系人信息，如图 2-4-1 所示。

Column Name	Datatype	NOT NULL	AUTO INC	Flags	Default Value
id	INTEGER	✓		UNSIGNED ZEROFILL	
age	INTEGER			UNSIGNED ZEROFILL	NULL
firstname	VARCHAR(50)			BINARY	NULL
lastname	VARCHAR(50)			BINARY	NULL
address	VARCHAR(200)			BINARY	NULL
zipcode	VARCHAR(10)			BINARY	NULL
tel	VARCHAR(20)			BINARY	NULL
email	VARCHAR(100)			BINARY	NULL
msn	VARCHAR(100)			BINARY	NULL
fax	VARCHAR(20)			BINARY	NULL

图 2-4-1　contactee 表

分析图 2-4-1 中数据表的字段，其中 address、zipcode、tel、email、msn、fax 字段都是联系人的各种联系方式，那么可以单独封装到类 ContactInfo 中。ContactInfo 实例可以作为 Contactee 的属性存在，表示联系方式信息。那么，该表将与两个类映射，即 Contactee 以及 ContactInfo 类，其中 ContactInfo 是 Contactee 的属性。

ContactInfo 类用来封装联系方式所有的字段，代码如下所示：

```
public class ContactInfo {
    private String address;
    private String zipcode;
    private String tel;
    private String email;
    private String msn;
    private String fax;
    public ContactInfo() {
        super();
    }
    public ContactInfo(String address, String zipcode, String tel,
        String email, String msn, String fax) {
        super();
        this.address = address;
        this.zipcode = zipcode;
        this.tel = tel;
        this.email = email;
        this.msn = msn;
        this.fax = fax;
    }
    public String getAddress() {
        return this.address;
    }
    public void setAddress(String address) {
        this.address = address;
    }
    //省略其他getters和setters
```

Contactee 类中映射了除联系方式外的其他属性，并关联 ContactInfo 作为属性，代码如下所示：

```
public class Contactee implements java.io.Serializable {
    // Fields
    private Integer id;
    private Integer age;
    private String firstname;
    private String lastname;
    private ContactInfo contactInfo;
    // Constructors
    /** default constructor */
    public Contactee() {
    }
    /** minimal constructor */
    public Contactee(Integer id) {
        this.id = id;
    }
    /** full constructor */
    public Contactee(Integer id, Integer age, String firstname,  String
lastname) {
        this.id = id;
        this.age = age;
        this.firstname = firstname;
        this.lastname = lastname;
    }
    public ContactInfo getContactInfo() {
        return contactInfo;
    }
```

```
    public void setContactInfo(ContactInfo contactInfo) {
        this.contactInfo = contactInfo;
    }
//省略部分 Property accessors
}
```

其中 ContactInfo 并不是一个具体实体的引用，而仅仅是 Contact 的一个属性。在映射文件中，使用 component 元素进行映射，Contactee.hbm.xml 代码如下所示：

```
<hibernate-mapping>
    <class name="com.etc.po.Contactee" table="contactee" catalog="demo">
        <id name="id" type="java.lang.Integer">
            <column name="id" />
            <generator class="assigned" />
        </id>
        <property name="age" type="java.lang.Integer">
            <column name="age" />
        </property>
        <property name="firstname" type="java.lang.String">
            <column name="firstname" length="50" />
        </property>
        <property name="lastname" type="java.lang.String">
            <column name="lastname" length="50" />
        </property>
        <component name="contactInfo" class="com.etc.po.ContactInfo">
           <property name="address" type="java.lang.String">
              <column name="address" length="200" />
           </property>
           <property name="zipcode" type="java.lang.String">
              <column name="zipcode" length="10" />
           </property>
           <property name="tel" type="java.lang.String">
              <column name="tel" length="20" />
           </property>
           <property name="email" type="java.lang.String">
              <column name="email" length="100" />
           </property>
           <property name="msn" type="java.lang.String">
              <column name="msn" length="100" />
           </property>
           <property name="fax" type="java.lang.String">
              <column name="fax" length="20" />
           </property>
        </component>
    </class>
</hibernate-mapping>
```

可见，在 Contactee.hbm.xml 中，使用 component 元素将类 ContactInfo 的属性和表的字段进行映射。使用如下代码进行测试：

```
public static void main(String[] args) {
ContactInfo cInfo=new ContactInfo("BeiJing HaiDian","100000","1366XXXXX",
"etc@5retc.com.cn","400-800-8080","010-56567777");
   Contactee c=new Contactee(1,23,"Hellen","Green");
   c.setContactInfo(cInfo);
   Session session=HibernateSessionFactory.getSession();
   Transaction tran=session.beginTransaction();
```

```
    session.save(c);
    tran.commit();}
```

上述代码将向表 contactee 中插入一条完整记录，其中联系方式的字段值由 ContactInfo 类的 cInfo 对象指定。基于设计的粒度细分，将相关的属性封装到一个类型中，能够使类的可读性更强，同时操作更为便捷。

4.2 基于性能的粒度设计

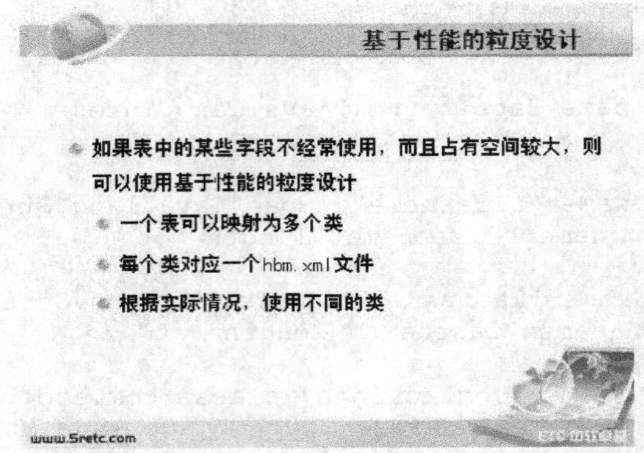

有的实体表中，存在这样的字段：该字段不会经常被使用，而且所占有空间较大，如图 2-4-2 所示的 student 表。

Table Name: student　　Database: demo　　Comment: InnoDB free: 4096 kB

Columns and Indices | Table Options | Advanced Options

Column Name	Datatype	NOT NULL	AUTO INC	Flags		Default Value	Comment
id	INTEGER	✓		UNSIGNED	ZEROFILL		
age	INTEGER			UNSIGNED	ZEROFILL	NULL	
firstname	VARCHAR(50)			BINARY		NULL	
lastname	VARCHAR(50)			BINARY		NULL	
image	BLOB					NULL	

图 2-4-2　student 表

上述表中的字段 image 表示 Student 的照片，使用 Blob 类型，所占空间较大。如果在应用中，image 的字段不是总被使用，那么就可以将表 student 映射为两个类，其中一个类为 StudentDetail，映射表中所有的字段，包括 image 字段；而另一个类 StudentBasic，映射表中除了 image 之外的字段。StudentBasic 类代码如下所示：

```
public class StudentBasic  implements java.io.Serializable {
    private Integer id;
    private Integer age;
    private String firstname;
    private String lastname;
   /** default constructor */
   public StudentBasic() {
   }
  /** minimal constructor */
```

```
    public StudentBasic(Integer id) {
        this.id = id;
    }
    /** full constructor */
    public StudentBasic(Integer id, Integer age, String firstname, String
lastname) {
        this.id = id;
        this.age = age;
        this.firstname = firstname;
        this.lastname = lastname;
    }
    //省略getters和setters
```

StudentBasic 类中包含了 Student 对象的基本信息，不包括 image 属性，类与表的映射文件为 StudentBasic.hbm.xml，代码如下所示：

```
<hibernate-mapping>
    <class name="StudentBasic" table="student" catalog="demo">
        <id name="id" type="java.lang.Integer">
            <column name="id" />
            <generator class="assigned" />
        </id>
        <property name="age" type="java.lang.Integer">
            <column name="age" />
        </property>
        <property name="firstname" type="java.lang.String">
            <column name="firstname" length="50" />
        </property>
        <property name="lastname" type="java.lang.String">
            <column name="lastname" length="50" />
        </property>
    </class>
</hibernate-mapping>
```

如果只操作 student 表中的基本信息字段，而不使用 image 字段，则在 Hibernate 应用中使用 StudentBasic 类即可。

为了能够映射 student 的所有字段，接下来创建 StudentDetail 类，映射 Student 的详细信息，代码如下所示：

```
public class StudentDetail  extends StudentBasic {
    private Blob image;
    /** default constructor */
    public StudentDetail() {
    }
    /** full constructor */
    public StudentDetail(Integer id, Integer age, String firstname, String
lastname, String
    image) {
        super(id,age,firstname,lastname);
        this.image = image;
    }
    public String getImage() {
        return this.image;
    }
    public void setImage(Blob image) {
        this.image = image;
    }}
```

可见，类 StudentDetail 在 StudentBasic 的基础上，扩展了属性 image 及其对应的 getter 和 setter 方法，该类映射表 student 的所有属性。该类与表的映射关系在 StudentDetail.hbm.xml 中定义，代码如下所示：

```
<hibernate-mapping>
    <class name="StudentDetail" table="student" catalog="demo">
        <id name="id" type="java.lang.Integer">
            <column name="id" />
            <generator class="assigned" />
        </id>
        <property name="age" type="java.lang.Integer">
            <column name="age" />
        </property>
        <property name="firstname" type="java.lang.String">
            <column name="firstname" length="50" />
        </property>
        <property name="lastname" type="java.lang.String">
            <column name="lastname" length="50" />
        </property>
        <property name="image" type="java.sql.Blob">
            <column name="image" />
        </property>
    </class>
</hibernate-mapping>
```

目前为止，表 student 映射为两个 PO 类，每个类都是一个实体引用，都分别对应一个 hbm.xml 映射文件。如果需要处理表的所有属性，则使用 StudentDetail 类；如果不需要处理 student 的 image 属性，则使用 StudentBasic 类即可，避免了操作 Blob 类型的 image 属性的复杂性，从而在一定程度上能保证性能和效率。

4.3 本章小结

在实际应用中，并不都是一张表与一个实体类映射，往往可能会有一张表跟多个实体类映射的情况，称为粒度设计。本章学习了两种粒度设计的方式。一种是面向设计的粒度设计，将一个表映射为两个类 A 和 B，其中 B 是 A 的属性，B 并不是一个实体引用，而仅是 A 的一个值类型。这种情况下，只需要为 A 类创建一个映射文件即可，其中 A 和 B 的关系使用 component 元素配置。另外一种是面向性能的粒度设计，将一个表映射为两个类 A 和 B，其中 A 和 B 映射的是表中的不同字段，A 和 B 与表都分别对应一个映射文件来映射类和表的关系，可以根据具体需要，选择使用 A 或者 B。对于复杂的表，也可能将一个表映射为更多个类，本章使用一个表映射为两个类的实例学习了相关的知识点。

第 5 章

关联关系映射

在前面章节的所有实例中，都只涉及一张表的处理。然而，在实际应用中，表和表之间不可能都是孤立的，都存在着某些特定的关系。Hibernate 框架中，使用实体类映射关系表，那么表和表的关系将通过类和类的关系表示。数据库的关系表之间，最常见的就是通过主键和外键实现关联关系。本章将学习使用 Hibernate 框架处理各种不同的关联关系。

5.1 关联的方向与数量

关联的方向与数量

- 关联的方向可分为**单向关联**和**双向关联**
- 除了需要考虑关联的方向问题，还需要考虑关联双方的数量问题
  - 一对一（One to One）
  - 一对多（One to Many）
  - 多对一（Many to One）
  - 多对多（Many to Many）

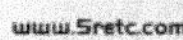

www.5retc.com

在具体学习配置关联关系前，本节先介绍关联关系中经常需要注意的两个问题，即关联的方向和数量。关联的方向可分为**单向关联**和**双向关联**。假设存在 person 和 address 两张表，如果在应用的业务逻辑中，仅需要每个 Person 实例能够查询得到其对应的 Address 实例，而 Address 实例并不需要查询得到其所属的 Person 实例；或者是仅需要每个 Address 实例能够查询得到其对应的 Person 实例，而 Person 实例并不需要查询得到其对应的 Address 实例。这样的情况被称为单向关联。如果既需要 Person 实例能够查询得到其对应的 Address 实例，而 Address 实例也需要能够查询得到对应的 Person 实例，那么就称为双向关联。

除了需要考虑关联的方向问题，还需要考虑关联双方的数量问题。如上述的 person 和 address 双方，在应用逻辑中，一个 Person 实例有且只有一个 Address 实例，那么 Person 和 Address 之间存在着**一对一**（**One to One**）关联关系；如果一个 Person 实例有多个 Address 实例，则 Person 与 Address 之间存在着**一对多**（**One to Many**）的关联关系。反过来，Address 与 Person 之间则存在着**多对一**（**Many to One**）的关联关系。另外，还有可能两个实体类 A 和 B 之间，一个 A 的实例对应多个 B 的实例，而一个 B 的实例也对应多个 A 的实例，例如，订单与产品，一张订单中有多个产品，而一个产品也可能出现在多个订单中，这样的关系称为多对多（**Many to Many**）的关联关系。

由于单向关联关系即双向关联中的一个方向，只要熟悉双向关联，单向关联将迎刃而解。因此，本章所有实例都采用双向关联关系进行学习。

5.2 一对多/多对一

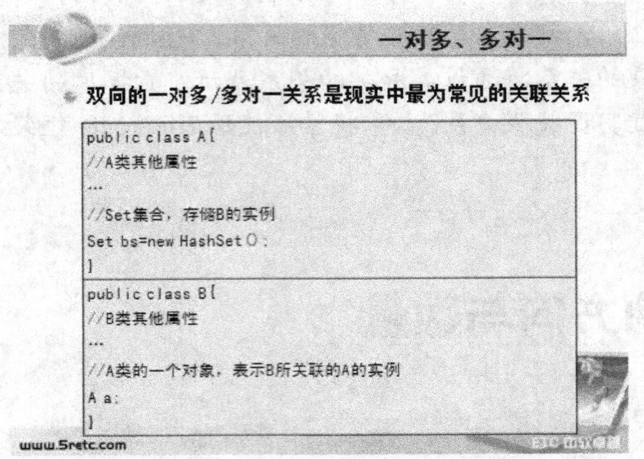

双向的一对多/多对一关系是现实中最为常见的关联关系，即实体类 A 和 B，一个 A 的实例关联多个 B 的实例，反过来，多个 B 的实例可能关联同一个 A 的实例，A 到 B 的方向称为一对多（one to many），B 到 A 的方向称为多对一（many to one）。要表示这种关系，那么 A 类中将关联一个集合对象，该集合中存储多个 B 的实例，而 B 类中将关联一个 A 的实例，如下所示：

```
public class A{
//A 类其他属性
…
//Set 集合，存储 B 的实例
Set bs=new HashSet();
}
public class B{
//B 类其他属性
…
//A 类的一个对象，表示 B 所关联的 A 的实例
A a;
}
```

可见，每一个 A 的实例将关联一个 Set 集合，存储了与该 A 实例关联的所有 B 实例；而每一个 B 类实例都关联一个 A 的实例，表示与 B 关联的 A 的实例。这是在类的层面上表示了双向的一对多/多对一关系。类与表的映射关系在 hbm.xml 中设置。

在数据库中，一对多的关联有多种形式实现，接下来将介绍不同情况下 Hibernate 框架的具体映射方式。然而，不管哪种形式，类层面的关系都相同。

5.2.1 基于主外键的一对多/多对一关联

基于主外键的一对多/多对一关联

- 基于主外键的一对多关系
  - 主表的hbm.xml中，使用<one-to-many>
  - 从表的hbm.xml中，使用<many-to-one>

www.5retc.com

接下来，通过实例展示双向一对多关系的 Hibernate 映射策略。下面的两张表是基于主外键的一对多/多对一关系，创建表的 SQL 语句如下：

```
create table person(
  id int not null primary key,
  name varchar(20),
  age int
  )

create table address(
  id int not null primary key,
  detail varchar(200),
  zipcode varchar(10),
  tel varchar(20),
  type varchar(20),
  person_id int,
  foreign key (person_id) references person(id)
)
```

其中 person 是主表，address 是从表，address 表中的 person_id 是外键，参考主表的主键。person 是 one 的一方，而 address 是 many 的一方。Person 类如下所示：

```
public class Person implements java.io.Serializable {
    // Fields
    private Integer id;
    private String name;
    private Integer age;
    private Set addresses = new HashSet(0);
    // Constructors
    /** default constructor */
    public Person() {
    }
    /** minimal constructor */
    public Person(Integer id) {
        this.id = id;
    }
    /** full constructor */
```

```
    public Person(Integer id, String name, Integer age, Set addresses) {
        this.id = id;
        this.name = name;
        this.age = age;
        this.addresses = addresses;
    }
    //省略 getters 和 setters 方法
}
```

上述代码中的 private Set addresses = new HashSet(0)创建了集合 addresses，将用来存储与 Person 关联的多个 Address 实例。

Address 类的代码如下：

```
public class Address implements java.io.Serializable {
    // Fields
    private Integer id;
    private Person person;
    private String detail;
    private String zipcode;
    private String tel;
    private String type;
    // Constructors
    /** default constructor */
    public Address() {
    }
    /** minimal constructor */
    public Address(Integer id) {
        this.id = id;
    }
    /** full constructor */
    public Address(Integer id, Person person, String detail, String zipcode,
        String tel, String type) {
        this.id = id;
        this.person = person;
        this.detail = detail;
        this.zipcode = zipcode;
        this.tel = tel;
        this.type = type;
    }
    //省略 getters 和 setters 方法
}
```

上述代码中的 private Person person 声明了与 Address 实例关联的 Person 对象，其关联关系依靠外键 person_id 维护。

对于某一个 Person 实例，哪些 Address 实例将被存储到其中的集合对象 addresses 中；对于一个 Address 实例，哪个 Person 实例是其关联的 Person 实例，取决于 Person 实例所映射的数据库记录的主键。address 表是从表，从表记录的外键参照主表的主键，其外键值与主表主键相同的记录，即为主表记录所关联的记录。类与表之间的映射关系在 hbm.xml 中配置。Person.hbm.xml 文件代码如下所示：

```
<hibernate-mapping>
    <class  name="com.etc.po.onetomany.Person"  table="person"  catalog="
onetomany1">
        <id name="id" type="java.lang.Integer">
            <column name="id" />
            <generator class="assigned" />
        </id>
        <property name="name" type="java.lang.String">
            <column name="name" length="20" />
        </property>
        <property name="age" type="java.lang.Integer">
            <column name="age" />
        </property>
        <set name="addresses" inverse="true">
            <key>
                <column name="person_id" />
            </key>
            <one-to-many class="com.etc.po.onetomany.Address" />
        </set>
    </class>
</hibernate-mapping>
```

上述 hbm.xml 文件中，使用<set>进行了集合映射，对 Person 类中的集合属性 addresses 进行了配置。在<one-to-many>元素中，指定了该集合中存储的是 com.etc.po.onetomany.Address 实例，使用<key>元素指定了外键为 person_id。

Address.hbm.xml 文件代码如下所示：

```
<hibernate-mapping>
    <class name="com.etc.po.onetomany.Address" table="address" catalog="onetomany1">
        <id name="id" type="java.lang.Integer">
            <column name="id" />
            <generator class="assigned" />
        </id>
        <many-to-one name="person" class="com.etc.po.onetomany.Person" fetch="select"
        cascade="all">
            <column name="person_id" />
        </many-to-one>
        <property name="detail" type="java.lang.String">
            <column name="detail" length="200" />
        </property>
        <property name="zipcode" type="java.lang.String">
            <column name="zipcode" length="10" />
        </property>
        <property name="tel" type="java.lang.String">
            <column name="tel" length="20" />
        </property>
        <property name="type" type="java.lang.String">
            <column name="type" length="20" />
        </property>
    </class>
</hibernate-mapping>
```

上述 hbm.xml 文件通过<many-to-one>元素配置了 Address 与 Person 之间的多对一关联关

系，并指定外键为person_id，其中的cascade="all"的意思是当操作address表时，将级联操作其关联的person表记录。例如，往address表中插入记录时，如果主表中不存在对应的记录，则同时往person表中插入对应记录。

Person类与Address类以及其对应的hbm.xml文件都已经创建完毕，下面对其进行测试。首先测试插入操作，代码如下所示：

```
public static void main(String[] args) {
Person person=new Person(1,"John",23);
Address addr1=new Address(10,"BeiJing","100900","010-88999999","Office");
Address addr2=new Address(11,"DaLian","116400","0411-86776667","Home");
addr1.setPerson(person);
addr2.setPerson(person);
Session session=HibernateSessionFactory.getSession();
Transaction tran=session.beginTransaction();
session.save(addr1);
session.save(addr2);
tran.commit();
}
```

上述代码中创建了一个Person实例以及两个Address实例，并通过类中的setPerson方法将实例进行关联，使用save方法保存Address实例，进行插入操作。假设person和address表中均无任何记录，运行上述测试代码，则向address表中插入两条记录，向person表中插入了一条记录，而且address表中记录的person_id字段值与person表中的主键id字段值相同。

接下来，通过下面的代码测试查询功能：

```
Person p=(Person) session.get(Person.class, 1);
Set<Address> addresses=p.getAddresses();
for(Address addr:addresses){
System.out.println(addr.getDetail()+" "+addr.getType());
}
```

因为已经通过hbm.xml配置了关联关系，所以查询得到Person实例p后，即可以通过Person类中的getAddresses方法获得所有与实例p关联的Address实例，免去了使用SQL语句进行连接查询的烦琐，完全从对象的角度进行关联查询操作。

5.2.2 基于连接表的一对多/多对一关联

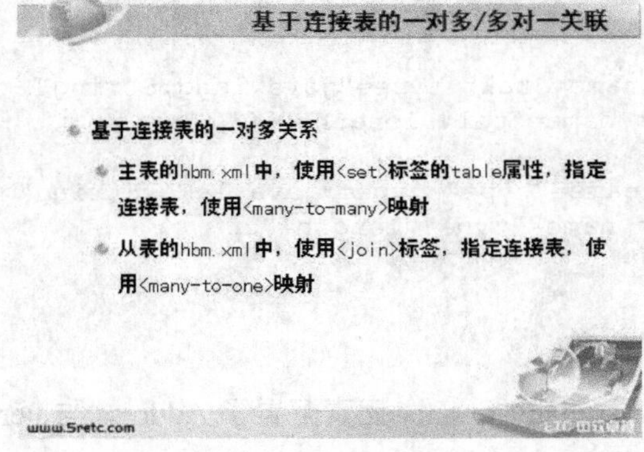

基于连接表的一对多/多对一关联
基于连接表的一对多关系
主表的hbm.xml中，使用<set>标签的table属性，指定连接表，使用<many-to-many>映射
从表的hbm.xml中，使用<join>标签，指定连接表，使用<many-to-one>映射
www.5retc.com

前面章节展示的是基于主键和外键的一对多/多对一关联关系，在实际应用中，基于连接表的一对多/多对一关联关系也很常见。本节将通过实例学习基于连接表的一对多/多对一关联关系映射。

下面的 SQL 语句创建了三张表，其中 personaddress 表即 person 表和 address 表的连接表。如下所示：

```
create table person(
  id int not null primary key,
  name varchar(20),
  age int
  )
create table address(
  id int not null primary key,
  detail varchar(200),
  zipcode varchar(10),
  tel varchar(20),
  type varchar(20)
)
create table personaddress(
  personid int not null,
  addressid int not null primary key
)
```

上述 SQL 语句将创建三张表，person 与 address 之间没有直接关系，二者的关联关系在 personaddress 表中维护，personaddress 即是连接表，该表主键为 addressid，表示一个 address 只能属于一个 person，而一个 person 却可以有多个地址，因此，person 与 address 之间依然是一对多/多对一的关联关系。由于 Person 与 Address 之间在面向对象的层面依然是一对多/多对一关系，所以 Person 类和 Address 类与上节中完全相同，本节将不再展示，重点学习 hbm.xml 文件的配置。

Person.hbm.xml 文件如下所示：

```
<hibernate-mapping>
   <class name="com.etc.po.onetomanyjointable.Person" table="person" catalog="
   onetomany2">
       <id name="id" type="java.lang.Integer">
           <column name="id" />
           <generator class="assigned" />
       </id>
       <property name="name" type="java.lang.String">
           <column name="name" length="20" />
       </property>
       <property name="age" type="java.lang.Integer">
           <column name="age" />
       </property>
       <set name="addresses" table="personaddress">
        <key>
               <column name="personid" />
           </key>
           <many-to-many class="com.etc.po.onetomanyjointable.Address">
              <column name="addressid" />
           </many-to-many>
```

```
        </set>
    </class>
</hibernate-mapping>
```

上述 hbm.xml 文件中的关键部分是<set>元素的配置。<set>元素中使用了 table 属性，指定了连接表的名字。通过 many-to-many 元素，配置了集合 addresses 中的元素类型为 Address，从而告诉 Hibernate 框架 Person 类中的集合 addresses 中存储的对象是 Address 类的对象，而到底哪些 Address 对象将被存储到 addresses 集合中，取决于连接表 personaddress 中的记录。根据连接表中的字段 personid，查询得到其对应的所有 addressid，再根据 addressid 查询得到所有的 Address 实例，这些实例即当前 Person 实例所关联的 Address 实例。

Address.hbm.xml 文件代码如下所示：

```
<hibernate-mapping>
    <class  name="com.etc.po.onetomanyjointable.Address"  table="address"
catalog="
    onetomany2">
        <id name="id" type="java.lang.Integer">
            <column name="id" />
            <generator class="assigned" />
        </id>
        <property name="detail" type="java.lang.String">
            <column name="detail" length="200" />
        </property>
        <property name="zipcode" type="java.lang.String">
            <column name="zipcode" length="10" />
        </property>
        <property name="tel" type="java.lang.String">
            <column name="tel" length="20" />
        </property>
        <property name="type" type="java.lang.String">
            <column name="type" length="20" />
        </property>
        <join table="personaddress">
        <key>
             <column name="addressid"></column>
        </key>
        <many-to-one name="person" cascade="all">
             <column name="personid"></column>
        </many-to-one>
        </join>
    </class>
</hibernate-mapping>
```

上述 hbm.xml 文件的关键部分是<join>元素的配置，通过 join 元素的 table 属性，指定了连接表的名字是 personaddress。<many-to-one>元素配置了 Address 类与 Person 类的多对一关系。每个 Address 实例都关联一个 Person 实例，而当前的 Address 实例到底与哪个 Person 实例关联，取决于连接表的记录。通过查询 Address 实例的 addressid，从而查询到连接表中与该 addressid 匹配的记录，该记录中的 personid 对应的 Person 实例，即为 Address 实例所关联的 Person 实例。

通过如下代码进行插入测试：

```
    public static void main(String[] args) {
            Person person=new Person(1,"John",23);
            Address addr1=new Address(10,"BeiJing","100900","010-88999999",
"Office");
            Address addr2=new Address(11,"DaLian","116400","0411-86776667",
"Home");
            addr1.setPerson(person);
            addr2.setPerson(person);
            Session session=HibernateSessionFactory.getSession();
            Transaction tran=session.beginTransaction();
            session.save(addr1);
            session.save(addr2);
            tran.commit();
        }
```

上述代码中，首先创建了一个 Person 实例和两个 Address 实例，然后通过 Address 中的 setPerson 方法设置实例间的关联关系，接下来使用 Session 的 save 方法保存实例，实现插入操作。运行结束后，将在 address 表中插入两条记录，在 person 表中插入一条记录，而且同时在连接表 personaddress 中插入两条记录，存储了 personid 和 addressid。

通过如下代码，测试查询操作：

```
Person p=(Person) session.get(Person.class, 1);
Set<Address> addresses=p.getAddresses();
for(Address addr:addresses){
System.out.println(addr.getDetail()+" "+addr.getType());
}
```

上述代码中首先查询得到一个 Person 实例，然后调用实例的 getAddresses 方法返回与其相关的所有 Address 实例，结果如下：

```
DaLian Home
BeiJing Office
```

5.3　一对一关联

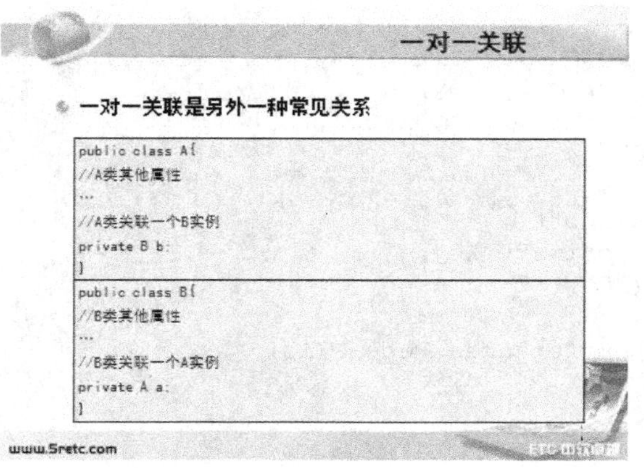

一对一关联是另外一种常见关系。如果一个 A 的实例最多关联一个 B 的实例，而一个 B 的实例也最多关联一个 A 的实例，即被称为双向的一对一关联关系。A 类和 B 类的演示代码如下：

```
public class A{
//A 类其他属性
…
//A 类关联一个 B 实例
private B b;
}
public class B{
//B 类其他属性
…
//B 类关联一个 A 实例
private A a;
}
```

在数据库中，有不同的方式实现一对一关联关系，下面将分别学习不同方式实现一对一关联时如何使用 Hibernate 进行映射。然而，不管数据库表使用了什么方式实现一对一关联，类之间的关系都是相同的。

5.3.1 基于主键的一对一关联

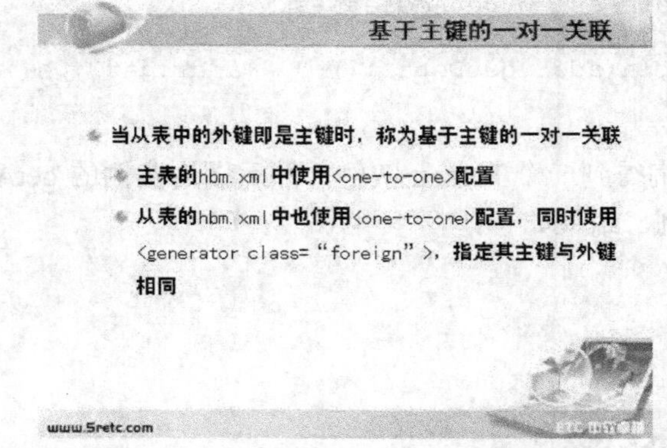

在一对一关联关系中，有一种是基于主键的一对一关联。例如下面的 SQL 语句所创建的两张表：

```
create table people(
id int not null primary key,
age int,
name varchar(20)
)
create table passport(
id int not null primary key,
serial varchar(20),
expiry int
foreign key(id) references People(id)
)
```

其中 people 是主表，id 是表的主键；passport 表是从表，外键使用主键承担。people 和 passport 之间即为基于主键的一对一关联。

People 类的代码如下所示：

```
public class People implements java.io.Serializable {
    private Integer id;
    private Integer age;
    private String name;
    private Passport passport;
    // Constructors
    /** default constructor */
    public People() {
    }
    /** minimal constructor */
    public People(Integer id) {
        this.id = id;
    }
    /** full constructor */
    public People(Integer id, Integer age, String name) {
        this.id = id;
        this.age = age;
        this.name = name;
    }
    //省略 getters 和 setters 方法
}}
```

上述代码中的 private Passport passport 语句声明了 People 关联的 Passport 实例，关联关系将在 hbm.xml 文件中配置。

Passport 类的代码如下所示：

```
public class Passport implements java.io.Serializable {
    // Fields
    private Integer id;
    private People people;
    private String serial;
    private Integer expiry;
    // Constructors
    /** default constructor */
    public Passport() {
    }
    /** minimal constructor */
    public Passport(People people) {
        this.people = people;
    }
    /** full constructor */
    public Passport( String serial, Integer expiry) {
        this.serial = serial;
        this.expiry = expiry;
    }
    //省略 getters 和 setters 方法
    }}
```

上述代码中的 private People people 声明了 Passport 实例关联的 People 实例。可见，在对

象的层面，People 和 Passport 类已经实现了一对一关联。下面学习 hbm.xml 文件的配置。

People.hbm.xml 文件中映射了 People 类与表 people 的关系，如下所示：

```
<hibernate-mapping>
    <class name="com.etc.po.onetoone.People" table="people" catalog="demo">
        <id name="id" type="java.lang.Integer">
            <column name="id" />
            <generator class="assigned" />
        </id>
        <property name="age" type="java.lang.Integer">
            <column name="age" />
        </property>
        <property name="name" type="java.lang.String">
            <column name="name" length="20" />
        </property>
        <one-to-one name="passport" cascade="all"></one-to-one>
    </class>
</hibernate-mapping>
```

上述 hbm.xml 文件的关键部分是<one-to-one>元素，该元素配置了 People 和 Passport 的一对一关系，通过属性 name 指定了 People 类所关联的 Passport 实例名称为 passport。

Passport.hbm.xml 文件映射了 Passport 类和 passport 表的关系，如下所示：

```
<hibernate-mapping>
    <class   name="com.etc.po.onetoone.Passport"   table="passport"   cata
log="demo">
        <id name="id" type="java.lang.Integer">
            <column name="id" />
            <generator class="foreign">
             <param name="property">people</param>
            </generator>
        </id>
        <one-to-one name="people" constrained="true"></one-to-one>
        <property name="serial" type="java.lang.String">
            <column name="serial" length="20" />
        </property>
        <property name="expiry" type="java.lang.Integer">
            <column name="expiry" />
        </property>
    </class>
</hibernate-mapping>
```

上述 hbm.xml 文件的关键部分有两处：一处是<generator class="foreign">元素，指定了 Passport 的主键是通过其外键生成；一处是<one-to-one>元素，配置了 Passport 和 People 之间的一对一关系，并通过 name 属性指定了 Passport 关联的实例名称是 people。

使用下面的代码进行测试：

```
public static void main(String[] args) {
        People people=new People(1,23,"Kate");
        Passport passport=new Passport("10092",5);
        people.setPassport(passport);
        passport.setPeople(people);
        Session session=HibernateSessionFactory.getSession();
```

```
        Transaction tran=session.beginTransaction();
        session.save(people);
        tran.commit();
    }
```

上述代码中，首先创建了一个 People 实例和一个 Passport 实例，然后使用 setPassport 和 setPeople 方法设置了两个实例之间的关联关系，最后使用 save 方法保存实例，实现对数据库表的插入操作。运行上述代码，将往 People 和 Passport 表中各插入一条记录，其中 Passport 记录的主键与 People 中记录的主键相同。

5.3.2 基于唯一外键的一对一关联

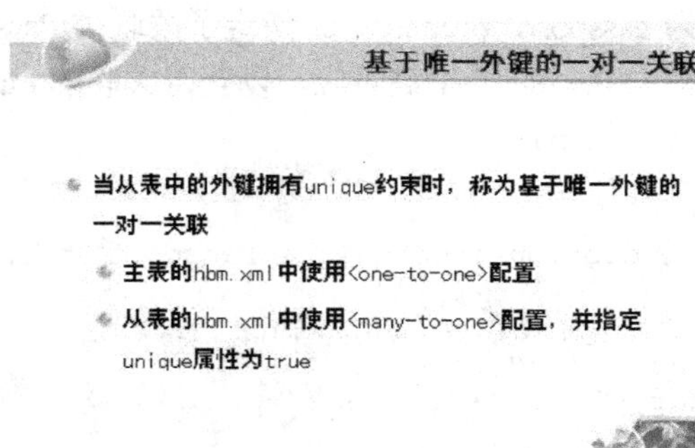

实际应用中，两个表的一对一关联关系，也可能不是基于主键实现，而是基于一个唯一外键实现。例如，下 SQL 语句所创建的两张表：

```
create table people(
id int not null primary key,
age int,
name varchar(20)
)

create table passport(
id int not null primary key,
serial varchar(20),
expiry int,
people_id int unique,
foreign key(people_id) references People(id)
)
```

其中 people 是主表，passport 是从表，从表的外键具有 unique 约束，所以 people 和 passport 是一对一关联关系。由于在对象层次，People 和 Passport 是一对一关联关系，所以 People 类和 Passport 类与基于主键的一对一关联实例中完全相同，本节不再展示。下面将学习基于唯一外键的一对一关联关系的 hbm.xml 文件的配置。

People.hbm.xml 文件代码如下所示：

```
<hibernate-mapping>
    <class name="com.etc.po.onetooneunique.People" table="people" catalog="onetooneunique">
        <id name="id" type="java.lang.Integer">
```

```
            <column name="id" />
            <generator class="assigned" />
        </id>
        <property name="age" type="java.lang.Integer">
            <column name="age" />
        </property>
        <property name="name" type="java.lang.String">
            <column name="name" length="20" />
        </property>
        <one-to-one name="passport" cascade="all" property-ref="people">
        </one-to-one>
    </class>
</hibernate-mapping>
```

上述 hbm.xml 文件中的关键部分是<one-to-one>元素，使用 name 属性指定了 People 类中关联的 Passport 类的实例名称为 passport，property-ref 指定了关联类 Passport 中 People 类型的属性的名字，将使用该属性的外键与 People 的主键对应，以获得关联的 Passport 实例。

Passport.hbm.xml 文件代码如下所示：

```
<hibernate-mapping>
    <class name="com.etc.po.onetooneunique.Passport" table="passport" catalog="
onetooneunique">
        <id name="id" type="java.lang.Integer">
            <column name="id" />
            <generator class="assigned"/>

        </id>
        <many-to-one name="people">
        <column name="people_id" unique="true"></column>
        </many-to-one>
        <property name="serial" type="java.lang.String">
            <column name="serial" length="20" />
        </property>
        <property name="expiry" type="java.lang.Integer">
            <column name="expiry" />
        </property>
    </class>
</hibernate-mapping>
```

上述代码中的 hbm.xml 文件的关键部分是<many-to-one>元素，指定了 Address 类与 People 类关联的属性名是 people，通过 column 指定了 Address 表的外键名，将通过外键 people_id 的值匹配 People 的主键，从而获得关联的 People 对象。

使用下面的代码进行测试：

```
public static void main(String[] args) {
        People people=new People(2,23,"Kate");
        Passport passport=new Passport("10092",5);
        passport.setId(21);
        people.setPassport(passport);
        passport.setPeople(people);
        Session session=HibernateSessionFactory.getSession();
        Transaction tran=session.beginTransaction();
        session.save(people);
        tran.commit();
    }
```

上述代码中，首先创建了一个 People 对象和一个 Passport 对象，然后通过 setPassport 和 setPeople 方法设置了两个对象的关联关系，最后使用 save 方法保存实例，实现对数据库的插入操作。运行上述代码，将向 people 表中插入一条记录，同时向 passport 表中插入一条记录，而且 passport 表记录的外键 people_id 值与 people 表记录的主键值相同。

5.4　多对多关联

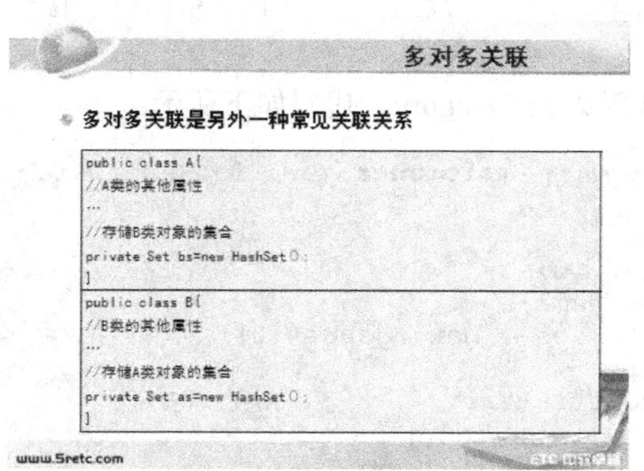

除了一对多/多对一以及一对一关联关系外，多对多关联也是实际应用中常见的一种关联关系。多对多的关联关系都是基于连接表实现的。如果 A 类的实例关联多个 B 类的实例，而同时 B 类的实例也关联多个 A 类的实例，那么 A 和 B 就是双向的多对多关联关系。A 类和 B 类的演示代码如下：

```
public class A{
//A 类的其他属性
…
//存储 B 类对象的集合
private Set bs=new HashSet();
}
public class B{
//B 类的其他属性
…
//存储 A 类对象的集合
private Set as=new HashSet();
}
```

如下所示的 SQL 语句所创建的表即存在多对多关系：

```
create table category(
  id integer not null Primary key,
  name varchar(20)
)

create table items(
  id integer not null primary key,
  name varchar(20),
  price double
)
```

```
create table category_item(
  category_id integer ,
  item_id integer,
  primary key (category_id,item_id),
  foreign key (category_id) references category(id),
  foreign key (item_id) references items(id)
)
```

其中 category 表示产品类别，items 表示产品，category_item 是连接表，维护产品和类别的关系。一个类别中会有多个产品，反过来，一个产品也可能位于多个类别中，二者为多对多关系。

首先将表 category 映射为类 Category，代码如下所示：

```
public class Category implements java.io.Serializable {

   // Fields
   private Integer id;
   private String name;
   private Set itemses = new HashSet(0);
   // Constructors
   /** default constructor */
   public Category() {
   }
   /** minimal constructor */
   public Category(Integer id) {
       this.id = id;
   }
   /** full constructor */
   public Category(Integer id, String name) {
       this.id = id;
       this.name = name;
   }
   //省略 getters 和 setters 方法
   }}
```

上述代码中的 private Set itemses = new HashSet(0)创建了集合 itemses，用来存储与当前 Category 实例关联的所有 Items 对象。

Items 类与 Category 类似，代码如下所示：

```
public class Items implements java.io.Serializable {
   // Fields
   private Integer id;
   private String name;
   private Double price;
   private Set categories = new HashSet(0);
   // Constructors
   /** default constructor */
   public Items() {
   }
   /** minimal constructor */
   public Items(Integer id) {
       this.id = id;
   }
   /** full constructor */
   public Items(Integer id, String name, Double price) {
       this.id = id;
```

```
        this.name = name;
        this.price = price;
    }
    //省略 getters 和 setters 方法
    }}
```

上述代码中的 private Set categories = new HashSet(0)创建了与当前 Items 对象关联的 Category 实例的集合。

下面将展示对应的 hbm.xml 文件，学习如何配置 many-to-many 关系。Category.hbm.xml 文件代码如下所示：

```
<hibernate-mapping>
    <class  name="com.etc.po.manytomany.Category"  table="category"  catalog="
demo">
        <id name="id" type="java.lang.Integer">
            <column name="id" />
            <generator class="assigned" />
        </id>
        <property name="name" type="java.lang.String">
            <column name="name" length="20" />
        </property>
        <set name="itemses"  cascade="all" table="category_item">
            <key>
                <column name="category_id" not-null="true" />
            </key>
            <many-to-many  column="item_id" class="com.etc.po.manytomany.Items" />
        </set>
    </class>
</hibernate-mapping>
```

上述 hbm.xml 文件的关键部分是<set>元素的配置。<set>元素中通过 name 指定了 Category 中的集合实例名称为 itemses，通过 table 指定了连接表为 category_item。通过<key>元素的配置，说明了连接表 category_item 中与 category 主键对应的字段是 category_id。通过<many-to-many>元素，指定了 Category 与 Items 之间的多对多关系，并指定连接表中与 Items 主键对应的字段是 item_id。通过<set>元素及其子元素的配置，可以明确获得如下信息：Category 和 Items 之间是多对多关系，使用连接表 category_item 维护该关系。Category 类中有一个集合类型属性，名字为 itemses，用来存储关联的 Items 实例。连接表 category_item 中与 Category 主键对应的字段是 category_id，与 Items 主键对应的字段是 item_id。

Items.hbm.xml 文件与 Category.hbm.xml 文件类似，代码如下所示：

```
<hibernate-mapping>
    <class  name="com.etc.po.manytomany.Items"  table="items"  catalog="
demo">
        <id name="id" type="java.lang.Integer">
            <column name="id" />
            <generator class="assigned" />
        </id>
        <property name="name" type="java.lang.String">
            <column name="name" length="20" />
        </property>
        <property name="price" type="java.lang.Double">
            <column name="price" precision="22" scale="0" />
        </property>
```

```
        <set name="categories" table="category_item">
            <key>
                <column name="item_id" not-null="true" />
            </key>
            <many-to-many column="category_id" class="com.etc.po.manytomany.
Category" />
        </set>
    </class>
</hibernate-mapping>
```

上述 Items.hbm.xml 的含义与 Category.hbm.xml 非常类似，不再赘述。接下来使用如下代码测试多对多关系：

```
public static void main(String[] args) {
        Category c1=new Category(1,"childbook");
        Category c2=new Category(2,"novel");

        Items item1=new Items(100,"Happy duck",20.9);
        Items item2=new Items(101,"Fate",13.0);
        Items item3=new Items(102,"Love Tree",30.5);

        c1.getItemses().add(item1);
        c1.getItemses().add(item3);
        c2.getItemses().add(item1);
        c2.getItemses().add(item2);

        Session session=HibernateSessionFactory.getSession();
        Transaction tran=session.beginTransaction();
        session.save(c1);
        session.save(c2);
        tran.commit();
    }
```

上述代码中，首先创建了两个 Category 对象 c1 和 c2，接下来创建了三个 Items 对象 item1、item2 和 item3。然后将 item1 和 item3 与 c1 关联，item1 和 item2 与 c2 关联，最后使用 save 方法保存实例，实现对数据库的插入操作。运行上述测试代码，将往 category 表中插入两条记录，往 items 表中插入三条记录，同时往连接表 category_item 中插入四条记录，维护 category 和 items 的关联关系。

5.5 关联映射配置文件

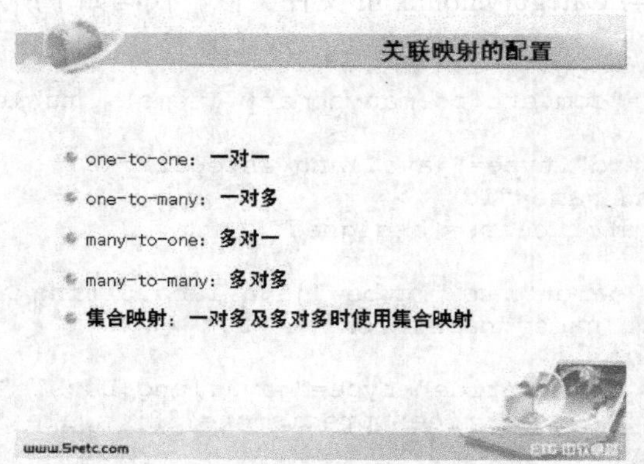

通过前面的章节，已经学习了常见的几种关联关系的配置。本节将对各种关联关系的映射配置文件进行进一步总结。

1. one-to-one

one-to-one 表示一对一关联，<one-to-one>元素的常用属性有以下几种：

（1）name：关联的属性名字。

（2）class：关联的类名。

（3）cascade：对关联属性的级联操作模式，如 cascade=all，表示对该实例的增、删、改操作，都将自动级联关联属性的相应操作。

（4）constrained：可以配置为 true 或 false，当两张表是基于主键的一对一关系时，往往配置为 true。

（5）fetch：可以配置为 join 或者 select，指定使用外连接抓取或者序列选择抓取。

（6）property-ref：指定关联类的属性名，往往在配置基于唯一外键的一对一关系时使用。

（7）lazy：可配置为 true 或 false，表示是否延迟加载。

2. one-to-many

one-to-many 表示一对多关联，只有 class 是必须使用的属性，表示被关联的类名。

3. many-to-one

many-to-one 表示多对一关联，下面介绍常用的几个属性的含义：

（1）name：关联的属性名。

（2）column：外键字段名。

（3）class：关联的类名。

（4）cascade：对关联属性的级联操作模式，如 cascade=all，表示对该实例的增、删、改操作，都将自动级联关联属性的相应操作。

（5）fetch：可以配置为 join 或者 select，指定使用外连接抓取或者序列选择抓取。

（6）property-ref：指定关联类的属性名，往往在配置基于唯一外键的一对一关系时使用。

（7）unique：为外键生成唯一约束。

（8）lazy：可配置为 true 或 false，表示是否延迟加载。

4. many-to-many

many-to-many 表示多对多关联，下面介绍常用的几个属性的含义：

（1）column：外键字段名。

（2）class：关联类名称。

（3）property-ref：关联类中的属性名。

5. 集合映射

一对多以及多对多的关联关系，都需要使用集合进行映射。Hibernate 中可以使用<set>、<map>、<array>等进行集合映射。本教材中的实例都使用<set>进行映射，集合映射元素常用的属性有：

（1）name：集合属性的名字。

（2）table：集合表的名称，不能在 one-to-many 时使用，往往在 many-to-many 时使用。

（3）lazy：可以配置为 true 或 false，指定是否延迟加载。

（4）inverse：默认为 false，可以指定为 true。值为 false 的一端作为关联关系的主控方，维护关联关系。

（5）cascade：级联关系模式。

（6）fetch：可以选择 join 或者 select。

（7）batch-size：通过延迟加载取得集合实例的批处理块的大小。

5.6 连接查询

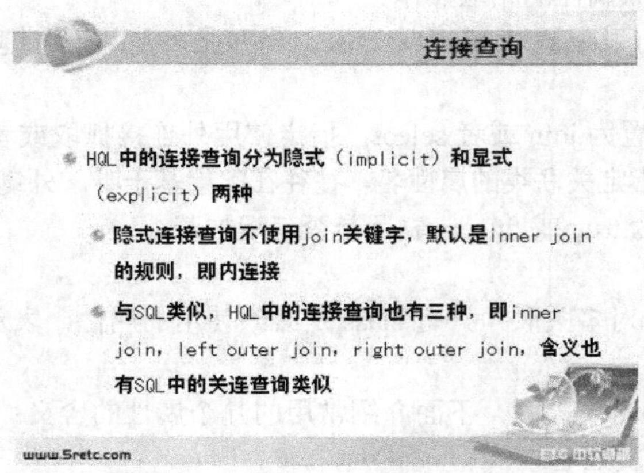

通过前面章节的学习，已经熟悉了各种关联关系的配置。实际应用中，对关联的表进行查询是使用较多的操作。本节将总结如何使用 HQL 进行连接查询。Hibernate 应用中，实体类的关联关系已经在 hbm.xml 中进行了配置，HQL 中的连接查询分为隐式（implicit）和显式（explicit）两种。

本节中使用的例子基于 one-to-one 关联和 one-to-many 关联，为了能够演示查询结果，已经往表中插入了部分记录。其中 one-to-one 关联的表是 people 和 passport，表中记录如图 2-5-1 所示。

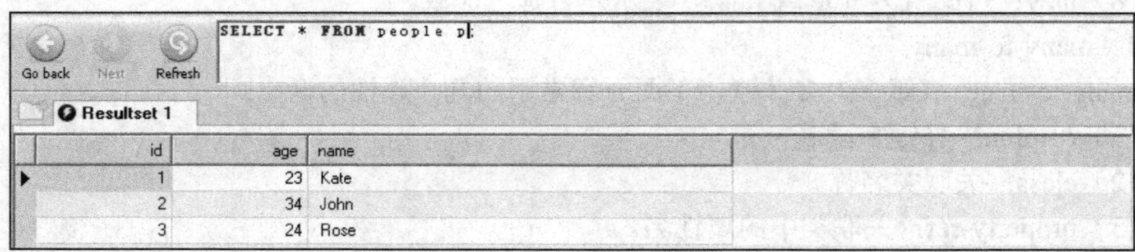

```
SELECT * FROM people p;
```

id	age	name
1	23	Kate
2	34	John
3	24	Rose

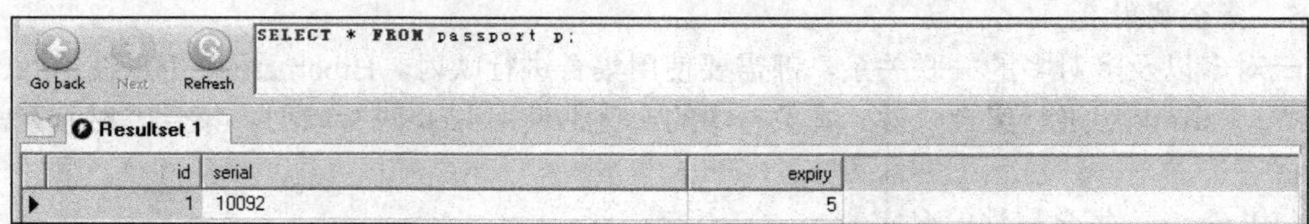

```
SELECT * FROM passport p;
```

id	serial	expiry
1	10092	5

图 2-5-1　表记录

one-to-many 关联关系的表使用 person 和 address 演示，表中记录如图 2-5-2 所示。

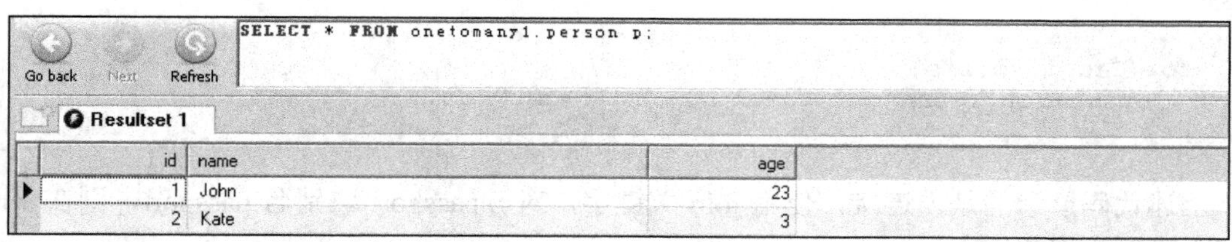

Go back　Next　Refresh

SELECT * FROM onetomany1.person p;

Resultset 1

id	name	age
1	John	23
2	Kate	3

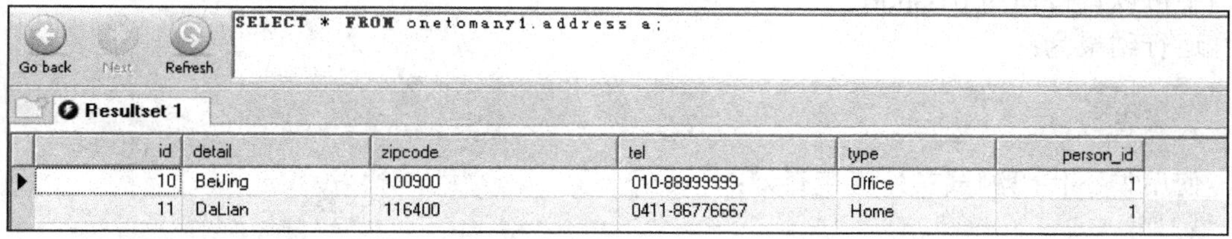

Go back　Next　Refresh

SELECT * FROM onetomany1.address a;

Resultset 1

id	detail	zipcode	tel	type	person_id
10	BeiJing	100900	010-88999999	Office	1
11	DaLian	116400	0411-86776667	Home	1

图 2-5-2　表记录

1. 隐式连接查询

隐式连接查询不使用 join 关键字，默认是 inner join 的规则，即内连接。使用如下代码测试基于 one-to-one 关系的隐式连接查询：

```
String hql1="select p from People p where p.passport.expiry=5";
List<People> list=session.createQuery(hql1).list();
 for(People p:list){
    System.out.println(p.getId()+" "+p.getName());
  }
```

上述代码中，使用 where p.passport.expiry=5 查询 passport 的 expiry 值为 5 的 People 实例，并没有使用 join 关键字。输出结果为：

```
1 Kate
```

接下来使用如下代码演示一对多关系的隐式查询：

```
String hql2="select p from Person p where size(p.addresses)>1 ";
List<Person> list=session.createQuery(hql2).list();
for(Person p:list){
   System.out.println(p.getName());
}
```

上述代码中，使用 where size(p.addresses)>1 查询 people 中 addresses 集合大小大于 1 的所有实例，查询得到所有地址记录多于一条的 person 实例。结果为：

```
John
```

2. 显式连接查询

与 SQL 语言类似，HQL 中的显式连接查询也有三种，即 inner join、left outer join 和 right outer join，含义也有 SQL 中的关联查询类似。可以简写为 join、left join 和 right join。代码如下所示：

```
   String hql1="select p from People p join p.passport passport where
passport.expiry=5";
   List<People> list=session.createQuery(hql1).list();
```

```
for(People p:list){
   System.out.println(p.getId()+" "+p.getName());
}
```

上述代码展示的是内连接，使用 join 关键字，对 p.passport 取别名 passport，则在 where 子句中可以直接使用 passport。

运行结果为：

```
1 Kate
```

使用如下代码测试左外连接查询：

```
String hql2="select p from People p left join p.passport passport";
List<People> list=session.createQuery(hql2).list();
for(People p:list){
    System.out.println(p.getId()+" "+p.getName());
 }
```

上述代码展示的是左外连接 left join，查询左边实例的所有记录。运行结果为：

```
1 Kate
2 John
3 Rose
```

使用下面的代码测试右外连接的显式查询：

```
String hql3="select p from People p right join p.passport passport";
List<People> list=session.createQuery(hql3).list();
for(People p:list){
    System.out.println(p.getId()+" "+p.getName());
}
```

上述代码实现的是右外连接 right join，查询右边实例的所有记录。运行结果为：

```
1 Kate
```

在一对多关联关系中也可以使用显式连接查询，代码如下所示：

```
String hql1="select p from Person p left join p.addresses addresses where addresses IS null";
List<Person> list=session.createQuery(hql1).list();
for(Person p:list){
   System.out.println(p.getName());
}
```

上述代码查询没有对应 Address 记录的 Person 实例，使用了左外连接。运行结果如下：

```
   Kate
```

5.7　本章小结

在实际应用中，关系表往往都存在着关联关系。本章学习了如何使用 Hibernate 框架配置常见的关联关系。在具体学习如何配置不同的关联关系前，首先介绍了关联关系的方向和数量两个概念。从方向上看，关联关系可以分为单向关联和双向关联，本章的实例都是基于双向关联的；从数量上看，往往有四种关系，即 one-to-one、one-to-many、many-to-one、many-to-many。one-to-one 的关联关系可能是基于主键实现的，也可能是基于唯一外键实现的；one-to-many/many-to-one 的关联关系可能是基于主外键实现的，也可能是基于连接表实现的；many-to-many 的关联关系都是基于连接表实现的。通过实例展示了各种关联关系的配置后，又再次总结了各种关联关系的具体配置。另外，本章还学习了 HQL 语句的各种连接查询方式。在 HQL 中可以通过隐式和显式两种方式进行连接查询。隐式的连接查询默认是 inner join，而通过显式的连接查询可以选择使用 inner join、left join、right join 等不同的连接方式进行查询。

第 6 章

继承关系映射

上一章中学习了当实体间是关联关系时如何进行 Hibernate 配置。实体间除了关联关系外，还可能是继承关系。本章将学习 Hibernate 中常用的继承关系映射策略。

6.1 本章实例准备

本章实例准备
本节将对本章实例进行必要的准备
假设这样的业务需求：某网上音像店，专门经营图书和DVD
由于Book和DVD存在相同的属性，因此应该抽象出一个父类，为Product产品类，Book和DVD类基于Product类进行扩展
不管表如何设计，类的结构是基于面向对象设计分析设计得到的，可以保持不变
www.5retc.com

为了能够更直观理解继承关系的不同映射策略，本章每种策略都采用一个实例进行学习。本节将对学习实例进行必要的准备。假设有这样的业务需求：某网上音像店，专门经营图书和 DVD。图书和 DVD 需要管理的信息非常类似，都包括产品编号、名称、生产厂家；但是二者也存在差别，图书需要管理页数信息，而 DVD 需要管理区域代码信息。分析该需求，得到两个对象，即图书和 DVD，因此应该创建两个实体类，即 Book 类和 DVD 类。由于 Book 和 DVD 存在相同的属性，因此应该抽象出一个父类，为 Product 产品类，Book 和 DVD 类基于 Product 类进行扩展。

Product 类代码如下所示：

```
package com.etc.po;

public class Product  implements java.io.Serializable {
   private Integer id;
   private String name;
   private String manufacturer;
   // Constructors
   /** default constructor */
  public Product() {
   }
```

```
    /** minimal constructor */
    public Product(Integer id) {
        this.id = id;
    }
    /** full constructor */
    public Product(Integer id, String name, String manufacturer) {
        this.id = id;
        this.name = name;
        this.manufacturer = manufacturer;
    }
   //省略 getters 和 setters 方法
    }}
```

Book 类继承了 Product 类，扩展页数属性，代码如下所示：

```
package com.etc.po;
public class Book extends Product implements java.io.Serializable {
    private Integer pagecount;
     // Fields
    public Book(){
    }
    public  Book(Integer  id,  String  name,  String  manufacturer,Integer
pagecount) {
            super(id,name,manufacturer);
            this.pagecount=pagecount;
    }
     public Integer getPagecount() {
         return this.pagecount;
     }
     public void setPagecount(Integer pagecount) {
         this.pagecount = pagecount;
     }
}
```

DVD 类继承了 Product 类，扩展区域代码属性，代码如下所示：

```
package com.etc.po;
public class DVD  extends Product implements java.io.Serializable {
    // Fields
     private String regioncode;
    // Constructors
    /** default constructor */
    public DVD() {

    }
    /** full constructor */
    public  DVD(Integer  id,  String  name,  String  manufacturer,  String
regioncode) {
        super(id,name,manufacturer);
        this.regioncode = regioncode;
    }
    // Property accessors
    public String getRegioncode() {
        return this.regioncode;
    }
    public void setRegioncode(String regioncode) {
        this.regioncode = regioncode;
    }
}
```

如上所示，实体类层次包含三个类，父类 Product 中定义了共同的属性和方法，子类 Book 和 DVD 分别扩展了自己的属性。然而，基于这样的业务实体关系，可能将存在不同的关系表设计，可能设计两张毫无关系的 Book 表和 DVD 表，也可能仅设计一张 Product 表，使用区分字段区分。不管关系表如何设计，实体类都是继承关系，都不需要改变。本章下面的各节中，将学习采用不同的表结构时，如何进行 Hibernate 映射配置，每节实例的实体类均采用本节所展示的代码。

6.2 TPS（Table Per SubClass）

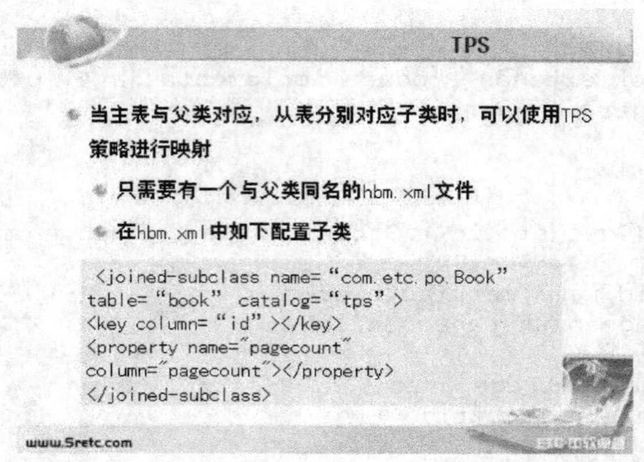

基于第一节的业务需求，可能有如下的表设计：

```
create table product(
  id int not null primary key,
  name varchar(50),
  manufacturer varchar(50)
)
create table book(
  id int not null primary key,
  pagecount int,
  foreign key (id) references  product(id)
)

create table dvd(
  id int not null primary key,
  regioncode varchar(20),
  foreign key (id) references  product(id)
)
```

上述的 SQL 语句将创建 3 张表，其中 product 是主表，存储所有产品的共有字段；book 和 dvd 是从表，通过主键参考 product 表，扩展了 book 和 dvd 的独有字段。

基于这样的设计，只需要创建一个与父类同名的 hbm.xml 文件即可，即 Product.hbm.xml，子类采用<joined-subclass>属性进行配置。代码如下所示：

```
<hibernate-mapping>
    <class name="com.etc.po.Product" table="product" catalog="tps">
```

```
        <id name="id" type="java.lang.Integer">
            <column name="id" />
            <generator class="assigned" />
        </id>
        <property name="name" type="java.lang.String">
            <column name="name" length="50" />
        </property>
        <property name="manufacturer" type="java.lang.String">
            <column name="manufacturer" length="50" />
        </property>
       <joined-subclass name="com.etc.po.Book" table="book" catalog="tps">
        <key column="id"></key>
        <property name="pagecount" column="pagecount"></property>
        </joined-subclass>
        <joined-subclass name="com.etc.po.Dvd" table="dvd" catalog="tps">
        <key column="id"></key>
        <property name="regioncode" column="regioncode"></property>
        </joined-subclass>
    </class>
</hibernate-mapping>
```

上述 hbm.xml 文件的关键点在于<joined-subclass>元素，该元素指定了子类的名称以及子类对应的表名。在<joined-subclass>标签体内，使用<key>指定了子表的主键，该主键用来与主表进行关联。同时使用<property>配置子类中的其他属性。

使用如下代码进行测试：

```
public class Test {
   public static void main(String[] args) {
       Book book=new Book(10,"Java","Dian Zi",459);
       DVD dvd=new Dvd(20,"Gong Fu","China","Asia");
       Session session=HibernateSessionFactory.getSession();
       Transaction tran=session.beginTransaction();
       session.save(book);
       session.save(dvd);
       tran.commit();
   }
}
```

上述代码首先创建了一个 Book 实例和 DVD 实例，然后通过 save 方法保存实例，实现对数据库表的插入操作。运行上述代码，将往 product 表中插入两条记录，往 book 和 dvd 表中各插入一条记录。如图 2-6-1 所示。

可见，product 表中存储了 Book 和 DVD 实例的 id、name、manufacture 属性，而 book 表和 dvd 表中存储了两个实例的扩展属性，并分别通过主键 id 与 product 表关联。

接下来使用如下代码测试查询操作：

```
String hql1="from Book";
List<Book> list=session.createQuery(hql1).list();
for(Book b:list){
System.out.println(b.getId()+" "+b.getName()+" "+b.getManufacturer()+" "+b.getPagecount());
}
```

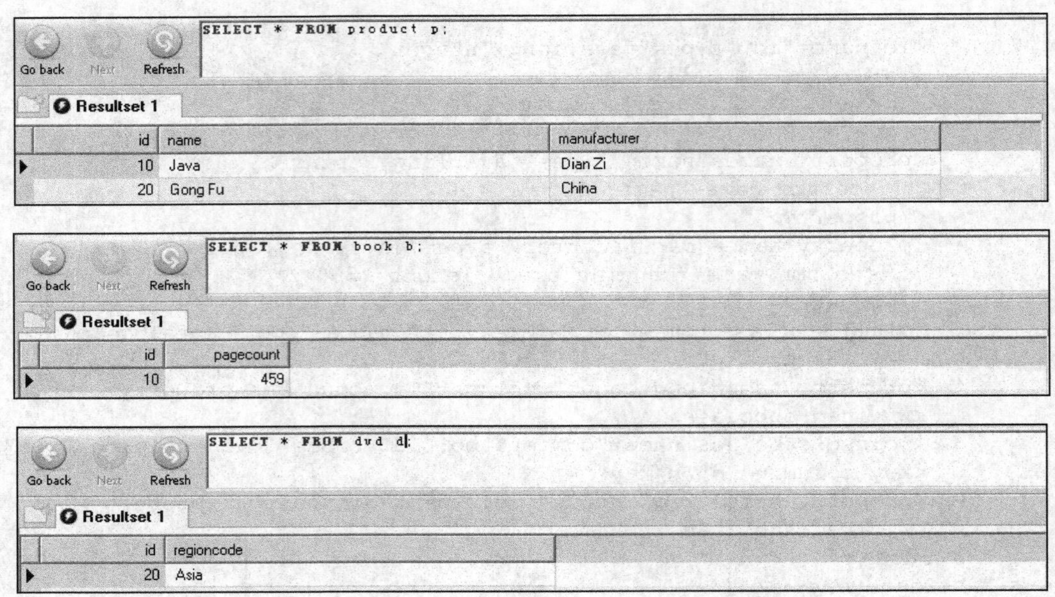

SELECT * FROM product p;

id	name	manufacturer
10	Java	Dian Zi
20	Gong Fu	China

SELECT * FROM book b;

id	pagecount
10	459

SELECT * FROM dvd d;

id	regioncode
20	Asia

图 2-6-1　表中的记录

上述代码中，使用 from Book 语句查询 Book 实例，因为 Book 作为 Product 的<joined-subclass>存在，所以运行上述代码，将连接查询 product 和 book 表，得到 Book 实例的所有属性，如下所示：

```
10 Java Dian Zi 459
```

这种映射策略，被称为 TPS（Table Per Subclass）策略，即每个子类对应一张表。TPS 使用<joined-subclass>元素配置子类映射关系。

6.3　TPH（Table Per Class Hierarchy）

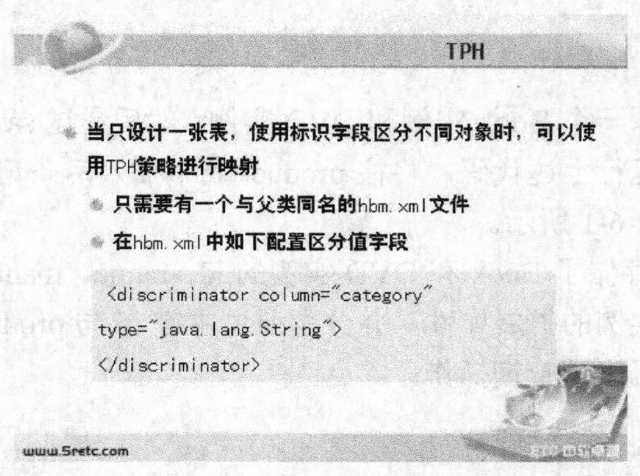

基于第一节的业务需求，也可能有如下的表设计：

```
create table product(
  id int not null primary key,
```

```
    category varchar(10),
    name varchar(50),
    manufacturer varchar(50),
    pagecount int,
    regioncode varchar(20)
  )
```

上述 SQL 将只创建一张表 product，将 book 和 dvd 记录存储到一张表中，使用 category 字段作为区分值字段，区别 book 和 dvd。

基于这样的数据库表设计，只对父类 Product 创建 hbm.xml 文件即可。可以在 hbm.xml 文件中使用 discriminator 元素，将 category 字段指定为区分值字段，而不是 property。然后使用<subclass>元素配置每个子类扩展的独有属性，同时为子类指定具体的 discriminator 值。product.hbm.xml 文件代码如下所示：

```
<hibernate-mapping>
    <class name="com.etc.po.Product" table="product" catalog="tph">
        <id name="id" type="java.lang.Integer">
            <column name="id" />
            <generator class="assigned" />
        </id>
        <discriminator column="category" type="java.lang.String"></discr
iminator>
        <property name="name" type="java.lang.String">
            <column name="name" length="50" />
        </property>
        <property name="manufacturer" type="java.lang.String">
            <column name="manufacturer" length="50" />
        </property>
        <subclass name="com.etc.po.Book" discriminator-value="1">
            <property name="pagecount" type="java.lang.Integer">
                <column name="pagecount" />
            </property>
        </subclass>
        <subclass name="com.etc.po.Dvd" discriminator-value="2">
            <property name="regioncode" type="java.lang.String">
                <column name="regioncode" length="20" />
            </property>
        </subclass>
    </class>
</hibernate-mapping>
```

上述 hbm.xml 文件中的关键点是<discriminator>和<subclass>，使用<discriminator column="category" type="java.lang.String"></discriminator>将 category 字段指定为区分值字段，进一步使用<subclass name="com.etc.po.Book" discriminator-value="1">配置了子类 Book 的区分值为 1，并在<subclass>标签体中配置了子类扩展的属性 pagecount 的映射关系。使用相同的方式，将子类 Dvd 进行了配置，指定了区分值为 2。使用下面代码测试：

```
public static void main(String[] args) {
        Book book=new Book(10,"Java","Dian Zi",459);
        DVD dvd=new Dvd(20,"Gong Fu","China","Asia");
        Session session=HibernateSessionFactory.getSession();
        Transaction tran=session.beginTransaction();
        session.save(book);
```

```
        session.save(dvd);
        tran.commit();
    }
```

上述代码中，首先创建了一个 Book 实例和一个 DVD 实例，创建实例时并未指定 category 的值，因为 category 作为区分值字段，在 hbm.xml 中设置了具体值。运行上述代码，将往 product 表中插入两条记录，Book 实例对应的记录的 category 字段值将为 1，DVD 实例对应的记录值为 2。如图 2-6-2 所示。

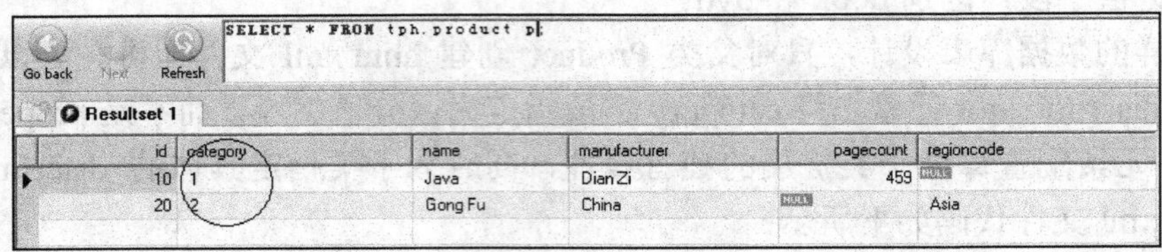

id	category	name	manufacturer	pagecount	regioncode
10	1	Java	Dian Zi	459	NULL
20	2	Gong Fu	China	NULL	Asia

图 2-6-2　表记录

使用如下代码测试查询操作：

```
    String hql1="from Book";
    List<Book> list=session.createQuery(hql1).list();
    for(Book b:list){
    System.out.println(b.getId()+"  "+b.getName()+"  "+b.getManufacturer()+"
"+b.getPagecount());
    }
```

上述代码中，使用 from Book 语句查询所有的 Book 实例，由于 Book 类的区分值是 1，所以 Hibernate 将查询 product 表中 category 字段值为 1 的所有记录，并封装成 Book 实例返回，结果如下所示：

```
    10 Java Dian Zi 459
```

这样的 Hibernate 映射策略，被称为 TPH（Table Per Class Hierarchy）策略。即每个子类对应的是表的一个分层结构。TPH 策略中，使用<subclass>来配置子类，指定子类的区分字段值，同时配置子类扩展的属性。

6.4　TPC（Table Per Concrete Class）

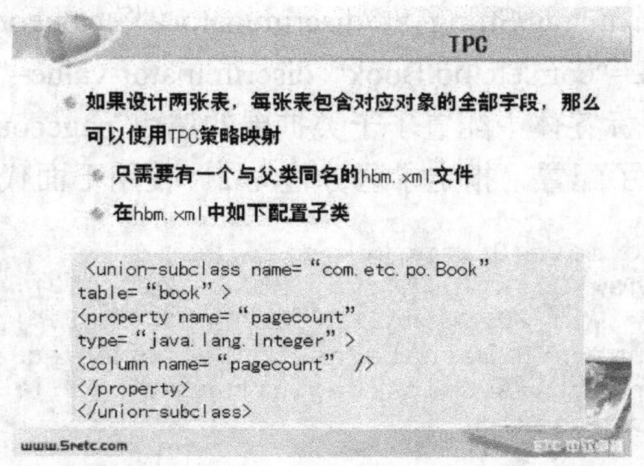

基于第一节的业务需求，可能有如下的表设计：

```
create table book(
  id int not null primary key,
  name varchar(50),
  manufacturer varchar(50),
  pagecount int
)

create table dvd(
  id int not null primary key,
  name varchar(50),
  manufacturer varchar(50),
 regioncode varchar(30)
)
```

上述 SQL 语句，将创建两张毫无关系的表 book 和 dvd，分别存储 book 和 dvd 的记录。然而，实体类层次上依然应该采用继承关系，因为 book 和 dvd 中存在相同的字段 id、name、manufacturer。基于这样的设计，只提供与父类 Product 对应的 hbm.xml 文件即可，即 Product.hbm.xml。该文件中将 Product 类使用 abstract=true 设置为抽象的，因为 Product 类没有对应的表与其映射。进一步使用<union-subclass>将子类扩展的属性进行配置。Product.hbm.xml 文件代码如下所示：

```
<hibernate-mapping>
    <class name="com.etc.po.Product" abstract="true" catalog="tpc">
        <id name="id" type="java.lang.Integer">
            <column name="id" />
            <generator class="assigned" />
        </id>
        <property name="name" type="java.lang.String">
            <column name="name" length="50" />
        </property>
        <property name="manufacturer" type="java.lang.String">
            <column name="manufacturer" length="50" />
        </property>
        <union-subclass name="com.etc.po.Book" table="book">
           <property name="pagecount" type="java.lang.Integer">
               <column name="pagecount" />
           </property>
        </union-subclass>
        <union-subclass name="com.etc.po.Dvd" table="dvd">
           <property name="regioncode" type="java.lang.String">
               <column name="regioncode" length="20" />
           </property>
        </union-subclass>
    </class>
</hibernate-mapping>
```

上述 hbm.xml 文件中的关键点是<union-subclass>元素的配置，使用 name 配置了子类的名称，使用 table 配置了子类映射的表，并通过<property>标签配置了子类中扩展属性的映射关系。使用如下代码进行测试：

```
    public static void main(String[] args) {
        Book book=new Book(10,"Java","Dian Zi",459);
        DVD dvd=new Dvd(20,"Gong Fu","China","Asia");
        Session session=HibernateSessionFactory.getSession();
        Transaction tran=session.beginTransaction();
        session.save(book);
        session.save(dvd);
        tran.commit();
    }
```

上述代码中，首先创建了一个 Book 实例和一个 DVD 实例，然后通过 save 方法保存实例，实现对数据库表的插入操作。运行上述代码，将往 book 和 dvd 表中各插入一条记录。

接下来，使用如下代码测试查询操作：

```
    String hql1="from Book";
    List<Book> list=session.createQuery(hql1).list();
    for(Book b:list){
    System.out.println(b.getId()+"   "+b.getName()+"   "+b.getManufacturer()+"
"+b.getPagecount());
    }
```

运行上述代码，Hibernate 将从 book 表中查询所有记录，封装为 Book 实例返回，结果如下所示：

```
    10 Java Dian Zi 459
```

这样的映射策略，称为 TPC（Table Per Concrete Class）策略。TPC 策略中的表往往没有关联关系，每张表表示一种具体的实体，TPC 策略中使用<union-subclass>配置子类的扩展属性。

6.5 多态查询

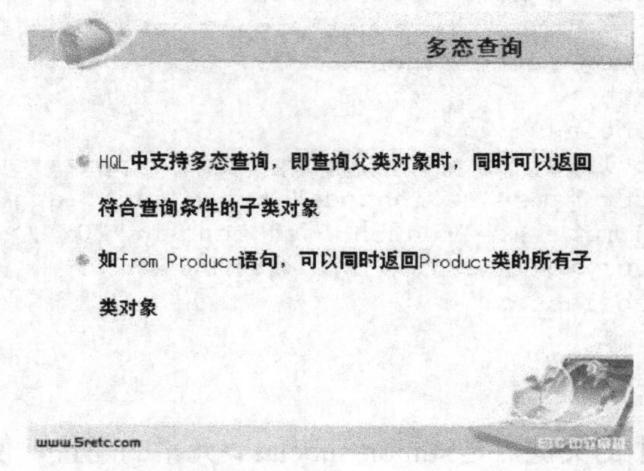

HQL 中的查询语句支持多态查询，如下所示：

```
    from Product;
```

上述语句不仅能返回 Product 的实例，还将返回 Product 子类的实例。接下来，使用上节中基于 TPC 的实例测试多态查询的使用，代码如下所示：

```
String hql1="from Product";
List<Product> list=session.createQuery(hql1).list();
for(Product p:list){
    if(p instanceof Book){
    Book b=(Book)p;
    System.out.println(b.getId()+" "+b.getName()+" "+b.getManufacturer()+"
    "+b.getPagecount());
    }
    if(p instanceof Dvd){
    Dvd d=(Dvd)p;
    System.out.println(d.getId()+" "+d.getName()+" "+d.getManufacturer()+"
    "+d.getRegioncode());
}}
```

上述代码中，使用 from Product 进行查询，将返回 Product 类所有子类的实例，也就是将查询到 Book 和 DVD 的实例，即为多态查询。运行代码后，将 book 和 dvd 表中所有记录返回，结果如下所示：

```
10 Java Dian Zi 459
20 Gong Fu China Asia
```

6.6 本章小结

本章学习了基于继承关系进行映射的三种常见不同策略。TPS 表示每个子类对应一张子表，子表都与一张主表关联的情况。TPS 中使用<joined-subclass>配置子类，指定子类的名字、子类对应的表名、子类的主键以及属性。TPH 表示每个子类对应表的一个分层结构。TPH 中使用<discriminator>将表的区分字段配置成区分值，使用<subclass>配置子类，指定子类的名字、子类的具体区分值以及属性。TPC 表示每个子类对应一个具体的表，表和表之间没有关联关系。TPC 中将父类指定为 abstract，使用<union-subclass>指定子类的名字、子类对应的表名以及属性。如果实体间具有继承关系，那么还可以使用 HQL 的多态查询，通过查询父类，能够返回所有子类的实例。

第 7 章 Hibernate 性能提升

性能永远都是在编程中需要考虑的重要问题之一，Hibernate 编程也不例外。本章将围绕批量处理、延迟加载、N+1 查询等主题展开学习 Hibernate 的性能提升策略。

7.1 批量操作

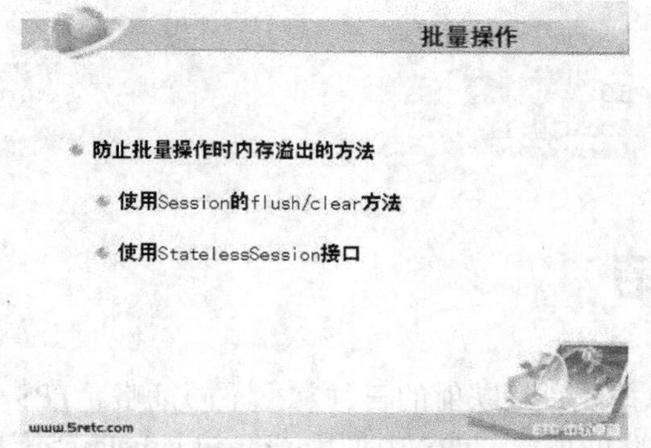

在实际应用中，往往需要对数据库进行批量操作，可能是批量插入、批量查询等。如下代码所示，批量往数据库中插入 200000 条记录：

```
public static void main(String[] args) {
    Session session=HibernateSessionFactory.getSession();
    Transaction tran=session.beginTransaction();
    for(int i=0;i<200000;i++){
        session.save(new Person(i,"Name"+i,23));
    }
    tran.commit();
}
```

运行上述代码的过程中，有可能将发生内存溢出异常，如下所示：

```
Exception in thread "main" java.lang.OutOfMemoryError: Java heap space
```

这是因为 Hibernate 将需要插入数据库的 Person 对象缓存到了 session 级别的缓存区，当缓存区满了，就抛出了内存溢出异常。本节将学习如何避免这种异常的两种方法。

1. 使用 Session 的 flush/clear 方法

为了避免批量处理过程中发生上述的内存溢出异常，可以使用 Session 接口的 flush 和 clear

方法，及时清空缓存。代码如下所示：

```
public static void main(String[] args) {
    Session session=HibernateSessionFactory.getSession();
    Transaction tran=session.beginTransaction();
    for(int i=3;i<200000;i++){
            session.save(new Person(i,"Name"+i,23));
            if ( i % 20 == 0 ) {
                session.flush();
                session.clear();
            }
        }
        tran.commit();
}
```

上述代码中每循环 20 次即使用 session.flush 和 session.clear 清空缓存，避免了内存溢出。

2. 使用 StatelessSession 接口

除了使用 Session 接口的 flush 和 clear 方法外，还可以选择使用 StatelessSession 接口进行批量处理。StatelessSession 接口中提供了 delete、update、insert 方法，与 SQL 语句同名。该接口中的方法不使用缓存策略，而是直接执行。代码如下所示：

```
Configuration conf=new Configuration().configure();
SessionFactory factory=conf.buildSessionFactory();
StatelessSession session=factory.openStatelessSession();
Transaction tran=session.beginTransaction();
for(int i=0;i<200000;i++){
   session.insert(new Person(i,"Name"+i,23));
}
tran.commit();
```

上述代码不会发生内存溢出异常，将在事务提交后向数据库中插入 200000 条记录。

7.2 延迟加载

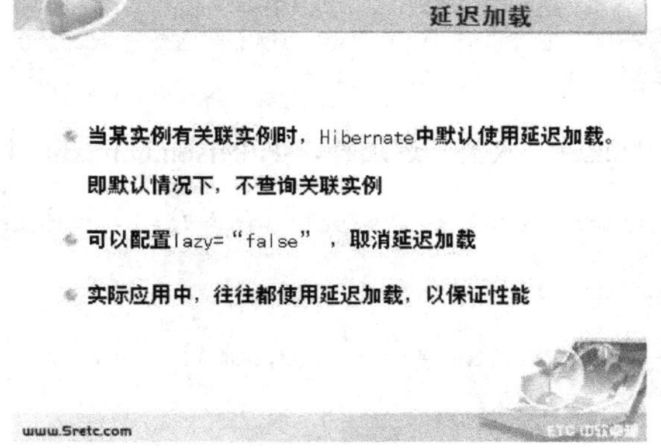

当某实例有关联实例时，Hibernate 中默认使用延迟加载。代码如下所示：

```
Session session=HibernateSessionFactory.getSession();
String hql1="from Person p";
List<Person> list=session.createQuery(hql1).list();
for(Person p:list){
    System.out.println(p.getName());
}
```

Person 实例关联了 Address 实例的 Set 集合，默认情况下使用延迟加载。所以查询 Person 实例时，并不会查询 Address 实例。运行上述代码，生成的 SQL 语句以及输出结果如下：

```
Hibernate: select person0_.id as id1_, person0_.name as name1_, person0_.age as age1_ from demo.person person0_
John
Kate
Name3
Name4
Name5
Name6
```

可见仅执行了查询 Person 实例的 SQL 语句，并没有查询关联的 Address。只有显式使用方法返回 Address 实例时，才会查询 Address。代码如下所示：

```
Person p=(Person)session.get(Person.class, 1);
Set<Address> set=p.getAddresses();
for(Address a:set){
        System.out.println(a.getDetail());
}
```

上述代码中，返回一个 Person 实例后，调用 Person 中的 getAddresses 方法返回关联的 Address 实例集合，所以将查询 Address。运行上述代码将查询 Address 表，返回关联的 Address 实例，生成的 SQL 语句如下所示：

```
Hibernate: select person0_.id as id1_0_, person0_.name as name1_0_, person0_.age as age1_0_ from demo.person person0_ where person0_.id=?

Hibernate: select addresses0_.person_id as person2_1_, addresses0_.id as id1_, addresses0_.id as id0_0_, addresses0_.person_id as person2_0_0_, addresses0_.detail as detail0_0_, addresses0_.zipcode as zipcode0_0_, addresses0_.tel as tel0_0_, addresses0_.type as type0_0_ from demo.address addresses0_ where addresses0_.person_id=?
```

可以通过配置 lazy="false"，取消延迟加载，如 Person.hbm.xml 中进行如下修改：

```
<set name="addresses" inverse="true" lazy="false" fetch="select">
          <key>
             <column name="person_id" />
          </key>
          <one-to-many class="com.etc.po.Address" />
</set>
```

配置 lazy="false"后，将取消 Person 的延迟加载，也就是只要查询 Person，就会同时查询 Person 所关联的 Address 实例，代码如下所示：

```
String hql1="from Person p";
List<Person> list=session.createQuery(hql1).list();
```

上述代码中并没有显式查询 Address 实例，然而由于 Person 配置了取消延迟加载，所以运行后，将生成如下 SQL 语句：

```
    Hibernate: select person0_.id as id1_, person0_.name as name1_, person0_.age
as age1_ from demo.person person0_

    Hibernate: select addresses0_.person_id as person2_1_, addresses0_.id as
id1_, addresses0_.id as id0_0_, addresses0_.person_id as person2_0_0_,
addresses0_.detail as detail0_0_, addresses0_.zipcode as zipcode0_0_,
addresses0_.tel as tel0_0_, addresses0_.type as type0_0_ from demo.address
addresses0_ where addresses0_.person_id=?

    Hibernate: select addresses0_.person_id as person2_1_, addresses0_.id as
id1_, addresses0_.id as id0_0_, addresses0_.person_id as person2_0_0_,
addresses0_.detail as detail0_0_, addresses0_.zipcode as zipcode0_0_,
addresses0_.tel as tel0_0_, addresses0_.type as type0_0_ from demo.address
addresses0_ where addresses0_.person_id=?
    （省略其他查询 Address 的语句）
```

可见，当取消了延迟加载后，只要查询 Person 实例，即查询其关联的所有其他实例。在实际应用中，往往都需要使用延迟加载，以保证性能。

7.3　batch-size 属性

- “N+1查询问题”中，当N值较大时，将降低性能
- batch-size属性可以定义批量处理的实体个数
- batch-size的值建议在5-30之间
- batch-size属性减少查询语句条数，从而提高性能

www.5retc.com

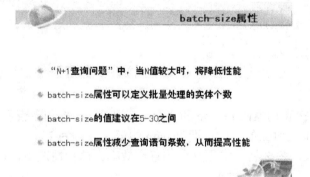

假设实体 A 和 B 存在 one-to-many 的关联关系，如果有 *N* 个 A 实例，则需要查询 *N* 次。如果需要查询每个 A 所关联的 B 实例，则需要先将 A 查询得到，再查询关联的 B 实例，则需要 *N*+1 次查询，这就是所谓的“*N*+1 查询问题”。

本节的实例基于如图 2-7-1 和图 2-7-2 所示的表结构进行。Person 表是主表，主键为 id，存在两条记录。

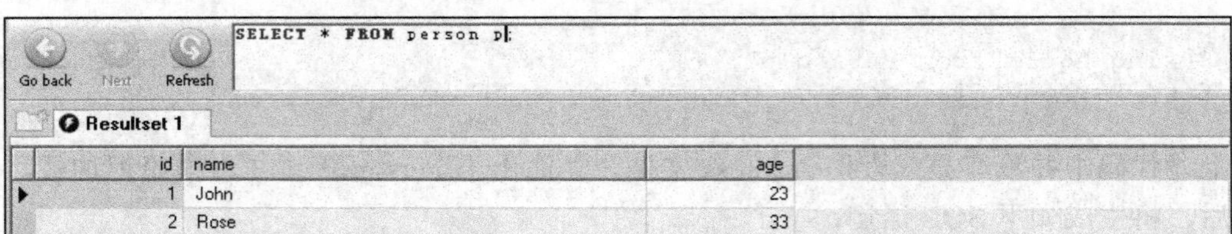

SELECT * FROM person p;

Resultset 1

id	name	age
1	John	23
2	Rose	33

图 2-7-1　Person 表记录

Address 表参考 Person 表，外键是 person_id，参考主表 Person 的 id 主键，存在四条记录。

SELECT * FROM address a;

Resultset 1

id	detail	zipcode	tel	type	person_id
10	BeiJing	100900	010-88999999	Office	1
11	DaLian	116400	0411-86776667	Home	1
20	Shanghai	146900	021-456555559	Office	2
21	HongKong	157432	400-800-8677	Office	2

图 2-7-2　表 Address 的记录

可见，主表 Person 中有两条记录，从表 Address 中有四条记录，其中每条 Person 记录关联了两条 Address 记录，体现了一对多关联关系。

使用如下代码进行查询：

```
Session session=HibernateSessionFactory.getSession();
String hql1="select p,addresses from Person p join p.addresses addresses";
List<Object[]> list=session.createQuery(hql1).list();
for(Object[] obj:list){
   Person per=(Person)obj[0];
   Address addr=(Address)obj[1];
   System.out.println(per.getId()+" "+addr.getDetail());
}
```

上述代码通过连接查询返回 Person 和 Address 记录，在控制台查看生成的 SQL 语句，共 3 条，即 N+1（N 为主表对象的个数，即 Person 的记录数，为 2）。

假设 N 的值很大，那么将一定程度影响查询效率。这种情况下，可以使用 batch-size 属性减少查询语句条数，从而提高性能。

batch-size 属性可以定义批量处理的实体个数，建议在 5～30 之间。下面通过修改 Person.hbm.xml 文件，增加 set 元素的 batch-size 属性：

```
<set name="addresses" inverse="true" lazy="false" fetch="join" batch-size="5">
          <key>
             <column name="person_id" />
          </key>
          <one-to-many class="com.etc.po.Address" />
</set>
```

再次执行上述代码，控制台上将输出两条 SQL 语句，一条负责返回 Person 实例，一条负责返回所有的 Address 实例，如下所示：

```
    Hibernate: select person0_.id as id1_0_, addresses1_.id as id0_1_, person0_.name as name1_0_, person0_.age as age1_0_, addresses1_.person_id as person2_0_1_, addresses1_.detail as detail0_1_, addresses1_.zipcode as zipcode0_1_, addresses1_.tel as tel0_1_, addresses1_.type as type0_1_ from demo.person person0_ inner join demo.address addresses1_ on person0_.id=addresses1_.person_id

    Hibernate: select addresses0_.person_id as person2_1_, addresses0_.id as id1_, addresses0_.id as id0_0_, addresses0_.person_id as person2_0_0_, addresses0_.detail as detail0_0_, addresses0_.zipcode as zipcode0_0_, addresses0_.tel as tel0_0_, addresses0_.type as type0_0_ from demo.address addresses0_ where addresses0_.person_id in (?, ?)
```

7.4 本章小结

本章总结了与 Hibernate 性能提升有关的几个主题，包括批量处理、延迟加载、batch-size 属性。可以使用 Session 接口的 flush 和 clear 方法进行批量处理，有效避免内存溢出错误。默认情况下，都使用延迟加载以保证性能和效率，如果必要的情况下，也可以使用 lazy="false"取消延迟加载。使用 batch-size 能够定义批量处理的实体个数，从而提高关联查询的性能。

第 8 章

整合 Struts/Hibernate

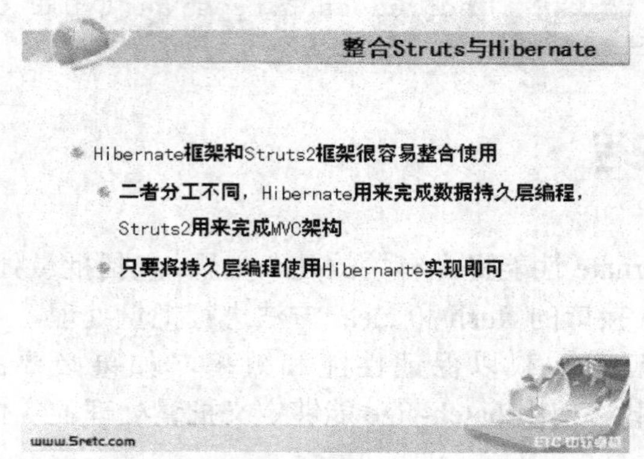

Hibernate 作为一个 ORM 框架，并不一定使用在 Web 应用中，可以使用在任何类型应用的数据持久层进行编程。本章将展示 Hibernate 和 Struts2 结合使用，完成 Web 应用的实例。该实例是教材中第一部分的实例，即“教材案例”。其中实现了登录、注册、查看所有用户信息的功能。工程的目录结构如图 2-8-1 所示。

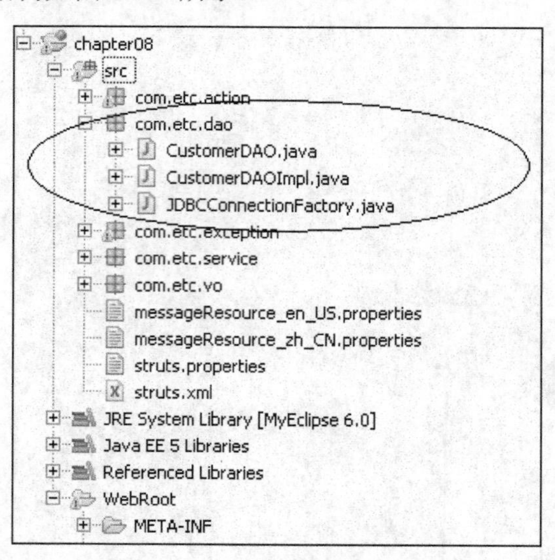

图 2-8-1　教材案例目录结构

其中，工程中的 com.etc.dao 包实现了数据访问逻辑。在教材的第一部分中，数据访问逻辑使用 JDBC 完成。其中 DAO 层主要包括 CustomerDAO 接口、接口的实现类

CustomerDAOImpl 以及 JDBC 连接工厂类 JDBCConnectionFactory。接口 CustomerDAO 定义了数据访问逻辑，代码如下所示：

```
package com.etc.dao;
import java.util.List;
import com.etc.vo.Customer;
public interface CustomerDAO {
public void insert(Customer cust);
public Customer selectByName(String custname);
public Customer selectByNamePwd(String custname,String pwd);
public List<Customer> selectAll();}
```

在教材的第一部分，CustomerDAO 接口的实现类使用 JDBC 进行编程。本章将修改“教材案例”中的数据访问层，采用 Hibernate 框架替代 JDBC，实现数据访问逻辑。

（1）在工程中引入 Hibernate 的 API jar 包。

（2）使用 Hibernate 逆向工程，生成 hbm.xml 文件，其中 PO 类使用已有的 Customer 类即可。

（3）创建新类 CustomerDAOHibImpl，实现 CustomerDAO 接口。

为了能够使用 Hibernate 框架实现数据访问逻辑，将创建新的类 CustomerDAOHibImpl，实现 CustomerDAO 接口，使用 Hibernate 框架实现接口中的方法，代码如下所示：

```
package com.etc.dao;
public class CustomerDAOHibImpl implements CustomerDAO {
   public void insert(Customer cust) {
     Session session=HibernateSessionFactory.getSession();
     Transaction tran=session.beginTransaction();
     session.save(cust);
     tran.commit();
   }
   public List<Customer> selectAll() {
   Session session=HibernateSessionFactory.getSession();
   String hql="from Customer";
   List<Customer> list=session.createQuery(hql).list();
       return list;
   }
   public Customer selectByName(String custname) {
   Customer cust=null;
   Session session=HibernateSessionFactory.getSession();
   String hql="from Customer where custname='"+custname+"'";
   List<Customer> list=session.createQuery(hql).list();
       if(list.size()>0){
           cust=list.get(0);
       }
       return cust;
   }
   public Customer selectByNamePwd(String custname, String pwd) {
   Session session=HibernateSessionFactory.getSession();
   Customer cust=null;
   String hql="from Customer where custname=? and pwd=?";
   Query query=session.createQuery(hql);
   query.setString(0, custname);
```

```
        query.setString(1, pwd);
        List<Customer> list=query.list();
            if(list.size()>0){
                cust=list.get(0);
            }
            return cust;
        }
    }
```

至此，已经使用 Hibernate 框架实现了“教材案例”的数据访问层。与以前使用 JDBC 的 CustomerDAOImpl 类比较，可见使用 Hibernate 框架比起 JDBC 更为简练，如果数据表结构复杂，将更能体现 Hibernate 在关联映射方面的优势。

接下来，在 Struts2 应用的 Action 类中，就可以使用 CustomerDAOHibImpl 类进行数据层操作，代码如下所示：

```
    public String execute(){
            CustomerServiceImpl cs=new CustomerServiceImpl();
            cs.setDao(new CustomerDAOHibImpl());
            boolean flag=cs.login(custname, pwd);
            if(flag){
                return "success";
            }else{
                return "fail";
            }}
```

至此，已经将 Hibernate 框架和 Struts2 框架成功整合。可见，Hibernate 框架和 Struts2 框架很容易整合使用，二者分工不同，Hibernate 用来完成数据持久层编程，Struts2 用来完成 MVC 架构搭建。

第 9 章

Hibernate4 快速入门

9.1 新特性概述

Hibernate4新特性概述

- 数据库方言有了更详细的配置
- Configuration可以读取所有注解信息，推荐使用全注解配置
- 对事务有了更强大的支持
- 增加Service Registry

相对于 Hibernate3，Hibernate4 版本在以下一些方面有了一些变化。

1. 数据库方言设置

Hibernate4 中的数据库方言设置选项更多。例如，在 Hibernate3 中，如果要连接到 MySQL 数据库，只要指明 MySQLDialect 即可，而 Hibernate4 中却可以指定 MySQL5Dialect，如下所示：

```
<property name="dialect">org.hibernate.dialect.MySQL5Dialect</property>
```

Hibernate4 中的数据库方言设置如表 2-9-1 所示。

表 2-9-1　数据库方言设置

数据库产品	数据库方言值
DB2	org.hibernate.dialect.DB2Dialect
DB2 AS/400	org.hibernate.dialect.DB2400Dialect
DB2 OS390	org.hibernate.dialect.DB2390Dialect
PostgreSQL 8.1	org.hibernate.dialect.PostgreSQL81Dialect
PostgreSQL 8.2 and later	org.hibernate.dialect.PostgreSQL82Dialect
MySQL5	org.hibernate.dialect.MySQL5Dialect

续表

数据库产品	数据库方言值
MySQL5 with InnoDB	org.hibernate.dialect.MySQL5InnoDBDialect
MySQL with MyISAM	org.hibernate.dialect.MySQLMyISAMDialect
Oracle (any version)	org.hibernate.dialect.OracleDialect
Oracle 9i	org.hibernate.dialect.Oracle9iDialect
Oracle 10g	org.hibernate.dialect.Oracle10gDialect
Oracle 11g	org.hibernate.dialect.Oracle10gDialect
Sybase ASE 15.5	org.hibernate.dialect.SybaseASE15Dialect
Sybase ASE 15.7	org.hibernate.dialect.SybaseASE157Dialect
Sybase Anywhere	org.hibernate.dialect.SybaseAnywhereDialect
Microsoft SQL Server 2000	org.hibernate.dialect.SQLServerDialect
Microsoft SQL Server 2005	org.hibernate.dialect.SQLServer2005Dialect
Microsoft SQL Server 2008	org.hibernate.dialect.SQLServer2008Dialect
SAP DB	org.hibernate.dialect.SAPDBDialect
Informix	org.hibernate.dialect.InformixDialect
HypersonicSQL	org.hibernate.dialect.HSQLDialect
H2 Database	org.hibernate.dialect.H2Dialect
Ingres	org.hibernate.dialect.IngresDialect
Progress	org.hibernate.dialect.ProgressDialect
Mckoi SQL	org.hibernate.dialect.MckoiDialect
Interbase	org.hibernate.dialect.InterbaseDialect
Pointbase	org.hibernate.dialect.PointbaseDialect
FrontBase	org.hibernate.dialect.FrontbaseDialect
Firebird	org.hibernate.dialect.FirebirdDialect

2. annotation

org.hibernate.cfg.AnnotationConfiguration;已经被废弃，所有功能 Configuration 都可以实现。

这个读取注解配置的类已经被废弃，Hibernate4 中读取配置不需要特别注明是注解，直接用 Configuration cfg = new Configuration();就可以读取注解。Hibernate4 版本中推荐使用 annotation 配置。

3. 事务

Hibernate4 对事务有了更强大的支持，已经完全可以实现事务，因此 Spring3 中已经不再支持 HibernateTemplete。（有关 Spring 框架参见第三部分）

4. buildSessionFactory

Hibernate 框架中，SessionFactory 是一个重要的类型。在 Hibernate4 以前的版本中，获得 SessionFactory 对象的过程如下代码所示。

```
Configuration configuration = new Configuration();
Configuration.config(configFile);
SessionFactory sf = configuration.buildSessionFactory();
```

Hibernate4 开始，创建 SessionFactory 对象的推荐的方式变为使用 Configuration 中的新方法：buildSessionFactory(ServiceRegistry serviceRegistry)。首先，让我们了解一下 ServiceRegistry 的意义。ServiceRegistry 是 API 中的一个接口，是 Hibernate 中 Service 的注册表,为 Service 提供了一个统一的加载、初始化、存放以及获取的机制。Hibernate4 中获得 SessionFactory 对象的代码如下所示。

```
    StandardServiceRegistryBuilder serviceRegistryBuilder = new Standard
ServiceRegistryBuilder();
    ServiceRegistry serviceRegistry = serviceRegistryBuilder.build();
    SessionFactory sf = configuration.buildSessionFactory(serviceRegistry);
```

Hibernate4 中的 ServiceRegistry 实际上由三层组成，其中 BootstrapServiceRegistry 主要提供类加载以及服务加载的功能，供全局使用。ServiceRegistry 是标准的 ServiceRegistry，同样服务于全局。在初始化 Registry 中的服务的时候，可能需要使用到 BootstrapServiceRegistry 中的服务。SessionFactoryServiceRegistry 与 SessionFactory 是一对一的关联关系，Services 在初始化的时候需要访问 SessionFactory。总体来说，BootstrapServiceRegistry 中主要包括全局都要使用的基础服务，而 ServiceRegistry 主要包括在 BootstrapServiceRegistry 之上的与 Hibernate 相关的服务，例如配置文件解析、JDBC、JNDI 等，SessionFactoryServiceRegistry 则与 SessionFactory 对象有关。

9.2　常用的 Annotation

使用Annotation

- Annotation分为逻辑和物理两种
- 逻辑类Annotation主要配置实体之间的关系
- 物理类Annotation主要配置表、列、索引等

Hibernate 框架中，对象与关系的映射可以使用 Annotation 以及 hbm.xml 两种方式，其中 hbm.xml 方式在本部分前面章节已经学习，本节介绍如何使用 Annotation 进行注解。

1. @Entity

如果需要标记一个类是实体类，则使用@Entity 即可，如下代码所示。

```
@Entity
public class Flight implements Serializable {
    Long id;
```

```
    public Long getId() { return id; }
    public void setId(Long id) { this.id = id; }
}
```

如上所示，@Entity 用来注解一个类，表明这个类是一个实体类。

2. @Table、@Column

如果需要指定一个实体类实例化到一个具体的表中，则可以使用@Table 注释，如下所示。

```
@Entity
@Table(name="TBL_FLIGHT")
public class Flight implements Serializable {
   @Column(name="comp_prefix")
   public String getCompagnyPrefix() { return companyPrefix; }
   @Column(name="flight_number")
   public String getNumber() { return number; }
}
```

上述配置中，使用@Table 注释了类 Flight 与 TBL_FLIGHT 表进行映射。对类的属性使用@Column 进行注释，指定了类属性与表列之间的映射关系。

3. @Id

映射类对应的表，必须要有主键，同时在类中也要指定一个属性作为 id 存在，如下所示。

```
@Entity
public class Person {
   @Id
 Integer getId() { ... }
   ...
}
```

4. @ EmbeddedId

如前面章节学习到的，有些时候主键是多个字段联合组成，对应类中的 id 也将是多个属性联合组成，可以使用@ EmbeddedId 进行注解，如下所示。

```
@Entity
class User {
   @EmbeddedId
   @AttributeOverride(name="firstName", column=@Column(name="fld_firstna
me")
   UserId id;
   Integer age;
}
@Embeddable
class UserId implements Serializable {
   String firstName;
   String lastName;
}
```

5. @GeneratedValue

Hibernate 框架可以自动生成 id 值，生成 id 值的策略包括 IDENTITY、SEQUENCE、TABLE、AUTO 等，用@GeneratedValue 进行注解，可以使用 strategy 选择策略，如下代码所示。

```
@Entity
public class Customer {
   @Id @GeneratedValue
   Integer getId() { ... };
}
@Entity
public class Invoice {
   @Id @GeneratedValue(strategy=GenerationType.IDENTITY)
   Integer getId() { ... };
}
```

如上所示，Customer 类中 id 值生成策略默认是 AUTO，而 Invoice 则使用 IDENTITY 策略。

9.3 本章小结

Hibernate4 在数据库方言、SessionFactory 获取策略、事务支持、注解等各方面进行了改进。本章首先为读者介绍 Hibernate 几项新的特性，并使用具体代码展示了常用的注解使用方法，帮助读者能够对 Hibernate4 快速入门。

第三部分

Spring 框架

Spring 框架与 Struts、Hibernate 框架一样，也是一个开源项目，作者是 Rod Johnson，官方网站是 http://www.springframework.org。

Spring 框架包含很多特性，被组织在 7 个模块中。包括表述层、数据层，其提供了许多原来只有 EJB 才能提供的功能（如声明式的事务管理），但 Spring 又无须运行在 EJB 容器上。无论 Spring 涉足到哪一个领域，使用的都是简单的 JavaBean，一般无须再实现复杂的接口。

本部分从 Spring 框架的概述开始，第 1 章介绍了 Spring 框架的主要模块及其功能，并基于 Eclipse+MyEclipse 集成开发工具，快速介绍基于 Spring 进行应用开发的主要步骤和注意事项，帮助读者第一时间对 Spring 有整体理解。

IoC（控制反转）和 AOP（面向切面编程）是 Spring 框架的两大核心技术，尤其 IoC 是 Spring 框架所有特性的基础。第 2 章和第 3 章将分别对 IoC 和 AOP 进行深入学习。

Spring 框架坚持“非侵入式”的思想，不强制使用某种特定的技术和框架，而是允许应用可以自由选择使用第三方框架或技术，Spring 提供便捷的整合方法，使得不仅能够继续使用其他技术的特征，同时又能享用 Spring 框架的特性。本教材在第 4 章将学习如何使用 Spring 框架整合 Struts2 框架，使用 IoC 装配 Struts2 的 Action 对象，使得应用的扩展性进一步提高。数据持久层编程目前较多使用的是 JDBC 以及 Hibernate 方案。Spring 框架提供了模板类和回调方法，对 JDBC 和 Hibernate 进行了整合，在第 5 章和第 6 章将分别进行学习。事务管理是任何一个企业应用必须关注的方面，第 7 章将学习 Spring 框架对事务管理的支持。

在教材的最后一章，将使用教材一直使用的“教材案例”，使用“step by step”的方式，展示如何将 Struts2/Hibernate/Spring 三个常用框架整合使用，进一步探讨三个主流框架的作用和特点。

第 1 章 Spring 概述

企业级应用开发总是涉及方方面面，Spring 框架是一个轻量级的解决方案，致力于创建“快装式企业应用”。本章将介绍 Spring 的概述部分，帮助读者快速了解 Spring 框架。

1.1 Spring 框架的模块

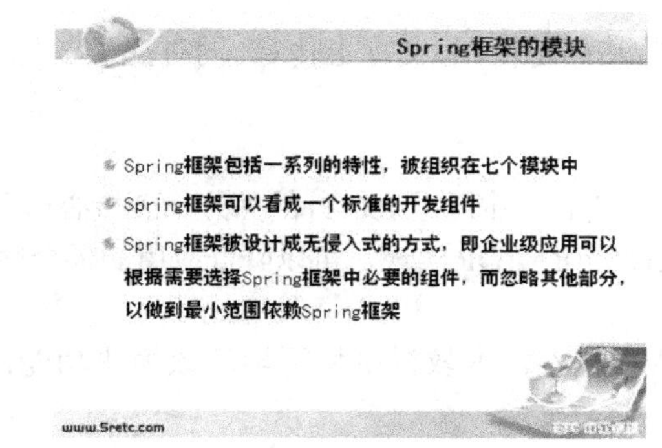

Spring 框架包括一系列的特性，被组织在七个模块中，可以把 Spring 框架看成一个标准的开发组件。Spring 框架被设计成无侵入式的方式，即企业应用可以根据需要选择 Spring 框架中必要的组件，而忽略其他部分，以做到最小范围依赖 Spring 框架。

图 3-1-1 是 Spring 参考手册中提供的 Spring 框架模块结构图，展示了 Spring 框架的模块结构。

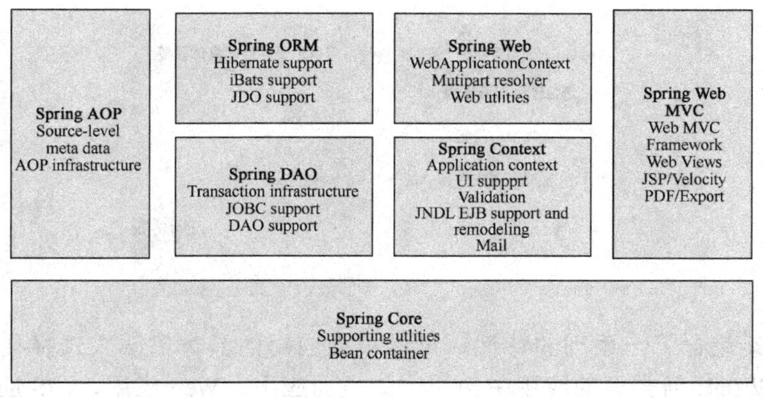

图 3-1-1 Spring 框架模块结构

如图 3-1-1 所示，Spring 框架一共包括 7 个模块，每个模块用于解决不同的问题，下面对 7 个模块进行简单介绍。

1. Spring Core 模块

Spring Core 模块是七个模块中最为核心的模块，封装了 Spring 框架的核心包，主要提供了 Spring IoC（控制反转）容器。IoC 是 Spring 框架的基础，所有其他特性都是基于 IoC 之上。IoC 将在第 2 章具体学习。

2. Spring Context 模块

该模块提供了对 Spring 中对象的框架式访问方式，并包括国际化、事件传播等特性。

3. Spring DAO 模块

该模块提供了 JDBC 的抽象层，可以理解成集成 JDBC 的封装包，能够避免 JDBC 烦琐冗长的代码。同时，还提供了声明性事务管理特性。

4. Spring ORM 模块

提供了集成常用 ORM 框架的封装包，包括 JDO、JPA、Hibernate、iBatis 等。使用该模块，可以更为便捷地使用 ORM 框架，而且还可以同时使用 Spring 的其他特性，如声明性事务等。

5. Spring Web 模块

提供了 Web 开发的一些基础特性，如文件上传等。同时提供了与 Web 框架集成的封装包，如集成 Struts2 框架。

6. Spring AOP 模块

AOP（面向切面编程）是 Spring 中除了 IoC 外的另外一个核心概念，将在第 3 章具体学习。该模块提供了符合 AOP 联盟规范的 AOP 实现，可以降低应用的耦合性，提高扩展性。

7. Spring MVC 模块

该模块提供了一个 MVC 框架。本教材中将不学习该模块功能，MVC 使用 Struts2 框架实现。

1.2 使用 Eclipse 开发 Spring 应用

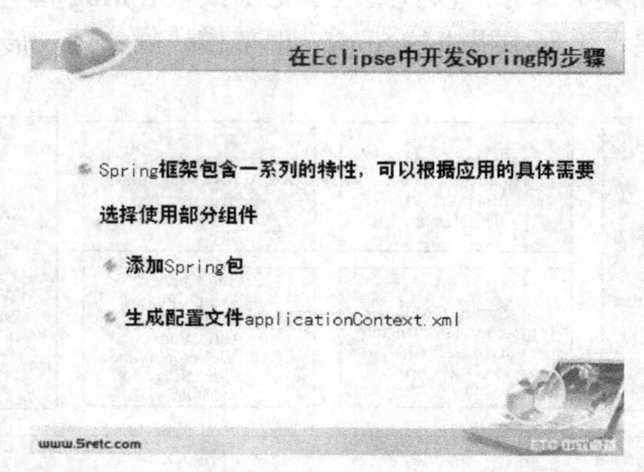

Spring 框架包含了一系列的特性，可以根据应用的具体需要来选择使用部分组件。Spring 框架可以在任何类型的应用中使用，如桌面应用、Web 应用、C/S 应用等。本教材以 Web 应用为例，学习使用 Eclipse+MyEclipse 开发 Spring 框架应用的主要步骤，以帮助读者快速入门。

（1）创建 Web 工程，如图 3-1-2 所示。

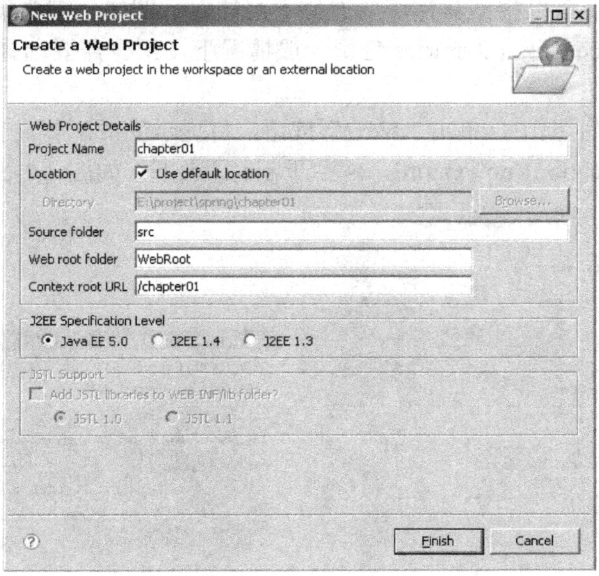

图 3-1-2　创建 Web 工程

（2）添加 Spring 包。

要使用 Spring 框架，必须在工程中添加 Spring 的支持包。右键单击工程名，从弹出的快捷菜单中选择 MyEclipse 菜单，选择 Add Spring Capabilities 菜单，如图 3-1-3 所示。

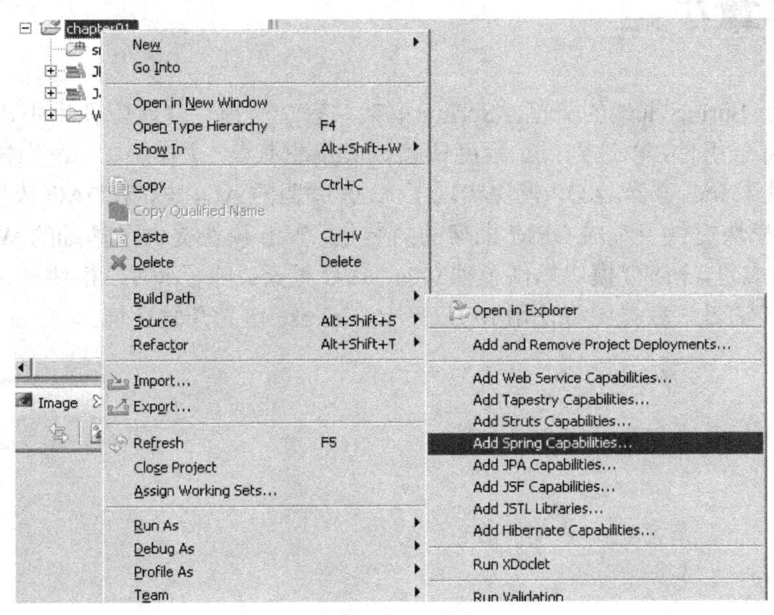

图 3-1-3　添加 Spring 支持包

（3）选择具体的包。

在弹出的对话框中，将列出 Spring 框架的所有支持包，可以根据需要选择具体的包，如图 3-1-4 所示。

Spring 的包很多，可以根据具体需要选择不同的包。例如，需要集成 JDBC 时就应该选择 Spring 2.0 Persistence Core Libararies 包。一般情况下，至少需要选择 Core 和 AOP 包。

（4）生成配置文件。

在步骤（3）的对话框中，单击“Next”按钮，将提示生成配置文件。Spring 框架的配置文件默认名字为 applicationContext.xml，保存于 src 目录下，如图 3-1-5 所示。

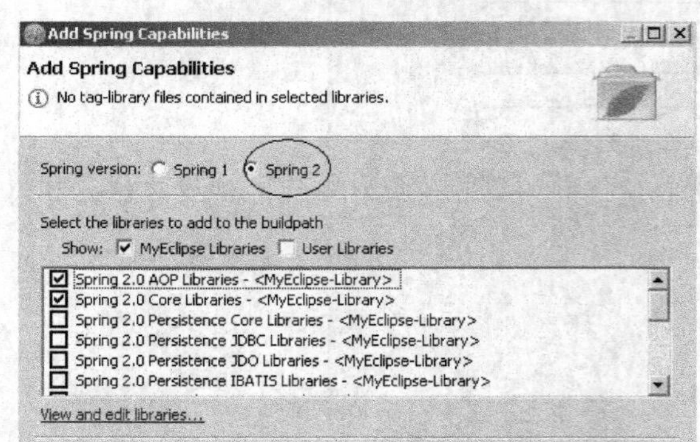

图 3-1-4　选择具体的支持包

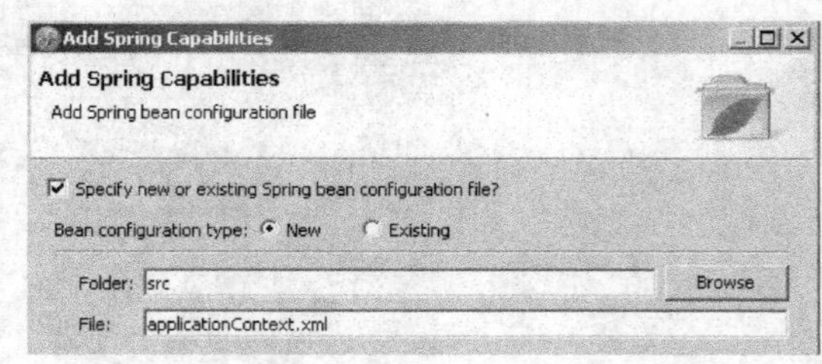

图 3-1-5　生成配置文件

至此，工程 chapter01 中已经成功地导入 Spring 框架的必要支持包，该工程中就可以使用 Spring 框架的必要模块进行编程。

1.3　本章小结

本章学习了 Spring 框架的概览。Spring 框架共有 7 个模块，实际使用中，可以根据具体需要选择使用部分组件，以达到最小程度依赖 Spring 框架。7 个模块中，最为核心的是 Spring Core 模块，提供了 IoC 容器。AOP 模块实现了 AOP 联盟的 AOP 规范，DAO 模块封装了 JDBC 抽象层，ORM 模块提供了集成 ORM 框架的封装包，Web 模块提供了基础的 Web 特性以及与 MVC 框架的集成包，MVC 模块提供了独立的 MVC 框架。除了 MVC 模块外，其他模块都将在后续章节继续学习。教材中将使用 MyEclipse+Eclipse 作为开发环境。

第 2 章

IoC（控制反转）

IoC 是 Inversion of Control 的缩写，被称为控制反转。IoC 是 Spring 框架中其他功能的基础。因此，理解并能够熟练使用 IoC 是进一步学习 Spring 框架的必要前提。本章将从 IoC 基础开始，循序渐进地学习 IoC 的相关知识点。

2.1 什么是 IoC

什么是IoC

- IoC是Inversion of Control的缩写，被称为控制反转
- Spring的其他功能都构建在IoC之上
- 本节先通过实际例子，了解IoC的基本概念

在解释什么是 IoC 之前，让我们先暂时放下 IoC，从一个例子开始。任何一个应用，都是若干个对象互相协作完成的。创建一个对象后，总是需要对这个对象所依赖的属性进行初始化。演示代码如下：

```
public class A{
private B b;
public void setB(B b){ this.b=b;}
}
public class B{
private C c;
public void setC(C c){ this.c=c;}
}
public class C{
}
```

上述代码中共有三个类，分别是 A 类、B 类和 C 类。其中，A 类的实例总是依赖一个 B 类的实例，而 B 类的实例总是依赖一个 C 类的实例。因此，要正常使用 A 的实例，总需要如下所示的创建装配的过程：

```
C c=new C();
B b=new B();
b.setC(c);
A a=new A();
a.setB(b);
```

上述代码中通过创建 C 的实例，把 C 实例注入给 B 实例，再将 B 的实例注入给 A 实例，最终构建出一个可用的 A 实例。

在实际应用中，类似这样的代码随处可见，A 越是复杂，则对其装配的过程将越复杂。为了能够更为直观地理解 IoC，本节将通过使用 dbcp 连接池的例子进行说明。dbcp 包中的数据源实现类是 BasicDataSource，通过该类可以从连接池中获得数据库连接对象，可以说 BasicDataSource 类是使用 dbcp 连接池的关键类，该类是一个较为复杂的类，需要装配很多属性。首先通过非 IoC 的方式装配使用 BasicDataSource 对象，下面展示使用的具体步骤。

（1）在工程中导入 dbcp 包。

要使用 dbcp 连接池，首先需要下载 dbcp 的支持包，并导入到当前的工程中，如图 3-2-1 所示。

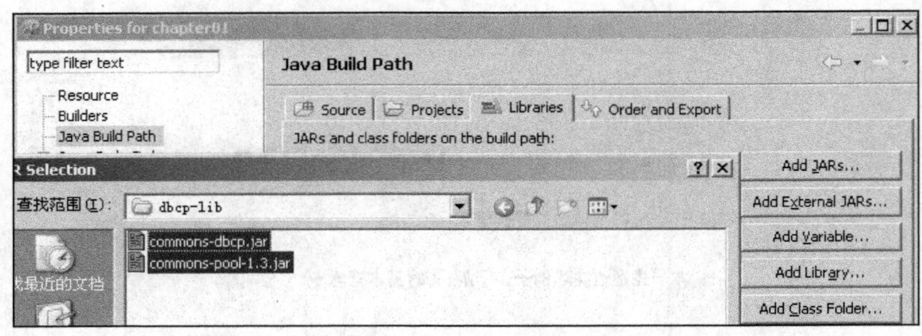

图 3-2-1　导入 dbcp 包

（2）在工程中导入 MySQL 驱动包。

既然要连接数据库，就需要将数据库驱动包导入到工程中，教材中使用 MySQL 作为数据库软件使用，所以需要在工程中导入 MySQL 的驱动包，如图 3-2-2 所示。

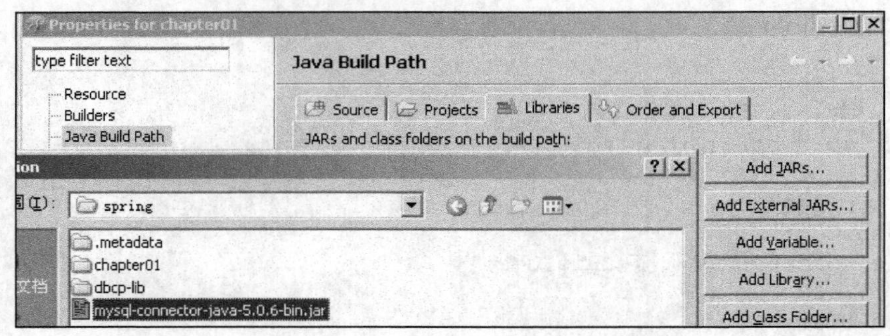

图 3-2-2　导入 MySQL 驱动包

（3）创建 TestDbcp 类，测试连接池。

导入了必要的支持包后，就可以编写 Java 代码使用 dbcp 连接池，代码如下所示：

```
public class TestDbcp {
public static void main(String[] args) {
BasicDataSource dataSource=new BasicDataSource();
dataSource.setDriverClassName("com.mysql.jdbc.Driver");
dataSource.setUrl("jdbc:mysql://localhost:3306/demo");
dataSource.setUsername("root");
dataSource.setPassword("123");
dataSource.setMaxActive(10);
dataSource.setInitialSize(2);
Connection conn=null;
for(int i=0;i<15;i++){
   try {
       conn=dataSource.getConnection();
       System.out.println("connection "+i+" : "+conn.hashCode());
           } catch (SQLException e) {
               e.printStackTrace();
   }}}}
```

上述代码中首先创建了 BasicDataSource 类的对象，然后调用类中若干个 setXXX 方法为其注入必要的属性，包括连接串、驱动类、用户名、密码、最大连接数等。最终指定当前连接池最多连接数为 10，初始化连接为 2。通过 for 循环试图获得 15 个连接，并打印出获得的连接对象的 hashCode 值。运行结果如下所示：

```
connection 0 : 19739141
connection 1 : 3086625
connection 2 : 10774273
connection 3 : 7749469
connection 4 : 17548445
connection 5 : 27994366
connection 6 : 15799300
connection 7 : 32134769
connection 8 : 20573914
connection 9 : 27475272
```

由于最大连接数为 10，所以在没有释放当前连接前，将最多获得 10 个连接，不能再获得新的连接，当前线程将进入等待状态。

上述代码中，关键的对象是 BasicDataSource，而要正确使用该对象，需要使用大量的 setXXX 方法，对其依赖的属性进行赋值，如 setDriverClassName、setUrl 等。在实际应用中，有大量的这样的对象。

IoC 就是要将上述代码中生成 BasicDataSource 对象的过程交给容器实现，而不在代码中实现。也就是说，以前是在代码中控制对象的生成和属性的注入，而使用 IoC 后，就将设计好的类交给 IoC 容器，让 IoC 容器控制对象的生成和属性的注入，称为控制反转。生成对象的过程，就是将对象依赖的属性进行注入的过程，因此 IoC 也被称为 DI（Dependency Injection），即依赖注入。

2.2 IoC 的使用

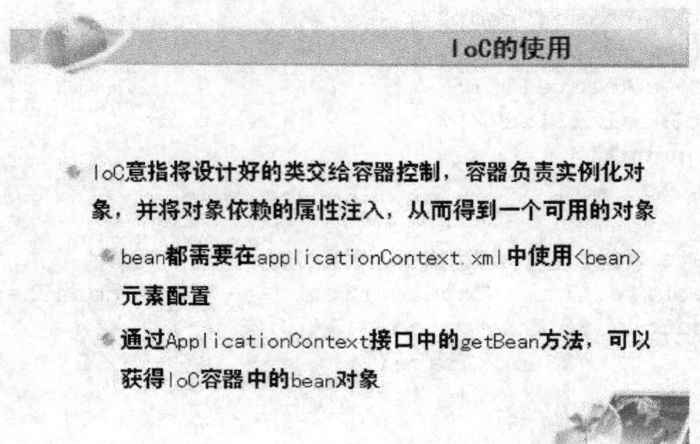

通过上节学习，可以了解到 IoC 就是将设计好的类交给容器控制，容器负责实例化对象，并将对象依赖的属性注入，从而得到一个可用的对象。本节将通过修改上节中的连接池实例，使用 IoC 来装配 BasicDataSource 对象。

要使用 IoC 装配对象，就必须在 Spring 的配置文件（默认为 applicationContext.xml）中进行配置。applicationContext.xml 文件中配置 BasicDataSource 对象的信息如下所示：

```
<bean id="dataSource" class="org.apache.commons.dbcp.BasicDataSource">
       <property name="driverClassName">
           <value>com.mysql.jdbc.Driver</value>
       </property>
       <property name="url">
       <value>jdbc:mysql://localhost:3306/demo</value>
       </property>
       <property name="username">
           <value>root</value>
       </property>
       <property name="password">
           <value>123</value>
       </property>
       <property name="maxActive">
           <value>10</value>
       </property>
       <property name="initialSize">
           <value>2</value>
       </property>
   </bean>
</beans>
```

Spring 框架中 IoC 容器管理的对象都被称为 bean，bean 都需要在配置文件的<beans>元素下使用<bean>元素配置。<bean>元素的 id 属性为 bean 指定了唯一标记，在一个 XML 文件中不能重复。class 属性指定了 bean 的类型。<property>元素为 bean 装配属性，其中 name 是 bean 的类中 setXXX 方法的名字，如<property name="username">将调用类中的 setUsername 方法，并将<value>的值 root 作为参数传递给 setUsername 方法对属性赋值。类似地，<property name="maxActive">将调用 setMaxActive 方法，将 value 的值 10 作为参数传递给 setMaxActive 方法进行赋值。通过上面的配置信息，IoC 容器将实例化数据源类 org.apache.commons.dbcp. BasicDataSource 的一个对象，id 值为 dataSource，同时使用若干个<property>和<value>元素为 dataSource 注入属性，例如最大连接数是 10，初始化连接数是 2，最终获得一个装配好的 bean。

Spring IoC 容器的代表者是 API 中的 BeanFactory 接口。IoC 容器装配成功的对象，都将通过 BeanFactory 获得，进而在应用中使用。BeanFactory 中提供的 getBean 方法可以获得 bean 对象：

Object getBean(String name)：其中参数 name 为配置文件中 bean 的 id 值，返回值是 IoC 容器装配成功的 bean 对象。

BeanFactory 有很多子接口，在 JavaEE 应用中，建议使用其子接口 ApplicationContext 来替代 BeanFactory，因为 ApplicationContext 扩展了 BeanFactory，不仅能实现 BeanFactory 所有功能，还扩展了一些企业应用中的特性。ApplicationContext 是接口，不能直接创建对象，可以使用其实现类创建对象，如 ClassPathXmlApplicationContext、FileSystemXml ApplicationContext 等。

在 applicationContext.xml 中配置了 bean 后，通过如下代码使用 bean：

```
public static void main(String[] args) {
ApplicationContext ctxt=new ClassPathXmlApplicationContext("applicationContext.xml");
BasicDataSource dataSource=(BasicDataSource) txt.getBean("dataSource");
Connection conn=null;
for(int i=0;i<15;i++){
try {
   conn=dataSource.getConnection();
System.out.println("connection "+i+" : "+conn.hashCode());
   } catch (SQLException e) {
   e.printStackTrace();
}}}
```

上述代码中首先创建了 ClassPathXmlApplicationContext 对象，该对象依据配置文件 applicationContext.xml 获得 IoC 容器的信息。然后使用 ClassPathXmlApplicationContext 中的 getBean 方法获得 id 为 dataSource 的 bean 对象。接下来就可以通过获得的 bean 对象来获得连接，使用数据库连接池。可见，使用 IoC 容器装配对象后，在源代码中不需要再进行烦琐的配置，可以便捷地使用 getBean 方法获得对象进行使用，对象完全交给容器管理。IoC 还可以控制对象的其他特性，在后续章节将继续学习。

2.3 需要使用 IoC 的对象

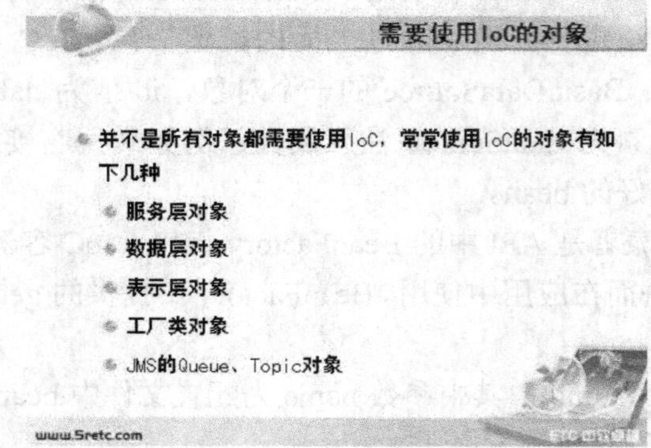

初学者往往有一个疑惑，使用了 Spring 框架后，是不是所有对象都需要在 IoC 容器中配置？答案是否定的。Spring 中需要使用 IoC 容器管理的 bean 都与实际应用的对象一一对应，但是并不是所有对象都需要在 IoC 中进行管理，常见的需要使用 IoC 进行管理的对象有如下几种。

1. 服务层对象

服务层对象封装了业务逻辑，代码如下所示：

```
public class CustomerServiceImpl implements CustomerService {
        private CustomerDAO dao;
        public void setDao(CustomerDAO dao) {
            this.dao = dao;
        }
        public boolean login(String custname,String pwd){
            Customer cust=dao.selectByNamePwd(custname, pwd);
            if(cust!=null){
                return true;
            }else{
                return false;
            }
        }
```

上述的 CustomerServiceImpl 类用来实现应用中的业务逻辑，称为服务类，往往需要在 IoC 容器中进行管理。

2. 数据访问对象

数据访问对象封装了数据访问逻辑，代码如下所示：

```
public class CustomerDAOImpl implements CustomerDAO {
   public List<Customer> selectAll(){
        List<Customer> list=new ArrayList<Customer>();
        Connection conn=JDBCConnectionFactory.getConnection();
        try {
```

```
            Statement stmt=conn.createStatement();
            String sql="select custname,age,address from customer";
            ResultSet rs=stmt.executeQuery(sql);
            while(rs.next()){
                list.add(new Customer(rs.getString(1),null,rs.getInt(2),rs.getString(3)));
            }

        } catch (SQLException e) {
            e.printStackTrace();
        }finally{
            if(conn!=null){
                try {
                    conn.close();
                } catch (SQLException e) {
                    e.printStackTrace();
                }
            }
        }
        return list;
    }
```

上述的 CustomerDAOImpl 类实现了数据层访问逻辑，被称为数据访问对象，往往需要在 IoC 容器中进行管理。

3. 表示层对象

某些表示层对象也常常需要在 IoC 容器中进行管理，例如 Struts2 框架中的 Action 类，代码如下所示：

```
public class LoginAction {
    private String custname;
    private String pwd;
    public String getCustname() {
        return custname;
    }
    public void setCustname(String custname) {
        this.custname = custname;
    }
    public String getPwd() {
        return pwd;
    }
    public void setPwd(String pwd) {
        this.pwd = pwd;
    }
    public String execute(){
        CustomerServiceImpl cs=new CustomerServiceImpl();
        cs.setDao(new CustomerDAOImpl());
        boolean flag=cs.login(custname, pwd);
        if(flag){
            return "success";
        }else{
            return "fail";
        }
    }
}
```

4. 工厂类对象

某些工厂类对象常常需要使用 IoC 容器进行管理，例如 Hibernate 框架的 SessionFactory 工厂对象。

5. JMS 的 Queue、Topic 对象

消息处理中的 Queue 以及 Topic 对象也常常需要在 IoC 容器中进行管理。

值得注意的是，并不是只有上述的对象可以使用 IoC 容器管理，任何对象都可以使用 IoC 管理。然而，在实际 JavaEE 应用中，上述几种对象使用 IoC 管理的情况较多。比如 Cutstomer、Order、Account 这样的实体类，就不需要使用 IoC 容器管理，而是在代码中使用 new 关键字进行创建。

2.4 如何实例化 bean

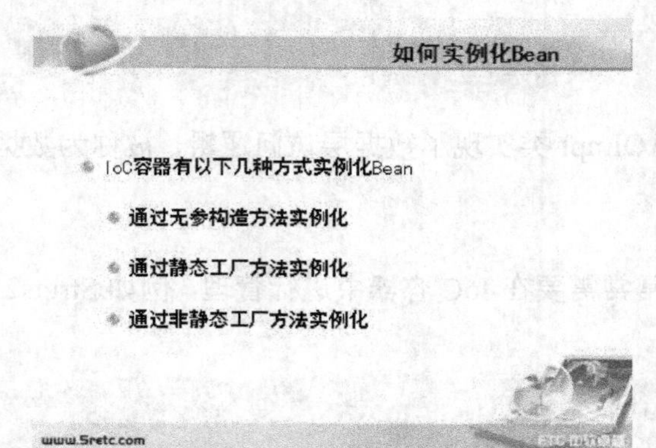

使用 IoC 容器管理 bean，主要包括实例化 bean 以及装配 bean 两个方面。装配 bean 之前，首先需要能够实例化 bean 才行。本节学习如何在 applicationContext.xml 文件中指定 IoC 容器实例化 bean 对象的不同方法。本节以实体类 Course 类为例，展示不同的实例化方法。然而，值得注意的是，实际应用中，Course 这样的实体类往往不会使用 IoC 进行管理。IoC 容器通常有以下三种实例化 bean 的方法。

1. 通过无参构造方法实例化

如果在配置文件中只使用 id 和 class 属性配置 bean，则默认调用类的无参构造方法实例化，代码如下所示：

```
<bean id="course" class="com.etc.vo.Course"></bean>
```

上述配置将调用 Course 类的无参构造方法创建 Course 实例。

2. 通过静态工厂方法实例化

有些类中提供了静态的工厂方法返回实例，假设 Course 类中有如下静态工厂方法：

```
public static Course createCourse(){
        System.out.println("invoke createCourse()");
        return new Course();
    }
```

在配置文件中可以使用 factory-method 属性调用该静态工厂方法，创建 Course 实例，代码如下所示：

```
<bean id="course2" class="com.etc.vo.Course" factory-method="createCourse">
</bean>
```

3. 通过非静态工厂方法实例化

有些类中可能提供了非静态工厂方法返回实例，假设存在一个类 CourseFactory，其中提供了非静态的工厂方法以返回 Course 实例，代码如下所示：

```
public class CourseFactory {
   public Course createCourse(){
       System.out.println("invoke CourseFactory createCourse()");
       return new Course();
   }
}
```

通过下面的配置，可以调用 CourseFactory 的 createCourse 工厂方法创建 Course 实例：

```
<bean id="courseFactory" class="com.etc.factory.CourseFactory" >
</bean>
<bean id="course" class="com.etc.vo.Course" factory-method="createCourse"
factory-bean=
"courseFactory">
</bean>
```

上述配置文件中，先实例化了工厂类 CourseFactory 的实例 courseFactory，然后通过 factory-bean 指定使用该工厂 bean，并通过 factory-method 指定使用工厂方法 createCourse 实例化 Course 的实例。

2.5　setter 注入和构造器注入

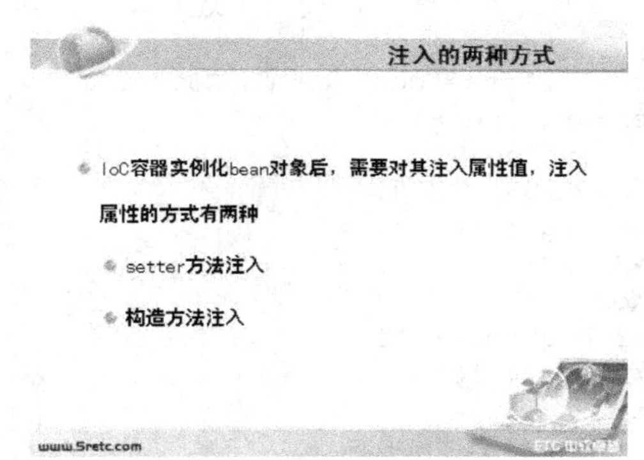

通过上一节的学习，已经掌握了 IoC 容器实例化对象的三种方法。对象实例化后，往往需要对其依赖的属性进行赋值，称为依赖注入。Spring 中主要有两种注入方法，即 setter 注入和构造器注入。本节将学习依赖注入的相关知识点。

使用类的 setter 方法进行注入是最常用的一种方法，即通过调用类的 setXXX 方法，注入所依赖的属性。假设 Course 类中存在如下 setter 方法：

```
public void setId(Integer id) {
    this.id = id;
}
```

在配置文件的 bean 元素下，可以使用 property 元素指定属性名，进而调用对应的 setter 方法注入具体值，代码如下所示：

```
<bean id="course" class="com.etc.vo.Course">
    <property name="id">
        <value>1</value>
    </property>
</bean>
```

上述配置信息中，property 的 name 属性值必须与 setter 方法名对应，规则与 JavaBean 相同，即 property 的 name 值是对应的 setXXX 方法名的 set 后的单词，且首字母变小写。例如，指定<property name="id">时将调用 setId 方法，指定<property name="price">时将调用 setPrice 方法。如果没有符合规范的 setter 方法，将提示错误信息。

其中，属性的值使用<value>元素指定，通过<value>元素指定的都是内置类型的值，如 Integer、double、String 等类型，例如上述配置中的<value>1<value>将把值 1 作为实际参数传递给 setId 方法对属性赋值。后续章节将详细介绍不同类型属性的赋值方法。

除了 setter 方式注入外，还可以使用构造方法注入，即通过调用带参的构造方法注入所依赖的属性。假设 Course 类中有如下构造方法：

```
public Course(Integer id, String title, double price) {
        super();
        this.id = id;
        this.title = title;
        this.price = price; }
```

那么，在配置文件中可以通过如下配置，使用上述构造方法对 Course 实例注入属性：

```
<bean id="course4" class="com.etc.vo.Course">
    <constructor-arg index="0">
        <value>4</value>
    </constructor-arg>
    <constructor-arg index="1">
        <value>Java</value>
    </constructor-arg>
    <constructor-arg index="2">
        <value>1000</value>
    </constructor-arg>
</bean>
```

上述配置信息中，<constructor-arg>表示构造方法的参数，index 表示构造方法中参数的索引值，例如<constructor-arg index="0">表示构造方法的第一个参数。<value>元素用来指定构造方法的参数值，和<property>的子元素<value>一样，只能用来赋值内置类型的值，后续将详细介绍对于不同类型属性的赋值方法。在实际应用开发中，使用 setter 方式注入的情况较多，因为构造方法注入的方式容易产生混淆和歧义。

2.6　属性值的配置方式

属性值的配置方式

- 不管使用哪种方式注入属性，都是对属性进行赋值。属性类型不同时，具体配置也不同。一般有以下三种参数。
  - 基本类型和String
  - 其他bean
  - null值

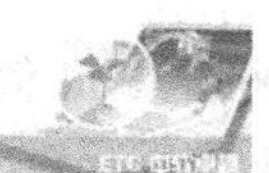

www.5retc.com

IoC 可以通过两种方式注入依赖的属性，即 setter 方法和构造器方法。不论是使用 setter 方法还是构造器方法，都需要为方法指定具体的参数值为属性赋值。参数值有不同的类型，可以分为三种情况，本节将介绍如何配置这三种类型的属性值。

1. 基本数据类型和 String 类型

很多情况下，属性或者构造方法的参数是基本数据类型或者 String 类型，基本数据类型包括 byte、short、int、long、float、double、char、boolean 以及对应的包装器类。当值的类型是基本类型或者 String 类型时，可以使用<value>元素配置值。代码如下所示：

```
<property name="id">
   <value>1</value>
</property>
<constructor-arg index="2">
   <value>1000</value>
</constructor-arg>
```

2. 其他 bean 类型

属性除了可以是基本类型或者 String 类型，还可能是其他类的类型。代码如下所示：

```
public class Order {
   private String id;
   private Customer customer;
```

上述代码中，Order 类的属性 customer 是 Customer 类型，也就是说 Order 的 customer 属性类型是其他 bean。在这种情况下，需要先实例化一个 Customer 类型的 bean，然后在 Order 中通过 ref 引用这个 bean。代码如下所示：

```
<bean id="customer" class="com.etc.cart.Customer">
       <property name="custid">
           <value>1</value>
       </property>
       <property name="custname">
           <value>John</value>
```

```
        </property>
</bean>
<bean id="cart" class="com.etc.cart.Order">
        <property name="id">
            <value>1</value>
        </property>
        <property name="customer">
            <ref bean="customer"/>
        </property>
</bean>
```

上述配置中先实例化了一个 id 值为 customer 的 Customer 类型 bean，然后在 Order 的配置中通过<ref bean="customer">将其赋值给 Order 的 customer 属性，也就是 Order 引用了 Customer 类型的 bean。

3. null 值

如果需要为某个属性指定 null 值，可以使用如下配置：

```
<property name="name">
            <null></null>
</property>
```

或者如下配置：

```
<property name="name">
            <null/>
</property>
```

值得注意的是，如果使用下面的配置，则不是空值而是空字符串：

```
<property name="name">
    <value></value>
</property>
```

上节中学习了使用 setter 方法以及构造器注入依赖的方法，本节进一步学习了不同类型的属性值的配置方法。在<property>或者<constructor-arg>元素下，可以通过<value>、<ref>、<null>为属性或者构造器参数指定基本类型、String 类型、其他 bean 类型以及空值各种类型的值。

2.7 集合类型属性配置

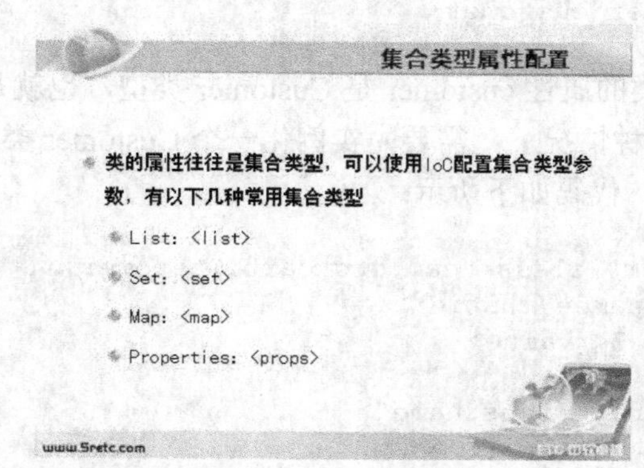

在实际应用中，类和类之间可能是一对多的关联关系，那么就需要使用集合类型来持有“多”的一方的对象。例如，存在 Order 类和 Item 类，Order 类中关联多个 Item 实例，因此使用 List 集合来实现这样的一对多关联关系，代码如下所示：

```
public class Order {
    private String id;
    private Customer customer;
    private List<Item> items;
```

当类的属性是集合类型时，也可以使用 IoC 进行注入。常用的集合类型有四种，即 List、Set、Map 以及 Properties，本节将分别学习四种集合类型的配置方式。

1. <list>

如果属性是 List 或者数组类型，IoC 将使用<list>元素进行配置。<list>元素中的子元素可以根据该 List 或者数组对象中存储的元素类型进行选择，可以是<value>、<ref>、<null>、<list>等。代码如下所示：

```
<bean id="item1" class="com.etc.cart.Item">
        <property name="itemid">
            <value>1</value>
        </property>
        <property name="name">
            <null/>
        </property>
        <property name="price">
            <value>34.5</value>
        </property>
    </bean>
    <bean id="item2" class="com.etc.cart.Item">
        <property name="itemid">
            <value>2</value>
        </property>
        <property name="name">
            <value>DVD</value>
        </property>
        <property name="price">
            <value>23</value>
        </property>
    </bean>
    <bean id="cart" class="com.etc.cart.Order">
        <property name="id">
            <value>1</value>
        </property>
        <property name="customer">
            <ref bean="customer"/>
        </property>
        <property name="items">
            <list>
                <ref bean="item1"/>
                <ref bean="item2"/>
            </list>
        </property>
    </bean>
```

上述配置中，首先创建了两个 Item 类的 bean，分别为 item1 和 item2。在 cart 的配置中，使用<list>元素将 item1 和 item2 添加到集合 items 中，赋值给属性 items。

2. <set>

当集合采用 Set 类型的集合类时，则采用<set>元素进行装配，用法与<list>相同。

3. <map>

当集合采用 Map 类型的映射类时，则采用<map>元素进行装配。语法结构如下所示：

```
<bean>
      <property name="">
          <map>
              <entry>
                  <key>
                      <value>
                      </value>
                  </key>
                  <ref/>
              </entry>
          </map>
      </property>
   </bean>
```

<map>元素下可以有多对<entry></entry>条目元素，每个条目配置 Map 的一对键值对。其中<key>用来配置当前条目的键值，<key>元素内可以使用<value>、<ref>、<list>、<set>等各种类型元素，上述示例中使用<value>。键值对中的值也可以是<value>、<ref>、<list>、<set>等任何类型元素，上述示例中采用<ref>。

4. <props>

如果集合采用 Properties 类型，则使用<props>进行配置。<props>元素的基本结构如下：

```
<bean>
      <property name="">
          <props>
              <prop key=""></prop>
              <prop key=""></prop>
          </props>
      </property>
   </bean>
```

<props>的每个条目都只接受字符串类型的值，不能使用其他类型。

2.8 bean 的作用域

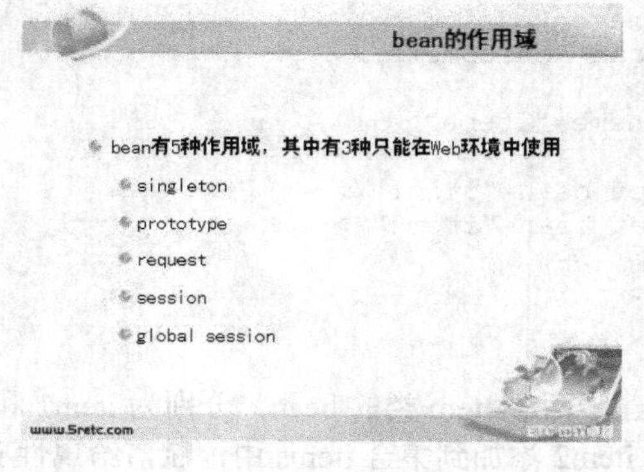

当在配置文件中配置了 bean 后，可以理解为告诉了 Spring IoC 容器如何生成该 bean 的模板。例如，下面的配置信息：

```
<bean id="course" class="com.etc.vo.Course">
        <constructor-arg index="0">
            <value>4</value>
        </constructor-arg>
        <constructor-arg index="1">
            <value>Java</value>
        </constructor-arg>
        <constructor-arg index="2">
            <value>1000</value>
        </constructor-arg>
    </bean>
```

上述配置告诉了 Spring IoC 容器，如果要实例化 Course 的实例，可以调用三个参数的构造方法，并为构造方法传递了实际参数。IoC 容器不仅可以向 bean 注入不同的依赖属性，还可以指定其作用域。bean 有 5 种作用域，其中有 3 种只能在 Web 环境中使用。本节将介绍各种作用域的含义。

1. singleton

singleton 是 bean 默认的作用域，即单例。意思是在一个 IoC 容器中只初始化一个 bean 的实例，并将该实例存储到单实例缓存中。不管多少次获得该 bean 的实例，都将返回唯一一个实例。配置如下：

```
<bean id="dataSource" class="org.apache.commons.dbcp.BasicDataSource">
        <property name="driverClassName">
            <value>com.mysql.jdbc.Driver</value>
        </property> （省略其他配置信息）
```

上述配置中，dataSource 没有指定作用域，则使用默认的 singleton 作用域。使用如下代码测试：

```
    BasicDataSource dataSource=(BasicDataSource) ctxt.getBean("dataSource");
    BasicDataSource dataSource2=(BasicDataSource) ctxt.getBean("data
Source");
    System.out.println("dataSource == dataSource2: "+( dataSource==dataSource2
));
```

上述代码中，两次使用 getBean 方法获得 id 为 dataSource 的 bean 实例，然后通过“==”比较二者的虚地址，输出结果为：

```
dataSource == dataSource2: true
```

可见，由于 dataSource 的作用域是默认的 singleton 作用域，所以在一个 IoC 容器中只会创建一个唯一的实例，因此，当多次使用 getBean 方法返回实例时，获得的 bean 实例依然是唯一的一个 bean。

2. prototype

如果某个 bean 需要在一个 IoC 容器中创建多个实例，那么可以使用 scope 属性将其作用域配置为 prototype，代码如下所示：

```
<bean id="dataSource" class="org.apache.commons.dbcp.BasicDataSource" scope="prototype">
<property name="driverClassName">
<value>com.mysql.jdbc.Driver</value>
</property>
（省略其他配置信息）
```

上述配置中，使用 scope="prototype"将 dataSource 的作用域设置为 prototype，再次使用如下代码测试：

```
BasicDataSource dataSource=(BasicDataSource) ctxt.getBean("data
Source");
BasicDataSource dataSource2=(BasicDataSource) ctxt.getBean("data
Source");
System.out.println("dataSource==dataSource2: "+(dataSource==data
Source2));
```

由于 dataSource 的作用域为 prototype，所以每次调用 getBean 方法都将实例化一个新的 bean，输出结果如下：

```
dataSource == dataSource2: false
```

3. request

request 只在 Web 应用中使用，表示请求范围。代码如下所示：

```
<bean id="LoginAction" class="com.sdsc.action.LoginAction" scope="request">
```

4. session

session 只在 Web 应用中使用，表示会话范围。代码如下所示：

```
<bean id="cart" class="com.etc.cart.Order" scope="session">
```

5. global session

global session 范围表示全局会话，只有在基于 Portlet 的 Web 应用中才有效。

2.9 bean 的初始化和析构

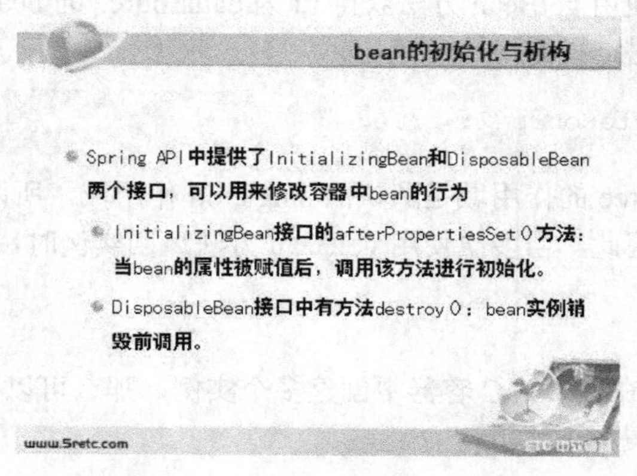

Spring API 中提供了 InitializingBean 和 DisposableBean 两个接口，可以用来修改容器中 bean 的行为。

InitializingBean 接口定义了如下方法：

void afterPropertiesSet()：当 bean 的属性被赋值后，调用该方法进行初始化。

DisposableBean 接口中定义了如下方法：

void destroy()：bean 实例销毁前调用。

假设 Course 类实现了上述两个接口，并覆盖接口中的方法，代码如下所示：

```
public class Course implements InitializingBean,DisposableBean{
public void afterPropertiesSet() throws Exception {
        System.out.println("afterPropertiesSet()");
    }
    public void destroy() throws Exception {
        System.out.println("destroy()");
    }
}
```

当 IoC 容器将 Course 类的 bean 实例的属性赋值后，将调用 afterPropertiesSet 方法，在销毁 Course 类的 bean 实例前，将调用 destroy 方法。如果采用这种通过实现接口的方式进行 bean 实例的初始化和析构，则将与 Spring 的 API 紧耦合。Spring 可以通过配置初始化方法和析构方法进行初始化和析构，而不使用上述接口。例如，Course 类可以不实现 InitializingBean 和 DisposableBean 接口，而自定义初始化和析构方法，代码如下所示：

```
Public class Course {
public void init() throws Exception {
        System.out.println("init()");
    }
public void destroy() throws Exception {
        System.out.println("destroy()");
    }
}
```

其中 init 方法为自定义的初始化方法，destory 为自定义的析构方法，方法名可以自定义。在配置文件中进行如下配置：

```
<bean id="course4" class="com.etc.vo.Course" init-method="init" destroy-
method="destroy">
        <constructor-arg index="0">
            <value>4</value>
        </constructor-arg>
(省略其他配置信息)
```

上述配置中通过 init-method 属性指定了 Course 实例的初始化方法为 init 方法，通过 destroy-method 属性指定了 Course 实例的销毁方法为 destory 方法。

2.10 IoC 的技术基础

通过前面章节的学习，读者已经能够理解 IoC 的作用，并且能够熟练使用 IoC 装配对象。IoC 的底层是使用 Java 的反射机制和 JavaBean 自省机制实现的。本节将介绍 IoC 的技术基础，帮助读者进一步深入理解 IoC，“揭秘” IoC。

2.10.1 反射技术

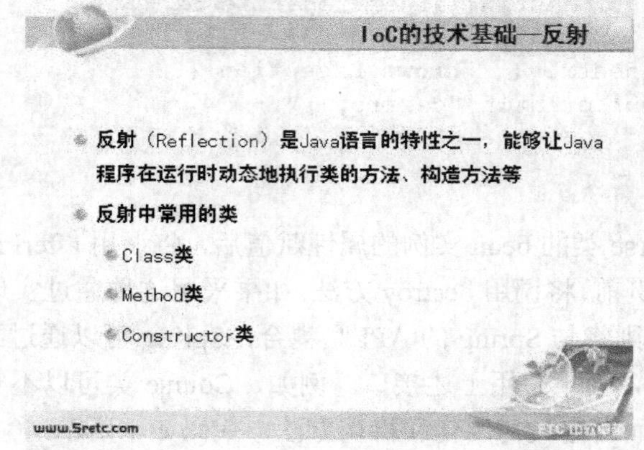

反射（Reflection）是 Java 语言的特性之一，能够让 Java 程序在运行时动态地执行类的方法、构造方法等。本节通过实例展示反射的概念，创建类 Demo，代码如下所示：

```
    public class Demo {
    public static Object invoke(String className,String methodName,Object[]
args){
    }
    }
```

上述代码中的 Demo 类定义了 invoke 方法，该方法定义了三个参数，分别是类名、方法名、方法的参数，invoke 方法有一个 Object 类型的返回值。invoke 方法需要实现的功能是：通过类名，调用该类中指定名字的方法，将参数传递给该方法，并将方法的返回值返回。

要实现这样的功能，就需要使用 Java 的反射机制，以便能够通过类名、方法名等这样的类基本信息，实例化类并调用方法。下面先学习 Java 反射机制的常用 API，与 Java 反射相关的 API 大多在 JavaSE 的 java.lang.reflect 包中，而 Class 类位于 java.lang 中。下面学习反射 API 中常用的类。

1. Class 类

Class 类是 Java 反射机制中的核心类，往往是使用反射机制的起点，表示类的类型。Class 类中常用的方法有：

（1）Class<?> forName(String className)：该方法获得名字为 className 的类的 Class 实例。

（2）public Method[] getMethods()：该方法返回该 Class 实例的所有方法对象，封装为 Method[]对象。

（3）Constructor[] getConstructors()：该方法返回该 Class 实例的所有构造方法对象，封装为 Constructor[]对象。

2. Method 类

Method 类表示方法，将类的方法封装成对象。其中常用的方法有：

（1）Object invoke(Object obj, Object... args)：该方法能够调用 obj 实例的方法，方法参数为 args。

（2）public String getName()：该方法能够返回方法的名字。

3. Constructor 类

Constructor 类表示构造方法，将类的构造方法封装成对象，其中常用方法有：

newInstance(Object... initargs)：通过参数构造类的实例。

除了上述的三个类以及类中的方法外，反射 API 中还有很多其他的类和接口，并定义了大量的方法。

了解了反射 API 后，接下来使用反射机制完成上述 Demo 中的 invoke 方法，代码如下所示：

```
    public static Object invoke(String className,String methodName,Object[]
args){
            Object obj=null;
            try {
                Class clazz = Class.forName(className);
                Method[] methods=clazz.getMethods();
                for(Method m:methods){
                    if(m.getName().equals(methodName)){
                        obj=m.invoke(clazz.newInstance(), args);
                    }
                }
            } catch (ClassNotFoundException e) {
                e.printStackTrace();
            } catch (IllegalArgumentException e) {
                e.printStackTrace();
            } catch (IllegalAccessException e) {
                e.printStackTrace();
            } catch (InvocationTargetException e) {
                e.printStackTrace();
            } catch (InstantiationException e) {
                e.printStackTrace();
            }
            return obj;
    }
```

上述代码中，使用反射机制实现了 invoke 方法。首先使用 Class.forName 方法根据类名返回该类的 Class 实例，接下来使用 Class 实例的 getMethods 方法返回类中所有方法对应的 Method 实例，最后使用 invoke 方法调用了指定名字的 Method。使用下面的代码测试 invoke 方法的使用：

```
    public static void main(String[] args) {
        System.out.println(Demo.invoke("com.etc.ref.Calculator",  "div",  new
Integer[]{100,12}));
        System.out.println(Demo.invoke("com.etc.ref.Calculator",    "add",   new
Integer[]{100,12}));
    }
```

上述代码将调用 Calculator 类中的 div 和 add 方法，并传递 100 和 12 两个参数。结果如下：

```
8
112
```

invoke 方法可以动态调用任何类的任何方法，并返回方法的返回值，如果不使用 Java 的反射机制，将无法实现这样动态获得类信息的功能。

2.10.2 JavaBean 自省技术

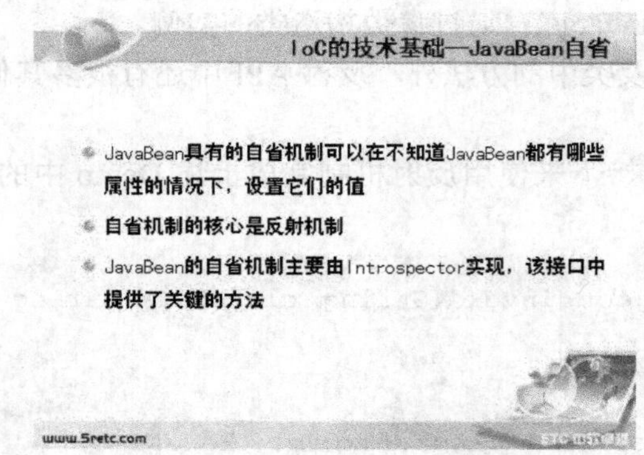

JavaBean 是遵守一定命名规范的类，往往使用 getter/setter 方法获取或者设置属性的值。JavaBean 的自省机制可以在不知道 JavaBean 有哪些属性的情况下设置它们的值。自省机制的核心是前面提到的反射机制。JavaBean 的自省机制主要由 Introspector 实现，该接口中提供了如下的关键方法：

BeanInfo getBeanInfo(Class<?> beanClass)：该方法通过 JavaBean 的 Class 实例返回 JavaBean 的信息，封装到 BeanInfo 类型的实例返回。

getBeanInfo 方法的返回值是 BeanInfo 类型，BeanInfo 中提供了如下所示的一系列方法，能够进一步得到 JavaBean 的信息：

（1）BeanDescriptor getBeanDescriptor()：获得 Bean 的描述信息。

（2）MethodDescriptor[] getMethodDescriptors()：获得 Bean 的方法信息。

（3）PropertyDescriptor[] getPropertyDescriptors()：获得 Bean 的属性信息。

接下来使用实例展示 JavaBean 自省机制的含义和作用。创建 JavaBean 类 Course，代码如下所示：

```
public class Course {
    private Integer id;
    private String title;
    private double price;
    public Integer getId() {
        return id;
    }
    public void setId(Integer id) {
        this.id = id;
    }
    public String getTitle() {
        return title;
    }
```

```
    public void setTitle(String title) {
        this.title = title;
    }
    public double getPrice() {
        return price;
    }
    public void setPrice(double price) {
        this.price = price;
    }
}
```

上述代码中的 Course 类是一个 JavaBean 类，声明了三个属性，并为每个属性都定义了 getter 和 setter 方法。使用如下代码测试自省机制：

```
public static void main(String[] args)throws IntrospectionException{
    BeanInfo info = Introspector.getBeanInfo(Course.class);
    for(PropertyDescriptor pd:info.getPropertyDescriptors()){
        System.out.println(pd.getName());
    }
```

上述代码首先通过 Course.class 返回 Course 类的 BeanInfo 实例，接下来使用 BeanInfo 中的 getPropertyDescriptors 方法返回 Course 类的属性描述信息。运行上述代码将返回 Course 类中所有的 getXXX 方法的方法名中 get 后的字符。该类中有 getId、getTitle、getPrice 三个 get 方法，并且从 Object 类继承到了 getClass 方法。输出结果如下：

```
class
id
price
title
```

可见，使用 JavaBean 自省机制，可以在只知道类名的情况下获取 JavaBean 的属性等信息，进一步使用反射机制，就可以对属性进行赋值等操作。

Spring 的 IoC 机制，正是基于 Java 反射和 JavaBean 自省机制实现的。Spring 框架在 applicationContext.xml 中定义了 bean 的名字、类的名字、属性名字、属性值等信息，IoC 容器通过反射和自省机制能够根据这些信息对 bean 进行实例化以及装配操作，从而得到一个完整的 bean 实例，供应用使用。

2.11　IoC 使用实例（教材案例）

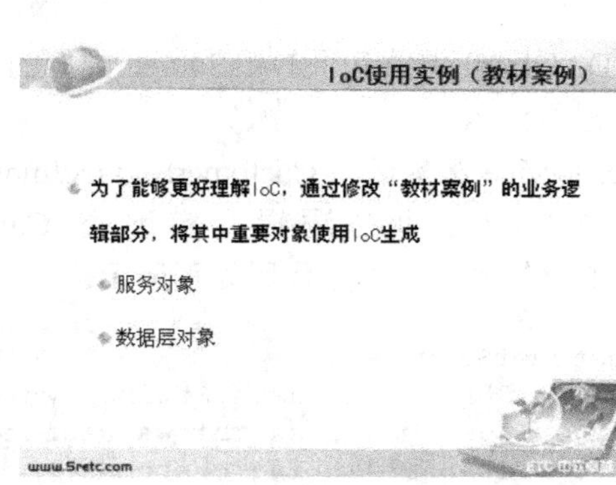

通过以上章节的学习，已经掌握了 IoC 的概念和使用。本节将通过修改“教材案例”展示 IoC 在具体应用中的使用。“教材案例”中的 Model 层有如下主要接口和类：

1. 实体类 Customer

该类封装了实体对象 Customer，主要定义了实体的属性，提供了 getter 与 setter 方法。部分代码如下：

```
public class Customer {
    private String custname;
    private String pwd;
    private Integer age;
    private String address;
    public Customer() {
        super();
    }
    public Customer(String custname, String pwd) {
        super();
        this.custname = custname;
        this.pwd = pwd;
    }
//省略其他代码
```

2. 数据持久层接口 CustomerDAO 以及实现类 CustomerDAOImpl

CustomerDAO 接口中定义了数据持久层的操作，实现类 CustomerDAOImpl 中使用 JDBC 编程实现了 CustomerDAO 接口，使用 dbcp 连接池组件获得连接。部分代码如下所示：

```
public interface CustomerDAO {
    public void insert(Customer cust);
    public Customer selectByName(String custname);
    public Customer selectByNamePwd(String custname,String pwd);
    public List<Customer> selectAll();
}
public class CustomerDAOImpl implements CustomerDAO {
    private DataSource dataSource;

    public void setDataSource(DataSource dataSource) {
        this.dataSource = dataSource;
    }
    public List<Customer> selectAll(){
        List<Customer> list=new ArrayList<Customer>();
        //省略其他代码
```

上述代码中的 CustomerDAOImpl 类关联了 DataSource 类型的属性 dataSource，并为属性 dataSource 提供了 setter 方法进行注入。

3. 服务层接口 CustomerService 及实现类 CustomerServiceImpl

接口 CustomerService 中定义了业务逻辑，实现类 CustomerServiceImpl 实现了 CustomerService 接口，实现了业务逻辑。部分代码如下所示：

```
public interface CustomerService {
    public boolean login(String custname,String pwd);
    public void register(Customer cust)throws RegisterException;
    public Customer viewPersonal(String custname);
```

```
    public List<Customer> viewAll();
  }
  public class CustomerServiceImpl implements CustomerService {
        private CustomerDAO dao;
        public void setDao(CustomerDAO dao) {
            this.dao = dao;
        }
    public boolean login(String custname,String pwd){
        //省略其他代码
```

上述代码中的类 CustomerServiceImpl 关联了 CustomerDAO 类型的属性 dao，并为其提供了 setter 方法进行注入。

在“教材案例”中，所有服务都使用 CustomerServiceImpl 类进行提供。根据上述分析可见，CustomerServiceImpl 类关联了 CustomerDAO 作为属性，而 CustomerDAO 关联了 DataSource 作为属性。接下来，就可以使用 IoC 容器管理 CustomerServiceImpl 实例，同时为其注入 CustomerDAO 属性，为 CustomerDAO 注入 DataSource 属性。首先在 applicationContext.xml 中配置 DataSource 属性，代码如下所示：

```
  <bean id="dataSource" class="org.apache.commons.dbcp.BasicDataSource" scope=
"prototype">
        <property name="driverClassName">
            <value>com.mysql.jdbc.Driver</value>
        </property>
        <property name="url">
        <value>jdbc:mysql://localhost:3306/demo</value>
        </property>
        <property name="username">
            <value>root</value>
        </property>
        <property name="password">
            <value>123</value>
        </property>
        <property name="maxActive">
            <value>10</value>
        </property>
        <property name="initialSize">
            <value>2</value>
        </property>
    </bean>
```

上述配置中配置了 BasicDataSource 类型的 bean，id 值为 dataSource，该 bean 使用了 dbcp 连接池组件。由于 BasicDataSource 是 DataSource 的实现类，所以 dataSource 可以作为 CustomerDAOImpl 中的 DataSource 类型属性使用。接下来，配置 CustomerDAOImpl 类型的 bean，代码如下所示：

```
  <bean id="dao" class="com.etc.dao.CustomerDAOImpl">
        <property name="dataSource">
            <ref bean="dataSource"/>
        </property>
  </bean>
```

上述配置中，CustomerDAOImpl 类使用 ref 引用了已经配置好的 dataSource 实例，注入到属性 dataSource 中。配置好 CustomerDAOImpl 实例后，就可以开始配置 CustomerServiceImpl 类的实例，代码如下所示：

```
<bean id="service" class="com.etc.service.CustomerServiceImpl">
        <property name="dao">
            <ref bean="dao"/>
        </property>
</bean>
```

上述配置中，使用 ref 引用了已经配置好的 dao 实例，将其注入到 CustomerServiceImpl 类的属性 dao 中。至此，已经使用 IoC 对“教材案例”中需要 IoC 管理的 bean 都成功装配，可以使用下面的代码进行测试：

```
    public static void main(String[] args) {
    ApplicationContext ctxt=new ClassPathXmlApplicationContext("application
Context.xml");
    CustomerService service=(CustomerService) ctxt.getBean("service");
    System.out.println(service.login("John", "123"));
```

上述代码中，首先通过 getBean 方法返回 service 实例，然后调用实例的 login 方法。由于数据库中存在 John/123 的记录，所以打印结果如下：

```
true
```

至此，已经将“教材案例”中的 Model 层使用 IoC 进行管理。

2.12 本章小结

IoC 是 Spring 框架的核心，Spring 框架之所以能将一系列特性作为一个整体服务，成为一个轻量级的解决方案，都是基于 IoC 容器之上。IoC 被称为控制反转，也被称为 DI，即依赖注入。IoC 的核心思想是将设计好的类交给容器去实例化及装配，并能够使用容器提供的其他服务。本章从 IoC 的概念开始，主要学习 IoC 容器的使用、IoC 装配方式、不同数据类型的属性装配方式、集合类型属性的装配，以及 bean 作用域等知识点。最后，通过修改“教材案例”，进一步展示了 IoC 在实际应用中的使用。

第 3 章

AOP（面向切面编程）

在企业应用中，很多模块可能需要实现相同的功能，如多个模块都需要日志功能、权限校验功能、事务管理功能等，这些相同的功能就被称为“切面”（又称“方面”）。AOP（Aspect Oriented Program）编程能够将通用的功能与业务模块分离，是 OOP 编程的延续和补充。AOP 并不是 Spring 框架提出的技术，早在 1997 年，就由 Gregor Kiczales 领导的研究小组提出。目前，已有上百种项目宣称能支持 AOP，Spring 是众多支持 AOP 的项目中的一个。除了上一章学习的 IoC 外，AOP 是 Spring 框架的另一个核心组件。本章将学习 Spring 中 AOP 的实现。

3.1 AOP 中的术语

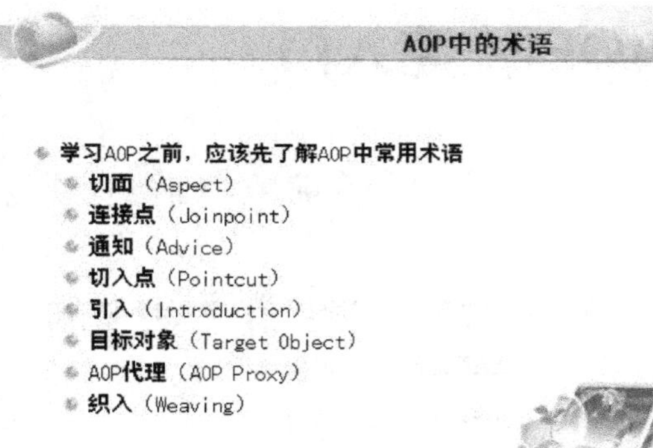

AOP 中有很多术语，要掌握 AOP，首先必须熟悉并理解这些术语。值得注意的是，这些术语并不是 Spring 框架所独有的术语，而是 AOP 中通用的术语。

（1）切面（Aspect）

切面是一个关注点的模块化，如事务管理，就是一个在 JavaEE 企业应用中常见的切面。在企业应用编程中，首先需要通过分析，抽取出通用的功能，即“切面”。

（2）连接点（Joinpoint）

连接点即程序执行过程中的特定的点。Spring 框架只支持方法作为连接点，如方法调用前、方法调用后、或者发生异常时等。

（3）通知（Advice）

通知是切面的具体实现。通知将在切面的某个特定的连接点上执行动作，Spring 中执行的动作往往就是调用某类的具体方法。例如：在保存订单的功能模块中，进行日志管理（一个切面），具体是在保存订单的方法执行前（连接点）执行写日志（通知）的功能。其中，日志管理是很多功能模块中通用的功能，为一个切面；而具体是在保存订单前执行日志保存，那么保存订单前这个点就是连接点；实现保存日志功能的类就是通知。

（4）切入点（Pointcut）

切入点是连接点的集合，通知将在满足一个切入点表达式的所有连接点上运行。

（5）引入（Introduction）

引入的意思是在一个类中加入新的属性或方法。

（6）目标对象（Target Object）

被一个或多个切面所通知（Advise）的对象，称为目标对象。目标对象的某些连接点上将调用 Advice。

（7）AOP 代理（AOP Proxy）

AOP 代理是 AOP 框架所生成的对象，该对象是目标对象的代理对象。代理对象能够在目标对象的基础上，在相应的连接点上调用通知。

（8）织入（Weaving）

把切面连接到其他应用程序之上，创建一个被通知的对象的过程，被称为织入。Spring 框架是在运行时完成织入的。

以上 8 个术语是 AOP 中常用的术语，其中目标对象和通知是两个在 AOP 编程中直接使用的概念，读者必须掌握。

3.2 Spring AOP 快速入门

上节学习了 AOP 中的核心概念，本节将通过修改“教材案例”快速入门 Spring 框架的 AOP 编程。假设“教材案例”中多个模块都需要使用日志管理功能，那么“日志管理”即为一个切面。使用类 Logger 实现“日志管理”功能，代码如下所示：

```
public class Logger {
    public static void log(String msg){
        File file=new File("spring.log");
        try {
            PrintWriter out=new PrintWriter(new FileWriter(file,true));
            out.println(new Date()+": "+msg);
```

```
            out.close();
        } catch (IOException e) {
            e.printStackTrace();
        }
    }
}
```

上述代码中 Logger 类的 log 方法，将日志信息保存到 spring.log 文件中。下面将使用 Spring 框架的 AOP 组件，将日志管理的功能织入到“教材案例”中。

1. 创建目标对象（Target Object）

目标对象是需要被通知的对象，即需要被切面横切的对象。目标对象必须是实现了某个接口的对象。“教材案例”中的 CustomerServiceImpl 被作为目标对象，也就是说，需要在 CustomerServiceImpl 类中使用日志管理功能。

2. 创建通知（Advice）

通知是切面的具体实现。假设“教材案例”中的目标对象需要在每个方法调用前都记录相关日志，那么就需要创建 Advice 对象。Advice 有四种不同类型，对应不同的连接点，在后面章节将具体学习。目前，日志功能需要在方法执行前调用，所以应该使用“before advice”，即在方法调用前被调用的 Advice。代码如下所示：

```
    public class LogBeforeAdvice implements MethodBeforeAdvice {
    public void before(Method arg0, Object[] arg1, Object arg2)throws
Throwable {
    System.out.println("Invoke LogBeforeAdvice.before");
    Logger.log(arg0.getName());
    }}
```

上述代码的 LogBeforeAdvice 类实现了接口 MethodBeforeAdvice，重写了其中的 before 方法，有关方法参数等详细内容将在后续章节继续学习。before 方法中调用了 Logger 类的 log 方法，实现了日志功能。

3. 在 IoC 容器中生成代理对象，将通知织入到目标对象中

至此，目标对象和 Advice 类都已经完成，需要将 Advice 织入到目标对象中，生成一个新的对象，这个新的对象将先调用 before 方法记录日志，然后调用目标对象的业务逻辑，是目标对象的代理对象。

在 Spring 容器中，默认使用 JavaSE 的动态代理作为 AOP 代理，具体实现类是 Proxy FactoryBean。Spring 的 AOP 也是基于 IoC 实现的，需要在 IoC 容器中配置 ProxyFactoryBean 的 bean 实例，用来代理目标对象，将通知织入到目标对象中。

要使用 IoC 配置 ProxyFactoryBean 实例，首先需要了解 ProxyFactoryBean 中的 setter 方法，以便在 applicationContext.xml 中使用<property>元素装配 ProxyFactoryBean 实例。ProxyFactoryBean 有以下几个常用的 setter 方法：

（1）setInterfaces(Class[] interfaces)：该方法用来配置代理接口，即目标对象所实现的接口，“教材案例”中的 CustomerServiceImpl 类实现了 CutomerService 接口，所以代理接口是 CutomerService。该方法的参数是数组类型，所以使用<list>元素装配。

（2）setInterceptorNames(String[] interceptorNames)：该方法用来配置拦截器的名字，即目标对象需要织入的 Advice 或者 Advisor（参考后续章节）。在本例中，即 LogBeforeAdvice 的名字。

（3）setTargetName(String targetName)：该方法用来配置目标对象的名字，在本例中，即CustomerServiceImpl 的 bean 名字。

4. 配置目标对象

要使用 AOP 编程，首先需要在 IoC 容器中配置目标对象，“教材案例”中的目标对象是CustomerServiceImpl 类型实例，如下所示：

```
<bean id="service" class="com.etc.service.CustomerServiceImpl">
        <property name="dao">
            <ref bean="dao"/>
        </property> </bean>
```

5. 配置 Advice 对象

Advice 是 AOP 编程中非常重要的对象，用来封装切面，Advice 也必须在 IoC 容器中管理，如下所示：

```
<bean id="logbefore" class="com.etc.advice.LogBeforeAdvice">
</bean>
```

6. 配置 ProxyFactoryBean 对象

有了目标对象和 Advice 实例后，就可以配置代理对象，在 Spring AOP 中，往往使用ProxyFactoryBean 对象作为代理对象，如下所示：

```
<bean id="serviceProxy" class="org.springframework.aop.framework.Proxy Factory
Bean">
        <property name="interfaces">
        <list>
        <value>com.etc.service.CustomerService</value>
        </list>
        </property>
        <property name="targetName">
            <value>service</value>
        </property>
        <property name="interceptorNames">
            <list>
                <value>logbefore</value>
            </list>
        </property>
    </bean>
```

上述配置中，使用<property name="targetName">指定了目标对象为 service，即CustomerServiceImpl 的 bean；使用<property name="interceptorNames">定义拦截器，指定LogBeforeAdvice 的 bean 作为拦截器；使用<property name="interfaces">定义拦截接口，指定了目标对象的接口为 CustomerService 接口。这样一来，Spring 的 AOP 组件将在运行期动态生成 service 的代理对象 serviceProxy 实例，该实例也实现了 CustomerService 接口规范，实现了 CustomerService 接口中所有方法，而且在 service 实例中织入了 logbefore 的功能，将在每个方法调用前先调用 logbefore 中的 before 方法，加入记录日志的功能。使用如下代码测试。

（1）使用 service 对象：

```
    ApplicationContext   ctxt=new   ClassPathXmlApplicationContext("application
Context.xml");
    CustomerService service=(CustomerService) ctxt.getBean("service");
    System.out.println(service.login("John", "123"));
```

上述代码直接获得 CustomerServiceImpl 类的 service 的实例，所以不会使用日志功能，输出结果如下：

```
    invoke login...
    true
```

（2）使用 serviceProxy 对象：

```
    ApplicationContext ctxt=new ClassPathXmlApplicationContext("application
Context.xml");
    CustomerService serviceProxy=(CustomerService) ctxt.getBean("serviceProxy");
    System.out.println(serviceProxy.login("John", "123"));
```

上述代码中使用了代理对象 serviceProxy，该对象中织入了 logbefore 功能，结果如下：

```
    Invoke LogBeforeAdvice.before
    invoke login...
    true
```

可见，serviceProxy 对象调用 login 方法时，先调用了 LogBeforeAdvice 中的 before 方法，然后调用 service 中的 login 方法，加入了日志功能。

通过本节的实例学习，可见 AOP 能够作为 OOP 的补充，进一步提高业务代码的可扩展和可管理性。使用 Spring 的 AOP 组件，可以不用考虑何时用“切面”，何处用“切面”，可以将业务模块和“切面”分别独立实现。在 IoC 容器中，通过 AOP 代理动态进行织入，生成新的代理对象。AOP 很大程度上提高了业务代码的分离性。

3.3　不同类型的 Advice

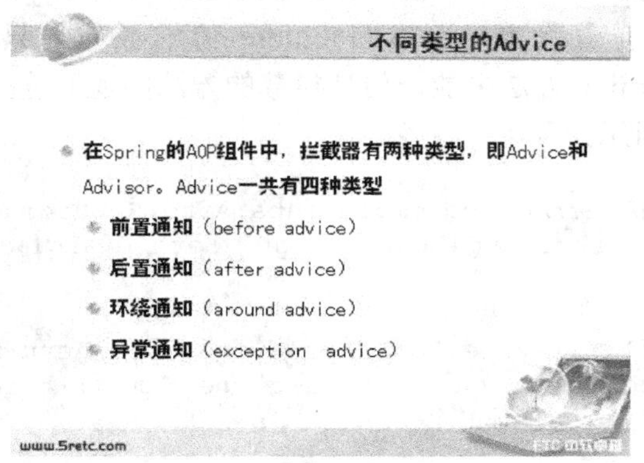

Spring AOP 编程的核心是通过 IoC 生成代理对象，代理对象的配置通常有如下几个属性：

```
<property name="interfaces">
</property>
<property name="targetName">
</property>
<property name="interceptorNames">
</property>
```

其中，interfaces 是目标对象所实现的接口，targetName 是目标对象的名字，interceptorNames 是 Advice 或者 Advisor 的名字。换言之，在 Spring 的 AOP 组件中，拦截器有两种类型，即 Advice 和 Advisor。上一节中只简单使用了一种 Advice，本节将学习 Spring 中各种类型的 Advice。有关 Advisor 的内容在后续章节学习。

1. 前置通知（before advice）

前置通知需要实现 MethodBeforeAdvice 接口，并覆盖接口中的如下方法：

void before(Method method, Object[] args, Object target)

该方法将在目标对象的方法调用前被调用。其中 method 是被调用的方法，args 是该方法的参数，target 是被调用的实例。前置通知不会阻拦目标对象方法的执行，除非前置通知中抛出了未处理的异常，否则前置通知执行后，总会执行目标对象的方法。使用前置通知，需要创建前置通知类，实现 MethodBeforeAdvice 接口，代码如下所示：

```
public class LogBeforeAdvice implements MethodBeforeAdvice {
public void before(Method arg0, Object[] arg1, Object arg2)throws Throwable
{
System.out.println("Invoke LogBeforeAdvice.before");
Logger.log( " LogBeforeAdvice :"+ arg0.getName());
}
}
```

上述代码中的类实现了 MethodBeforeAdvice 接口，before 方法将在目标方法调用前被调用，将方法的名字记录到日志文件中。

2. 后置通知（after advice）

与前置通知对应，Spring 框架的 AOP 组件中提供了后置通知类型。后置通知在一个方法被调用后执行。后置通知必须实现接口 AfterReturningAdvice，并覆盖其中的方法：

void afterReturning(Object returnValue, Method method, Object[] args, Object target)

afterReturning 方法与前置通知接口的 before 方法类似，只是多了一个返回值参数 returnValue。在 afterReturning 方法中能访问被拦截的方法的返回值，但是不能修改其返回值。后置通知的实现类如下所示：

```
public class LogAfterAdvice implements AfterReturningAdvice {
public void afterReturning(Object arg0, Method arg1, Object[] arg2,Object
arg3) throws
Throwable {
System.out.println("Invoke LogAfterAdvice.afterReturning");
Logger.log( " LogAfterAdvice : "+ arg1.getName()+" return "+arg0);
}
}
```

上述代码中的 LogAfterAdvice 类实现了 AfterReturningAdvice 接口，并重写了接口中的

afterReturning 方法，该方法将在被拦截的方法执行结束后被调用，将被拦截方法的名字以及返回值写到日志文件中。

3. 环绕通知（around advice）

环绕通知可以在被拦截的方法执行过程的任何一个阶段被调用，也可能由于某种原因，而不调用被拦截的方法，这是前置和后置通知做不到的。前置和后置通知不能阻止调用被拦截的方法。环绕通知必须实现 MethodInterceptor 接口，覆盖接口中的方法：

```
Object invoke(MethodInvocation invocation)
```

invoke 方法的参数类型是 MethodInvocation，MethodInvocation 类中提供了 proceed 方法，用来调用被拦截的方法。如果环绕通知中没有调用 proceed 方法，则目标方法不被调用。环绕通知的实现类如下：

```
public class LogAroundAdvice implements MethodInterceptor {
public Object invoke(MethodInvocation arg0) throws Throwable {
Method method=arg0.getMethod();
if(!method.getName().equals("viewAll")){
   System.out.println("Invoke LogAroundAdvice.invoke");
   Logger.log(" LogAroundAdvice : "+ method.getName());
   return arg0.proceed();
}else{
   return null;
}
}
}
```

上述代码的 invoke 方法中，首先通过调用 MethodInvocation 类的 getMethod 方法返回被拦截的方法，然后通过 Method 类中的 getName 方法返回被拦截方法的名字。只要被拦截的方法名不是 viewAll，则在日志中记录方法名字，并调用该方法；而如果方法名为 viewAll，则不调用 proceed 方法，所以被拦截的 viewAll 方法将得不到调用。

4. 异常通知（excetption advice）

异常通知在被拦截的方法抛出异常时调用。异常通知必须实现 ThrowsAdvice 接口。该接口中没有方法，是一个标记接口。实现该接口后，异常通知类可以定义多个方法，方法必须符合如下规范：

```
afterThrowing([Method], [args], [target], Throwable subclass)
```

afterThrowing 方法的参数[Method]、[args]、[target]都是可选项，必须指定的参数是 Throwable，即抛出异常的具体类型。异常通知的实现类如下所示：

```
public class LogThrowsAdvice implements ThrowsAdvice {
public void afterThrowing(RegisterException e){
   System.out.println("Invoke LogThrowsAdvice.afterThrowing");
   Logger.log(" LogThrowsAdvice : "+e.getMessage());
}
public void afterThrowing(IOException e){
   Logger.log(e.getMessage());
}
}
```

上述异常通知中定义了两个方法，方法中指定了不同异常类型的形式参数，分别处理RegisterException和IOException异常，当被拦截的方法抛出了对应类型的异常时，将被异常通知类拦截。

至此，我们已经学习了Spring框架的AOP组件中常用的四种Advice类型，下面总结Advice的使用步骤。

（1）使用IoC配置Advice。

要使用Advice，首先必须在配置文件中使用IoC配置其对应的bean。下述配置文件中配置了上面定义的四个通知类的bean：

```
<bean id="logbefore" class="com.etc.advice.LogBeforeAdvice"></bean>
<bean id="logafter" class="com.etc.advice.LogAfterAdvice"></bean>
<bean id="logaround" class="com.etc.advice.LogAroundAdvice"></bean>
<bean id="logthrows" class="com.etc.advice.LogThrowsAdvice"></bean>
```

定义Advice非常简单，往往只需要定义id值和class完整名称即可。

（2）在代理对象中引用Advice。

配置了Advice的bean后，在需要使用Advice的代理对象中，就可以通过引用bean的id值使用Advice。一个代理对象可以使用多个Advice，同时，一个Advice也可以被多个代理对象使用。如下所示的配置中，serviceProxy实例使用了步骤（1）中定义的四个Advice实例进行拦截：

```
    <bean  id="serviceProxy"  class="org.springframework.aop.framework.Proxy
FactoryBean">
       <property name="interfaces">
       <list>
       <value>com.etc.service.CustomerService</value>
       </list>
       </property>
       <property name="targetName">
           <value>service</value>
       </property>
       <property name="interceptorNames">
           <list>
               <value>logbefore</value>
               <value>logafter</value>
               <value>logaround</value>
               <value>logthrows</value>
           </list>
       </property>
    </bean>
```

上述配置中，使用<property name="interceptorNames">元素配置目标对象的拦截器，并使用<list>元素设置了4个拦截器，这4个拦截器都是在步骤（1）中定义过的Advice实例。

（3）测试拦截器的使用。

配置好代理对象后，就可以测试Advice的使用，代码如下所示：

```
    public static void main(String[] args){
    ApplicationContext  ctxt=new  ClassPathXmlApplicationContext("application
Context.xml");
```

```
CustomerService serviceProxy=(CustomerService) ctxt.getBean("service Proxy");
try {
serviceProxy.register(new Customer("ETC","121",23,"BJ"));
} catch (RegisterException e) {
   System.out.println("custname already exist.");
}
}
```

上述代码中，首先通过 getBean 方法获得 serviceProxy 代理对象，然后调用 register 方法。当数据库中不存在用户名“ETC”时，register 方法将不抛出异常，输出结果如下：

```
Invoke LogBeforeAdvice.before
Invoke LogAroundAdvice.invoke
invoke register...
Invoke LogAfterAdvice.afterReturning
```

可见，当不抛出异常时，将被前置通知、后置通知以及环绕通知拦截，在日志文件中将记录如下信息：

```
Sat Jun 26 17:53:55 CST 2010:  LogBeforeAdvice :register
Sat Jun 26 17:53:55 CST 2010:  LogAroundAdvice : register
Sat Jun 26 17:53:56 CST 2010:  LogAfterAdvice : register return null
```

可见，AOP 框架将按照 before、around、after 的顺序分别执行了 Advice。再次执行上述代码，由于用户名“ETC”已经存在于数据库中，将抛出 RegisterException 异常，被异常拦截器拦截，输出结果如下：

```
Invoke LogBeforeAdvice.before
Invoke LogAroundAdvice.invoke
invoke register...
Invoke LogThrowsAdvice.afterThrowing
custname already exist
```

可见，当方法抛出异常时，将不调用后置通知，而调用异常通知，执行异常通知类中的 afterThrowing 方法。执行下面的代码：

```
public static void main(String[] args) throws RegisterException{
ApplicationContext  ctxt=new  ClassPathXmlApplicationContext("application
Context.xml");
CustomerService serviceProxy=(CustomerService) ctxt.getBean("service Proxy");
serviceProxy.register(new Customer("ETC","121",23,"BJ"));
System.out.println("main end");
}
```

上述代码中没有捕获 RegisterException 异常，而是将异常声明抛出。由于用户名“ETC”已经存在于数据库中，执行上述代码将发生异常，输出结果如下：

```
Invoke LogBeforeAdvice.before
Invoke LogAroundAdvice.invoke
invoke register...
Invoke LogThrowsAdvice.afterThrowing
Exception in thread "main" com.etc.exception.RegisterException
```

上述代码中发生异常后，并没有被捕获，依然会调用异常通知，但是“main end”没有被输出，说明异常没有被捕获，main 方法中断。可见，异常通知不是用来捕获异常的，而是用来定义发生异常后需要处理的功能。

3.4 使用 Advisor

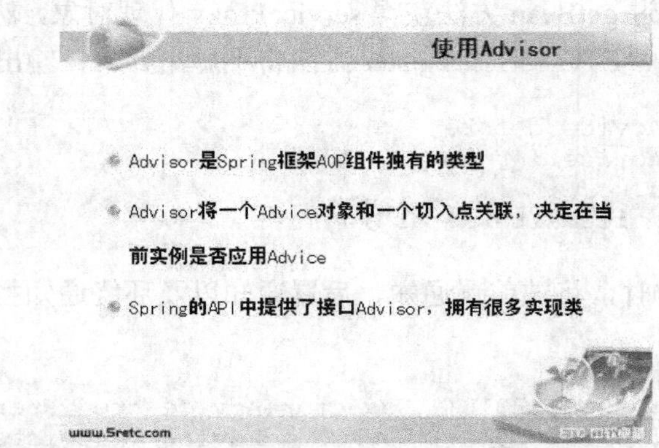

通过上一节学习，读者已经掌握常见的 Advice 类型以及用法。使用 Advice 拦截目标对象时，默认情况下将拦截目标对象中的所有方法。如上节例子中的四个拦截器实例 logbefore、logafter、logaround 以及 logthrows 默认将拦截 service 中所有的方法，除非在拦截器类的拦截方法中进行处理。在实际应用中，有些情况下需要对目标对象的方法有选择性地进行拦截，如 logbefore 只拦截 login 方法，logafter 只拦截 register 方法等。Spring 的 AOP 框架提供了两种拦截器，即 Advice 和 Advisor，其中 Advisor 就能够实现这种功能。Advisor 是 Spring 框架 AOP 组件独有的类型，能够将一个 Advice 对象和一个切入点关联。

Spring 的 API 中提供了接口 Advisor，该接口拥有很多实现类，本节将学习较常使用的 NameMatchMethodPointcutAdvisor 和 RegexpMethodPointcutAdvisor 两个实现类。

NameMatchMethodPointcutAdvisor 类使用完整的方法名来确定是否应用某一个 Advice，类中常用的 setter 方法有如下两个：

setAdvice(org.aopalliance.aop.Advice advice)：指定该 Advisor 中使用的 Advice。

setMappedNames(String[] mappedNames)：指定该 Advisor 拦截的方法名集合。

下面通过详细步骤展示使用 Advisor 的方法：

1. 配置 Advice 对象

Advisor 本质上还是使用 Advice 进行拦截，所以依然需要首先配置 Advice 实例，如下所示：

```
<bean id="logbefore" class="com.etc.advice.LogBeforeAdvice">
</bean>
<bean id="logafter" class="com.etc.advice.LogAfterAdvice">
</bean>
<bean id="logaround" class="com.etc.advice.LogAroundAdvice">
</bean>
<bean id="logthrows" class="com.etc.advice.LogThrowsAdvice">
</bean>
```

2. 配置 NameMatchMethodPointcutAdvisor 对象

配置好 Advice 实例后，就可以配置 NameMatchMethodPointcutAdvisor 对象， Advisor 对象将 Advice 和若干个方法连接在一起，使用 mappedNames 配置连接的所有方法名，如下所示：

```
    <bean  id="logbeforeadvisor"  class="org.springframework.aop.support.  Name
MatchMethod PointcutA dvisor"> <property name="advice">
                <ref bean="logbefore"/>
            </property>
            <property name="mappedNames">
                <list>
                    <value>login</value>
                    <value>viewAll</value>
                </list>
            </property>
    </bean>
```

每个 Advisor 只能关联一个 Advice，但是可以同时对应多个方法名。上述配置中将 logbefore 与 login 和 viewAll 方法对应，所以只有调用 login 和 viewAll 方法时，才会被 logbefore 拦截，而调用其他方法，如 register 方法，就不会被 logbefore 拦截。

3. 在代理对象中引用 Advisor

配置好 Advisor 后，就可以在代理对象中使用<property name="interceptorNames">进行配置，如下所示：

```
    <bean id="serviceProxy" class="org.springframework.aop.framework.Proxy Factory
Bean">
            <property name="interfaces">
            <list>
           <value>com.etc.service.CustomerService</value>
            </list>
            </property>
            <property name="targetName">
                <value>service</value>
            </property>
            <property name="interceptorNames">
                <list>
                    <value>logbeforeadvisor</value>
                    <value>logafter</value>
                    <value>logaround</value>
                    <value>logthrows</value>
                </list>
            </property>
    </bean>
```

上述配置文件中，在代理对象 serviceProxy 中通过<property name="interceptorNames"> 使用了名字为 logbeforeadvisor 的 Advisor 拦截器，所以只有在 login 和 viewAll 方法调用前，才调用 logbefore 通知。同时，还为 serviceProxy 实例指定了三个 Advice 进行拦截，也就是说，代理对象可以同时使用 Advice 和 Advisor 作为拦截器。

除了 NameMatchMethodPointcutAdvisor 类以外，还有一种常用的 Advisor 类，即 RegexpMethodPointcutAdvisor 类。该类能够通过正则表达式将方法与 Advice 连接起来。

RegexpMethodPointcutAdvisor 中常用的 setter 方法有以下两个：

public void setAdvice(org.aopalliance.aop.Advice advice)：指定该 Advisor 中使用的 Advice，该方法与 NameMatchMethodPointcutAdvisor 中的 setAdvice 方法相同。

setPatterns(String[] patterns)：通过正则表达式指定方法名的集合。

RegexpMethodPointcutAdvisor 类的使用步骤与使用 NameMatchMethodPointcutAdvisor 类似，区别在于 Advisor 的配置不同。RegexpMethodPointcutAdvisor 的配置实例如下所示：

```
    <bean
id="logafteradvisor"class="org.springframework.aop.support.RegexpMethodPointcutAdviso
r">
        <property name="advice">
              <ref bean="logafter"/>
           </property>
           <property name="patterns">
              <list>
                 <value>customer*</value>
              </list>
           </property>
    </bean>
```

分析上述配置信息可见，RegexpMethodPointcutAdvisor 类使用元素<property name="patterns">配置需要连接的方法的正则表达式，其中的<value>customer*</value>就是匹配方法名的正则表达式，表示方法名必须以 customer 开头。上述配置的 Advisor 实例，将 logafter 通知与所有以 customer 开头的方法连接起来，可以作为拦截器使用。

3.5 Spring AOP 的技术基础

Spring 框架的 AOP 组件基于 JDK 的动态代理或者 CGLIB 代理实现，其中 JDK 动态代理是使用较多的技术，动态代理是面向对象的代理（proxy）模式（GoF23）的一种动态实现。本节将从学习代理模式开始，逐步帮助读者更好地理解 Spring AOP 的核心技术。

3.5.1 代理模式

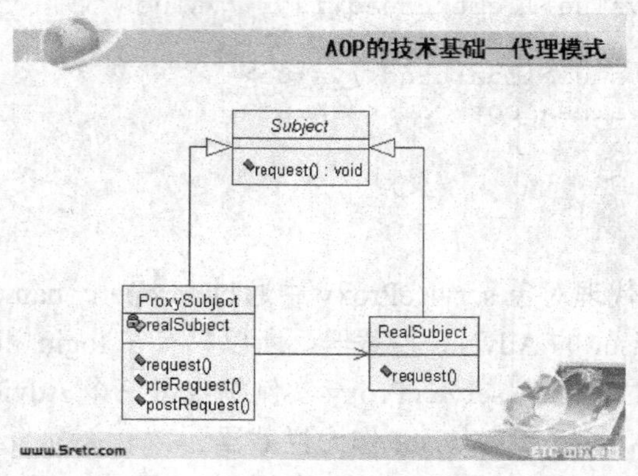

代理模式是一种结构型设计模式。当客户端不想直接调用主题对象，而希望在主题对象

的行为前后加上预处理或者后续处理时，则可以使用代理模式。代理模式中往往包含以下三种角色。

（1）主题抽象类（Subject）：

```
abstract public class Subject
{
    abstract public void request();
}
```

主题抽象类中定义了主题对象的行为，上述主题抽象类定义了主题对象的 request 行为。

（2）实际主题类（RealSubject）：

```
public class RealSubject extends Subject
{
   public RealSubject()
   {   }
   public void request()
   {
      System.out.println("From real subject.");
   }
}
```

实际主题类继承了抽象主题类 Subject，实现了抽象主题类中的行为 request，实际主题类即 AOP 中的目标对象。

（3）代理类（ProxySubject）：

```
public class ProxySubject extends Subject
{
    private RealSubject realSubject;
   public ProxySubject()
   {
   }
   public void request()
   {
       preRequest();
   if( realSubject == null )
       {
           realSubject = new RealSubject();
       }
       realSubject.request();
       postRequest();
   }
    private void preRequest()
    {
       //something you want to do before requesting
    }
    private void postRequest()
    {
       //something you want to do after requesting }}
```

代理类继承了抽象主题类，同时关联了实际主题类。代理类中定义了 preRequest 和

postRequest 方法，对实际主题类中的 request 方法实施了控制。代理类对应 Spring AOP 中的 ProxyFactoryBean 类，用来生成代理对象，代理对象将 Advice 织入，从而对目标对象的方法进行了控制。

3.5.2 动态代理

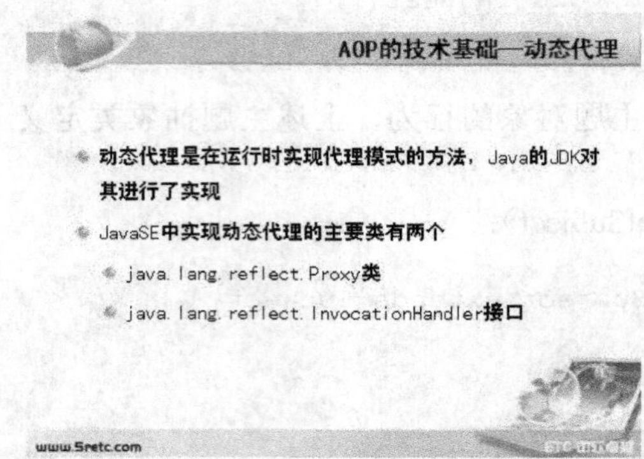

动态代理是在运行时实现代理模式的方法，Java 的 JDK 对其进行了实现。JavaSE 中实现动态代理的主要类有两个，如下所述：

（1）java.lang.reflect.Proxy 类，该类中提供获得代理类对象的方法，如下所示：

newProxyInstance(ClassLoader loader, Class<?>[] interfaces, InvocationHandler h)，该方法能够返回代理对象。

（2）java.lang.reflect.InvocationHandler 接口，该接口中提供了 invoke 方法，能够调用代理对象的方法。

接下来，通过实例演示 JDK 动态代理的使用，实例中使用"教材案例"中的 CustomerServiceImpl 类作为目标对象，对其生成动态代理。要实现动态代理，首先要创建 InvocationHandler 的实现类，对 CustomerServiceImpl 类的方法加以控制，代码如下所示：

```
    public class CustomerServiceInvocationHandler implements Invocation Handler
{
        public Object invoke(Object arg0, Method arg1, Object[] arg2) throws
Throwable {
        BasicDataSource dataSource=new BasicDataSource();
        dataSource.setDriverClassName("com.mysql.jdbc.Driver");
        dataSource.setUrl("jdbc:mysql://localhost:3306/demo");
        dataSource.setUsername("root");
        dataSource.setPassword("123");
        dataSource.setMaxActive(10);
        dataSource.setInitialSize(2);
        CustomerDAOImpl dao=new  CustomerDAOImpl();
        dao.setDataSource(dataSource);
        CustomerServiceImpl service=new CustomerServiceImpl();
        service.setDao(dao);
        Logger.log(arg1.getName()+" : "+new Date());
        return arg1.invoke(service, arg2);
        }
    }
```

上述代码中的 invoke 方法，创建了 CustomerServiceImpl 类的实例 service，然后向日志文件中添加日志信息，最后使用 arg1.invoke(service,arg2)调用了 service 实例的方法。在 invoke 方法中，可以根据实际需要对目标类 CustomerServiceImpl 的方法实施控制，例如上述代码中使用 Logger.log 实现了日志功能。

完成 CustomerServiceInvocationHandler 类后，可以使用 Proxy 类生成代理对象，代码如下所示：

```
public class TestProxy {
public static void main(String[] args) {
CustomerService serviceProxy=
(CustomerService)Proxy.newProxyInstance(
CustomerService.class.getClassLoader(),
new Class[]{CustomerService.class},
new CustomerServiceInvocationHandler());
System.out.println(serviceProxy.login("ETC", "123"));
}
}
```

上述代码中，使用 Proxy 类中的 newProxyInstance 方法返回 CustomerServiceImpl 的代理对象，代理对象的类型是 CustomerService 接口类型。然后通过代理对象调用 login 方法，运行后将在日志文件中记录如下日志：

```
Mon Jul 05 23:03:08 CST 2010: login : Mon Jul 05 23:03:08 CST 2010
```

同时将在控制台打印输出如下信息，其中 false 表示登录失败。

```
invoke login...
false
```

Spring 框架在动态代理的基础上，进一步使用了 IoC 容器生成代理对象，而不需要实现 InvocationHandler 接口，从而实现了 Spring 框架的 AOP 编程思想。可见，Spring 的 AOP 框架也是基于 IoC 基础上实现的技术。

3.6　本章小结

面向切面编程（AOP）是 Spring 框架中除了 IoC 之外的另外一个关键概念。本章从 AOP 的概念开始，循序渐进地学习了 Spring 框架的 AOP 编程技术。拦截器是 AOP 技术中非常重要的对象，本章详细学习了两种拦截器的定义和使用，即 Advice 和 Advisor。在本章最后，介绍了代理模式及 JDK 动态代理实现，帮助读者从底层理解 AOP 的核心技术。

第 4 章

Spring 整合 Struts2

Spring 框架的一个突出优点就是可以选择使用任何其他框架，不会强制必须使用或购买某一个框架。Spring 框架可以很方便地整合其他 MVC 框架，如常用的 JSF、WebWork、Struts 等 Web 框架。Spring 整合了其他框架后，应用中不仅可以使用被整合框架的功能，还可以享用 Spring 提供的服务。其中，Struts2 是目前较为广泛使用的 Web 框架，本章将结合“教材案例”，学习如何使用 Spring 整合 Struts2 框架。

4.1 导入必要的类库

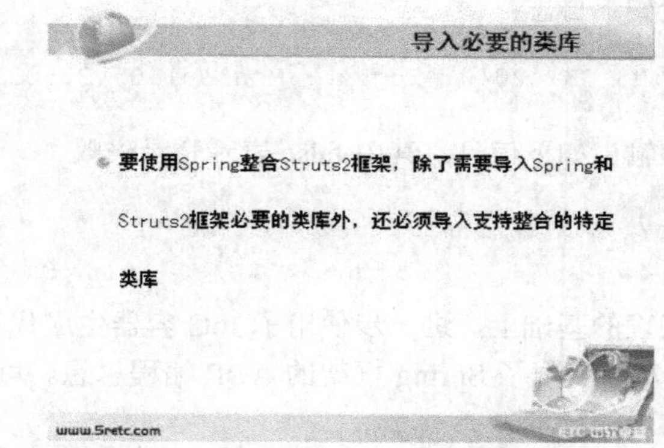

要使用 Spring 整合 Struts2 框架，除了需要导入 Spring 和 Struts2 框架必要的类库外，还必须导入支持整合的特定类库。

（1）导入 Spring 框架的必要及特定类库，如图 3-4-1 所示。

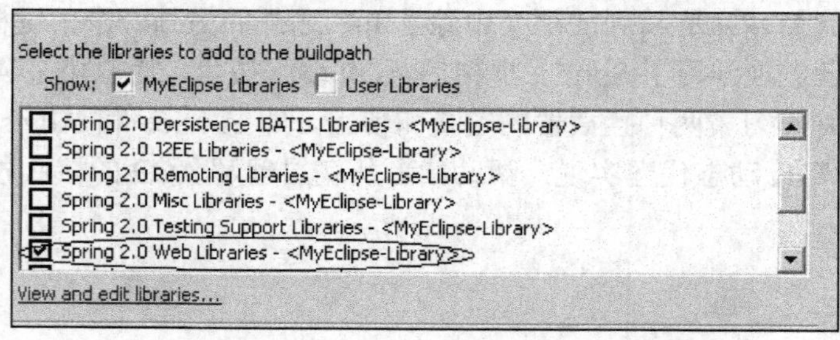

图 3-4-1 导入必要的类库

（2）导入 Struts2 框架的必要及特定类库，如图 3-4-2 所示。

目前，已经在工程中导入了支持整合的必要及特定类库，接下来可以继续进行其他配置。

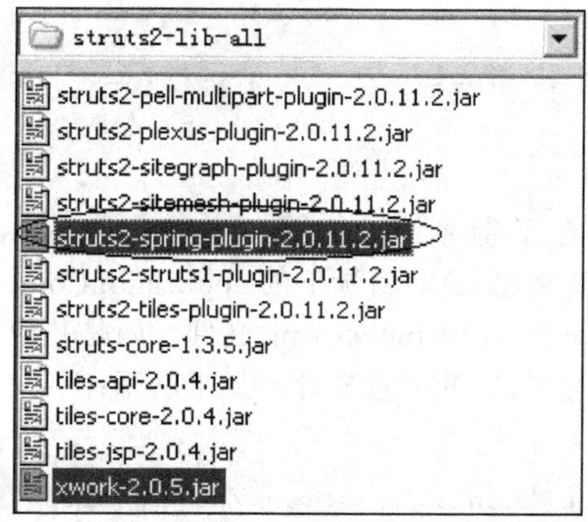

图 3-4-2　导入必要及特定类库

4.2 配置 web.xml 文件

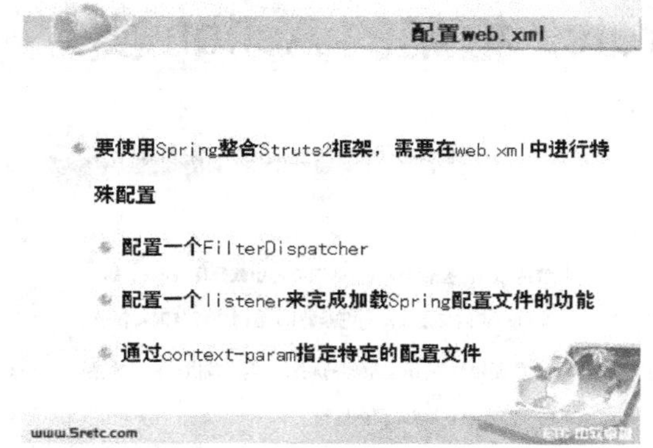

Web 应用中都需要一个 web.xml 文件，配置一些部署信息。使用 Spring 框架整合 Struts2 框架，需要在 web.xml 中进行一些特殊的配置。任何使用 Struts2 的应用，web.xml 中都必须配置一个 FilterDispatcher，作为核心控制器，如下所示：

```
    <filter>
    <filter-name>FilterDispatcher</filter-name>
    <filter-class>org.apache.struts2.dispatcher.FilterDispatcher</filter-cla
ss>
    </filter>
    <filter-mapping>
       <filter-name>FilterDispatcher</filter-name>
       <url-pattern>/*</url-pattern>
    </filter-mapping>
```

使用 Spring 框架整合 Struts2 框架，依然需要加载 Spring 的配置文件（如 application Context.xml 文件），从而使用 IoC 容器装配应用中需要使用的 bean。因此，需要在 web.xml

文件中配置一个 listener 来完成加载 Spring 配置文件的功能，如下所示：

```
<listener>
<listener-class>org.springframework.web.context.ContextLoaderListener</l
istener-class>
</listener>
```

上述配置信息中配置了监听器 ContextLoaderListener，默认情况下，监听器 ContextLoaderListener 将加载 WEB-INF 目录下的 applicationContext.xml 文件。如果 Spring 框架的配置文件不是默认的 applicationContext.xml 文件，而是其他自定义的文件，就可以配置上下文参数 context-param 指定特定的配置文件，如下所示：

```
<context-param>
   <param-name>contextConfigLocation</param-name>
<param-value>/WEB-INF/classes/applicationContext.xml</param-value>
</context-param>
```

上下文参数的名字是 contextConfigLocation，值是配置文件的目录。至此，使用 Spring 整合 Struts2 的 web.xml 中的必要配置已经介绍完整。

4.3 修改 Struts2 框架的 Action 类

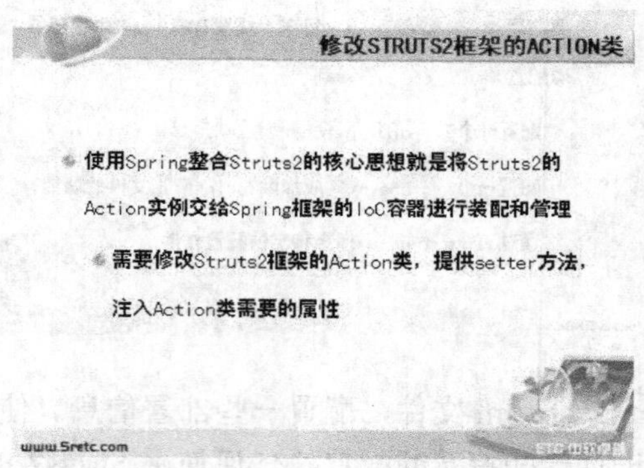

使用 Spring 整合 Struts2 框架的核心思想就是将 Struts2 的 Action 实例交给 Spring 框架的 IoC 容器装配管理。因此，需要修改 Struts2 框架的 Action 类，提供必要的 setter 方法以注入 Action 类需要的属性。

例如，“教材案例”中的 LoginAction 类的 execute 方法，以前的实现方式如下：

```
public String execute(){
       CustomerServiceImpl cs=new CustomerServiceImpl();
       cs.setDao(new CustomerDAOImpl());
       boolean flag=cs.login(custname, pwd);
       if(flag){
           return "success";
       }else{
           return "fail";
       }
}
```

可见，上述代码中通过硬编码方式调用 setDao 方法，为 CustomerServiceImpl 实例注入了 CustomerDAO 实例。使用 Spring 框架集成 Struts2 框架后，Action 实例可以通过 IoC 容器进行管理装配，修改 LoginAction 类，代码如下所示：

```
public class LoginAction {
   private String custname;
   private String pwd;
   private CustomerService service;
   public void setService(CustomerService service) {
       this.service = service;
   }
   public String execute(){
       boolean flag=service.login(custname, pwd);
       if(flag){
           return "success";
       }else{
           return "fail";
       }
   }
}
```

修改后，上述代码中的 LoginAction 类中声明了 CustomerService 类型的属性 service，并提供了 setService 方法进行注入。execute 方法中不需要创建并装配 service 实例，而是直接使用 service 实例调用业务逻辑。service 实例的创建和装配将通过 Spring 的 IoC 容器完成，具体配置方式在后面详细学习。

4.4　修改 struts.properties 文件

Spring 框架整合 Struts2 框架后，Struts2 的 Action 将在 IoC 容器中被实例化及装配。为了让 Struts2 框架"知晓"这一信息，需要在 Struts.properties 文件中配置 Struts2 的常量，如下所示：

```
struts.objectFactory=spring
```

通过上述配置，指定了 Struts2 的对象工厂是 Spring 框架的 IoC 容器。

4.5 修改 struts.xml 文件

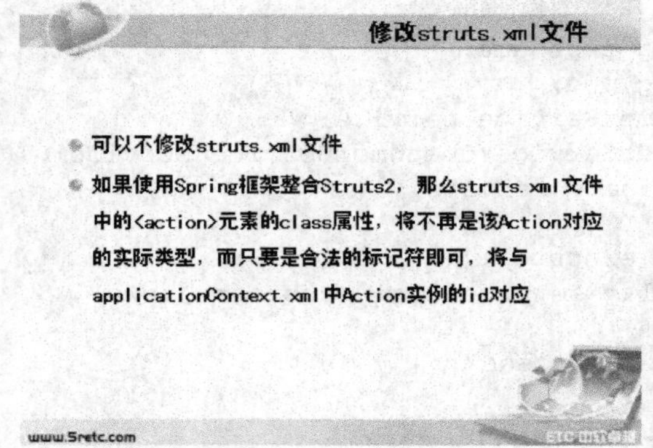

使用 Spring 整合 Struts2 框架时，struts.xml 文件可以不修改，完全使用原来的 struts.xml 文件即可，如下所示：

```
<struts>
   <package name="com.etc.chapter05" extends="struts-default">
       <action name="Login" class="com.etc.action.LoginAction">
           <result name="success">/welcome.jsp</result>
           <result name="fail">/index.jsp</result>
       </action>
       <action name="Register" class="com.etc.action.RegisterAction">
           <result name="regsuccess">/index.jsp</result>
           <result name="regfail">/register.jsp</result>
           <result name="input">/register.jsp</result>
       </action>
       <action name="ViewAll" class="com.etc.action.ViewAllAction">
           <result name="success">/allcustomers.jsp</result>
       </action>
   </package>
</struts>
```

然而，值得注意的是，如果使用 Spring 框架整合 Struts2，那么 struts.xml 文件中的<action>元素的 class 属性将不再是该 Action 对应的实际类型，而只要是合法的标记符即可，将与 applicationContext.xml 中 Action 的 bean 的 id 对应。因此，常常推荐 struts.xml 文件中的 class 不使用完整的类名，而仅使用去掉包名的类名。这并不是规范，仅是大多数开发人员的习惯，以此提高可读性。上述 struts.xml 文件常常被修改为如下形式：

```
<struts>
   <package name="com.etc.chapter05" extends="struts-default">
       <action name="Login" class="LoginAction">
           <result name="success">/welcome.jsp</result>
           <result name="fail">/index.jsp</result>
       </action>
       <action name="Register" class="RegisterAction">
           <result name="regsuccess">/index.jsp</result>
```

```
            <result name="regfail">/register.jsp</result>
            <result name="input">/register.jsp</result>
        </action>
        <action name="ViewAll" class="ViewAllAction">
            <result name="success">/allcustomers.jsp</result>
        </action>
    </package>
</struts>
```

4.6 修改 applicationContext.xml

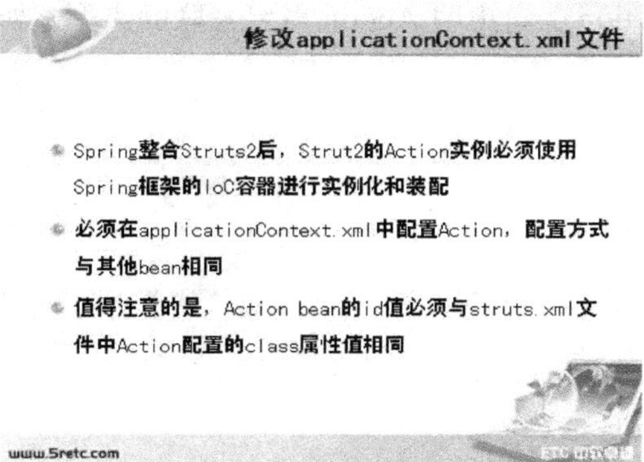
修改applicationContext.xml文件
Spring整合Struts2后，Strut2的Action实例必须使用Spring框架的IoC容器进行实例化和装配
必须在applicationContext.xml中配置Action，配置方式与其他bean相同
值得注意的是，Action bean的id值必须与struts.xml文件中Action配置的class属性值相同
www.5retc.com

要想使用 Spring 框架的 IoC 容器管理 Strut2 的 Action 实例，则必须在 applicationContext.xml 中配置 Action，配置方式与其他 bean 相同。值得注意的是，Action 实例的 id 值必须与 struts.xml 文件中 Action 配置的 class 属性值对应。以 LoginAction 为例，applicationContext.xml 的配置如下所示：

```
<bean id="LoginAction" class="com.etc.action.LoginAction" scope="prototype">
    <property name="service">
        <ref bean="service"/>
    </property>
</bean>
```

上述配置中的 id="LoginAction"定义了 Action 实例的 id 值，值 LoginAction 与 struts.xml 中 LoginAction 的 class 属性相同。上述配置中的 class="com.etc.action.LoginAction"指定了该 Action 对应的真正的类。需要强调的是，Struts2 的 Action 类必须指定 scope="prototype"，因为 Action 类通过实例封装了请求参数和其他属性，如果不指定 scope="prototype"，则默认为单例范围，那么将出现多次请求只实例化一个 Action 实例的情况，这将引起混乱。

至此，LoginAction 类已经能够使用 Spring 框架的 IoC 容器进行管理，LoginAction 类中关联的 CustomerService 实例也是在 IoC 容器中管理。在源码中，Action 类与 CustomerServiceImpl 类是解耦的，只是关联了 CutomerService 接口，使得应用的扩展性得以提高。

至此，已经通过 Spring 框架整合使用了 Struts2 框架，使得 Struts2 的 LoginAction 通过 IoC 进行管理装配。按照本章学习的步骤，将“教材案例”中的所有 Action 都使用 IoC 进行装配管理，那么案例的源代码中将与实际的服务类、DAO 类都解耦，而依赖接口进行编程，将很大程度提高应用的可扩展性。

4.7 本章小结

Struts2 是目前被广泛使用的 Web 框架，通过 Spring 框架整合 Struts2，不仅能够继续使用 Struts2 框架的功能，还能使用 Spring 框架的服务。本章学习了如何将 Spring 和 Struts2 进行整合。Spring 整合 Struts2，主要包括以下两个主要方面：①修改配置文件，如 web.xml 中增加 listener 以及 context-param 的配置；struts.properties 中指定 struts.objectFactory 的常量值为 spring；struts.xml 文件中的 Action 的 class 属性可以进行简化；applicationContext.xml 中将 Action 进行 IoC 装配。②修改 Action 类，声明 Action 需要关联的类型，如 CustomerService，并提供 setter 方法进行注入。

第 5 章

Spring 整合 JDBC

使用 JDBC 进行数据层编程，总会有很多烦琐的底层细节，如复杂的异常处理操作等。Spring 框架中提供了整合 JDBC 的 API，能够隐藏 JDBC 的处理细节，从而使得数据层编程更为简洁。本章将学习如何使用 Spring 框架整合 JDBC。

5.1 为什么要整合 JDBC

使用 Spring 框架整合 JDBC，主要目的是为了简化 JDBC 编程，将 JDBC 的复杂细节进行封装。使用 JDBC 进行数据持久层编程，总是有很多烦琐的细节，代码如下所示：

```
    public List<Customer> selectAll(){
           List<Customer> list=new ArrayList<Customer>();
           Connection conn=null;
           try {
               conn=dataSource.getConnection();
               Statement stmt=conn.createStatement();
               String sql="select custname,age,address from customer";
               ResultSet rs=stmt.executeQuery(sql);
               while(rs.next()){
               list.add(new
Customer(rs.getString(1),null,rs.getInt(2),rs.getString(3)));
               }
           } catch (SQLException e) {
               e.printStackTrace();
           }finally{
               if(conn!=null){
```

```
                try {
                    conn.close();
                } catch (SQLException e) {
                    e.printStackTrace();
                }
            }
        }
        return list;
    }
```

使用 JDBC 进行数据层编程，将会有大量的上述代码。代码中有大量的冗余部分，例如总是要获得连接、获得语句对象以及总是要捕获各种异常等。Spring 框架提供了整合 JDBC 的 API，能够大大简化 JDBC 编程的烦琐细节，借助 IoC 容器能够进一步提升应用的扩展性。

5.2 Spring JDBC 包结构

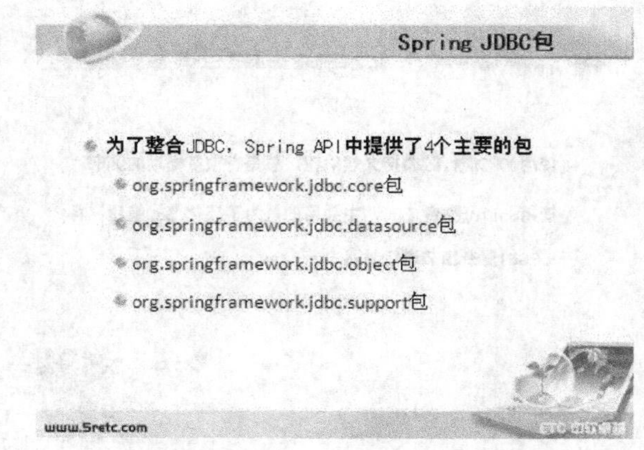

Spring 框架为了整合 JDBC，提供了大量的 API，并组织到不同的包中。Spring 中的 JDBC 包主要有四个，下面列举每个包的主要作用。

（1）org.springframework.jdbc.core 包

该包是 Spring 框架 JDBC 包的核心包，由 JdbcTemplate 类以及其他回调接口组成，其中 JdbcTemplate 类是 Spring JDBC 抽象层的核心类。

（2）org.springframework.jdbc.datasource 包

该包主要是由一些简化 DataSource 访问的工具类组成的。

（3）org.springframework.jdbc.object 包

该包是由一些封装了查询、更新、存储过程的类组成的，是 org.springframework.jdbc.core 包的更高层次抽象。

（4）org.springframework.jdbc.support 包

该包提供了一些 SQLException 转换类以及一些相关的工具类。

要使用 Spring 框架整合 JDBC，则必须将相关的 API 包导入到工程中，如图 3-5-1 所示。

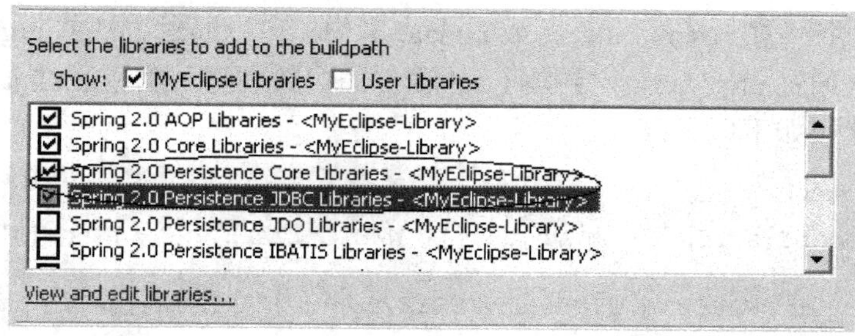

图 3-5-1　导入必要的包

5.3　JdbcTemplate 类

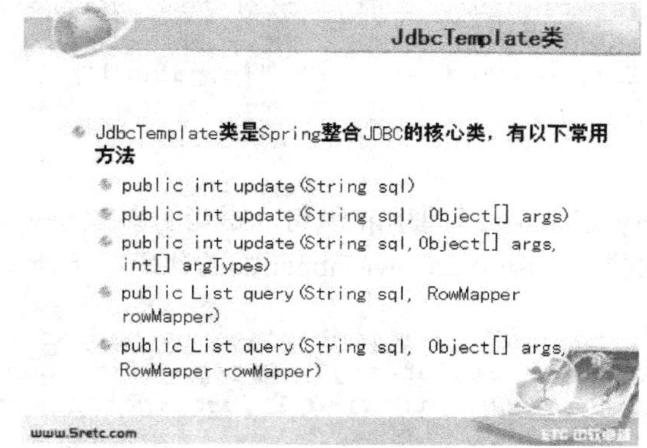

JdbcTemplate 类是 Spring JDBC 抽象层的核心类，该类简化了 JDBC 的使用，并避免了一些常见错误，如忘记关闭数据库连接等。该类完成了 JDBC 的核心工作流程，比如 SQL 语句对象的创建执行等，而 SQL 语句的生成以及查询结果的提取等需要使用 API 中的方法完成。本节将学习 JdbcTemplate 类中的常用方法。

（1）public int update(String sql)

该方法用来执行一条独立的 insert、delete 或 update 语句，被执行的 sql 语句是一个完整的 SQL 语句，不包含形式参数，代码如下所示：

```
JdbcTemplate template=(JdbcTemplate) ctxt.getBean("jdbcTemplate");
String sql1="insert into customer values('DLETC','123',23,'DaLian')";
template.update(sql1);
```

（2）public int update(String sql, Object[] args)

该方法用来执行一条 insert、delete 或 update 语句，该 sql 语句中可以包含参数，通过 update 方法中的参数 args 能够指定 sql 语句中的形式参数，代码如下所示：

```
String sql2="insert into customer values(?,?,?,?)";
template.update(sql2,new Object[]{"TJETC","123",23,"TianJin"});
```

（3）public int update(String sql,Object[] args, int[] argTypes)

该方法用来执行一条 insert、delete 或 update 语句，可以通过方法的 args 参数指定 sql 语句中的形式参数，通过 argTypes 指定执行 sql 语句的参数类型，类型通过 java.sql.Types 类的静态属性指定，代码如下所示：

```
    String sql2="insert into customer values(?,?,?,?)";
    template.update(sql2,new    Object[]{"WXETC","123",23,"TianJin"},new    int[]
{Types.
    VARCHAR, Types.VARCHAR,Types.INTEGER,Types.VARCHAR});
```

（4）public List query(String sql, RowMapper rowMapper)

该方法用来执行一条 select 语句，并将返回的 ResultSet 封装成 List 对象返回。其中 ResultSet 的迭代封装规则由 RowMapper 的实现类实现，代码如下所示：

```
    String sql3="select * from customer";
    List<Customer> list=template.query(sql3, new CustomerRowMapper());
    for(Customer c:list){
    System.out.println(c.getCustname()+"  "+c.getPwd()+"  "+c.getAge()+"  "+c.
getAddress());
    }
```

上述代码中使用 query 方法执行查询 sql 语句，指定了参数 new CustomerRowMapper()为结果集与实体对象的映射类。CustomerRowMapper 类的代码如下所示：

```
    public class CustomerRowMapper implements RowMapper {
    public Object mapRow(ResultSet arg0, int arg1) throws SQLException {
    return  new  Customer(arg0.getString(1),arg0.getString(2),arg0.getInt(3),
arg0.getString(4));
    }
    }
```

上述代码中的 mapRow 方法定义了每一条记录与对象的映射方式，该方法最终返回一个 Customer 类型的对象，也就是说将结果集中的每条记录都封装成 Customer 实例返回。

（5）public List query(String sql, Object[] args, RowMapper rowMapper)

该方法可以执行一条带参数的 select 语句，通过方法的 args 参数指定参数，通过 rowMapper 进行结果集和实体对象的映射，代码如下所示：

```
    String sql4="select * from customer where age>?";
    List<Customer>  list=template.query(sql4,  new  Object[]{30},new  Customer
RowMapper());
    for(Customer c:list){
    System.out.println(c.getCustname()+"  "+c.getPwd()+"  "+c.getAge()+"  "+c.
getAddress());
    }
```

（6）public Object queryForObject(String sql, Object[] args, int[] argTypes, RowMapper rowMapper)

该方法可以执行一条带参数的 select 语句，通过方法的 args 参数指定参数，通过 argTypes 指定参数类型，通过 rowMapper 进行结果集和实体对象的映射，代码如下所示：

```
    String sql5="select * from customer where age>? and pwd=?";
    List<Customer> list=template.query(sql5, new Object[]{25,"123"},
    new int[]{Types.INTEGER,Types.VARCHAR},new CustomerRowMapper());
    for(Customer c:list){
    System.out.println(c.getCustname()+"  "+c.getPwd()+"  "+c.getAge()+"  "+c.
getAddress());
    }
```

（7）public int[] batchUpdate(String[] sql)

该方法可以批量执行多条 SQL 更新语句，代码如下所示：

```
String sql6="insert into customer values('XMETC','123',23,'xiamen')";
String sql7="delete from customer where age>30";
String sql8="update customer set pwd='dalian' where custname='DLETC'";
template.batchUpdate(new String[]{sql6,sql7,sql8});
```

上述代码批量执行了三条 SQL 语句，包含一条 insert 语句、一条 delete 语句以及一条 update 语句。

（8）public void execute(String sql)

该方法可以执行一条 SQL 语句，尤其是 DDL 语句，代码如下所示：

```
String sql9="create table test(id int)";
template.execute(sql9);
```

运行上述代码，将创建名字为 test 的表，该表中只有一个字段，名字为 id，类型为 int。

JdbcTemplate 类中还有很多其他方法，可以进行灵活的数据库操作，并封装 JDBC 的烦琐细节。

5.4　获得 JdbcTemplate 实例

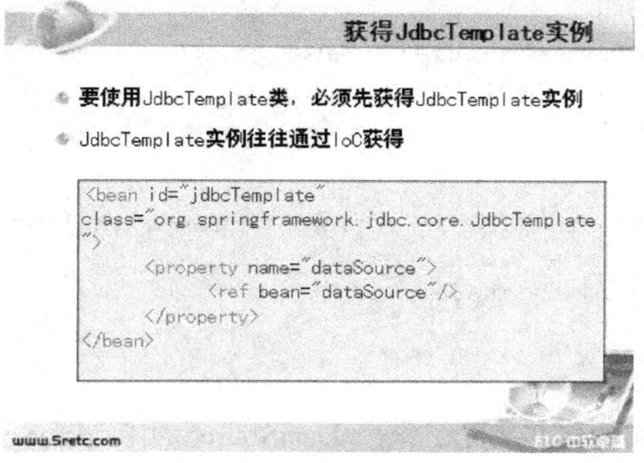

上节学习了 Spring JDBC 抽象包中的核心类 JdbcTemplate 常用的方法。然而，要使用 JdbcTemplate 类中的方法操作数据库，首先必须获得 JdbcTemplate 类的实例。本节将学习如何获得 JdbcTemplate 类的实例。

要获得一个可用的 JdbcTemplate 对象，必须为该对象指定对应的 DataSource 属性。

JdbcTemplate 中有如下方法，用来注入 DataSource 属性：

public void setDataSource(DataSource dataSource)：注入对应的 DataSource 对象。

如果应用中使用 dbcp 连接池组件，则可以通过如下代码获得 JdbcTemplate 实例：

```
BasicDataSource dataSource=new BasicDataSource();
dataSource.setDriverClassName("com.mysql.jdbc.Driver");
dataSource.setUrl("jdbc:mysql://localhost:3306/demo");
dataSource.setUsername("root");
dataSource.setPassword("123");
dataSource.setMaxActive(10);
dataSource.setInitialSize(2);
JdbcTemplate template=new JdbcTemplate();
template.setDataSource(dataSource);
```

上述代码中，完全使用硬编码装配了 dataSource 实例以及 JdbcTemplate 实例。然而，在 Spring 框架中，这种烦琐的装配对象的工作可以委托给 IoC 容器完成。在实际应用中，往往通过如下配置装配 JdbcTemplate 对象：

```
    <bean id="dataSource" class="org.apache.commons.dbcp.BasicDataSource" scope="
prototype">
            <property name="driverClassName">
                <value>com.mysql.jdbc.Driver</value>
            </property>
            <property name="url">
                <value>jdbc:mysql://localhost:3306/demo</value>
            </property>
            <property name="username">
                <value>root</value>
            </property>
            <property name="password">
                <value>123</value>
            </property>
            <property name="maxActive">
                <value>10</value>
            </property>
            <property name="initialSize">
                <value>2</value>
            </property>
        </bean>

    <bean id="jdbcTemplate" class="org.springframework.jdbc.core.JdbcTemplate">
            <property name="dataSource">
                <ref bean="dataSource"/>
            </property>
    </bean>
```

上述配置中，首先实例化并装配了一个 DataSource 实例 dataSource，然后实例化了一个 JdbcTemplate 对象，并引用了已经装配好的 dataSource 实例。装配好的 JdbcTemplate 实例就可以在应用中使用，代码如下所示：

```
    ApplicationContext ctxt=new ClassPathXmlApplicationContext("application
Context.xml");
    JdbcTemplate template=(JdbcTemplate) ctxt.getBean("jdbcTemplate");
```

5.5 JdbcTemplate 使用实例

修改“教材案例”，通过JdbcTemplate实例使用JDBC，实现数据访问层

本节将使用 JdbcTemplate 修改“教材案例”的数据层实现方式，进一步了解 JdbcTemplate 在实际应用中的使用步骤。目前，“教材案例”中的数据访问层是采用 JDBC 完成的，主要通过 CustomerDAOImpl 类实现，该类部分代码如下：

```
    public List<Customer> selectAll(){
           List<Customer> list=new ArrayList<Customer>();
           Connection conn=null;
           try {
               conn=dataSource.getConnection();
               Statement stmt=conn.createStatement();
               String sql="select custname,age,address from customer";
               ResultSet rs=stmt.executeQuery(sql);
               while(rs.next()){
                   list.add(new
Customer(rs.getString(1),null,rs.getInt(2),rs.getString(3)));
```

可见，目前的数据访问类直接使用 JDBC 进行编程，代码比较冗余烦琐。本节将创建新的类 CustomerDAOJdbcTemplateImpl，实现 CustomerDAO 接口，该类中使用 JdbcTemplate 进行数据库操作。该类需要关联 JdbcTemplate 类型的属性，并实现 CustomerDAO 接口，具体代码如下所示：

```
    public class CustomerDAOJdbcTemplateImpl implements CustomerDAO {
       private JdbcTemplate jdbcTemplate;
       public void setJdbcTemplate(JdbcTemplate jdbcTemplate) {
           this.jdbcTemplate = jdbcTemplate;
       }
       public void insert(Customer cust) {
       String sql="insert into customer values(?,?,?,?)";
       jdbcTemplate.update(sql,  new  Object[]{cust.getCustname(),  cust.get
Pwd(),
       cust.getAge(), cust.getAddress()},
       new int[]{Types.VARCHAR,Types.VARCHAR,Types.INTEGER,Types.VARCHAR});
       }
```

```
        public List<Customer> selectAll() {
            String sql="select * from customer";
            List<Customer> list=jdbcTemplate.query(sql, new CustomerRow Mapper());
            return list;
        }
        public Customer selectByName(String custname) {
            String sql="select * from customer where custname=?";
            List<Customer>   list=jdbcTemplate.query(sql,   new   String[]{cust
name},new
            int[]{Types.VARCHAR},new CustomerRowMapper());
            if(list.size()>0){
                return list.get(0);
            }else{
                return null;
            }
        }
        public Customer selectByNamePwd(String custname, String pwd) {
            String sql="select * from customer where custname=? and pwd=?";
            List<Customer> list=jdbcTemplate.query(sql, new String[]{custname,
pwd},new
            int[]{Types.VARCHAR,Types.VARCHAR},new CustomerRowMapper());
            if(list.size()>0){
                return list.get(0);
            }else{
                return null;
            }
        }
    }
```

上述代码中，首先声明了 JdbcTemplate 类型的属性 jdbcTemplate，并定义了 setXXX 方法注入该属性。然后在每个方法中，使用 JdbcTemplate 的方法进行增、删、改、查的数据库操作。可见，使用 JdbcTemplate 封装 JDBC 操作，很大程度封装了 JDBC 的底层细节，使得代码更为简洁。

“教材案例”中的服务对象始终是 CustomerServiceImpl，而该类总是关联一个 CustomerDAO 接口类型的对象，代码如下所示：

```
    public class CustomerServiceImpl implements CustomerService {
            private CustomerDAO dao;
            public void setDao(CustomerDAO dao) {
                this.dao = dao;
            }
```

本节之前，“教材案例”的 CustomerServiceImpl 对象均关联 CustomerDAOImpl 对象，而本节创建了新的 CustomerDAO 实现类 CustomerDAOJdbcTemplateImpl，该类关联了 JdbcTemplate 对象，从而简化 JDBC 操作。因为 Spring 框架可以使用 IoC 容器进行对象装配，所以修改对象的关联关系非常方便，并不需要修改 CustomerServiceImpl 的源代码，只需要在 applicationContext.xml 中重新装配 service 实例即可，代码如下所示：

```
    <bean id="jdbcTemplate" class="org.springframework.jdbc.core.JdbcTemp late">
            <property name="dataSource">
                <ref bean="dataSource"/>
```

```
        </property>
</bean>
<bean id="dao" class="com.etc.dao.CustomerDAOJdbcTemplateImpl">
        <property name="jdbcTemplate">
            <ref bean="jdbcTemplate"/>
        </property>
</bean>
<bean id="service" class="com.etc.service.CustomerServiceImpl">
        <property name="dao">
            <ref bean="dao"/>
        </property>
</bean>
```

通过上述配置，service 实例关联的 dao 实例不再是 CustomerDAOImpl 类的实例，而是 CustomerDAOJdbcTemplateImpl 的实例，而 CustomerDAOJdbcTemplateImpl 实例关联了 jdbcTemplate 实例，使用 JdbcTemplate 实现数据层编程，从而简化了 JDBC 编程。

5.6　本章小结

本章学习了如何使用 Spring 框架整合 JDBC 进行数据访问层编程。Spring 框架提供了 JDBC 的抽象层，能够封装 JDBC 的底层编程细节。JdbcTemplate 是 Spring 整合 JDBC 的核心类，该类提供了大量方法进行数据库操作，封装了 JDBC 的核心工作流及常见异常的捕获。本章学习了 JdbcTemplate 的使用方法，并通过修改“教材案例”在数据层实现类，进一步展示了如何在实际应用中使用 Spring 整合 JDBC。

第 6 章

Spring 整合 Hibernate

Hibernate 是常用的 ORM（Object Relation Mapping）框架，使用 Hibernate 能够从对象的角度操作关系型数据库。Spring 框架提供了 Hibernate 的抽象层，可以整合使用 Hibernate 框架，从而使得应用中不仅可以使用 Hibernate 的 ORM 特性，又能使用 Spring 框架的其他服务。

6.1 创建 SessionFactory

Hibernate 框架的核心是 Session 对象，Session 对象需要使用 SessionFactory 获得。因此，要使用 Hibernate 进行 ORM 映射，首先必须获得 SessionFactory 工厂对象。使用 Spring 框架整合 Hibernate 框架的第一个步骤，就是可以使用 IoC 容器管理装配 SessionFactory 实例。Spring 框架中提供了 LocalSessionFactoryBean 类，用来创建 Hibernate 框架中的 SessionFactory 实例。在 IoC 容器中往往使用 setter 方法装配 LocalSessionFactoryBean 实例，所以首先需要了解类 LocalSessionFactoryBean 中常用的 setter 方法。

（1）setDataSource(DataSource dataSource)

任何一个 LocalSessionFactoryBean 实例都需要指定一个 DataSource，作为获得数据库连接的数据源对象，可以使用各种连接池组件，如 dbcp、C3P0 等。

（2）setConfigLocation(Resource configLocation)

获得 Hibernate 框架的 SessionFactory 对象，需要依赖 Hiberante 框架的配置文件，属性 configLocation 可以用来指定 Hibernate 配置文件位置。例如，可以指定为“classpath:hibernate.cfg.xml”。

（3）setConfigLocations(Resource[] configLocations)

如果存在多个 Hibernate 配置文件，就可以通过 configLocations 属性指定，使用逗号隔开即可，如“classpath:hibernate.cfg.xml,classpath:example.cfg.xml”。

（4）setMappingResources(String[] mappingResources)

如果需要在 applicationContext.xml 文件中指定 Hibernate 框架的.hbm.xml 文件的位置，可以通过属性 mappingResources 进行设置，如“com/etc/vo/Customer.hbm.xml”。值得注意的是，如果在 applicationContext.xml 中通过 configLocation 指定了 hibernate.cfg.xml 文件位置，而且在 hibernate.cfg.xml 中已经定义了 hbm.xml 文件的位置，那么就不需要再次使用 mappingResources 属性指定.hbm.xml 文件的位置。

（5）setHibernateProperties(Properties hibernateProperties)

可以通过 hibernateProperties 属性指定 Hibernate 框架的任意属性，例如“hibernate.dialect”等。如果 Hibernate 框架的属性都已经在 hibernate.cfg.xml 文件中定义，并且在 applicationContext.xml 中指定了 configLocation 属性，则不需要再次使用 hibernateProperties 进行指定。

下面通过实例演示 SessionFactory 实例的配置方式。使用 dbcp 作为数据源，配置生成 SessionFactory 实例的方式如下所示：

```
<bean id="datasource" class="org.apache.commons.dbcp.BasicDataSource">
   <property name="driverClassName">
       <value>com.mysql.jdbc.Driver</value>
   </property>
   <property name="url">
       <value>jdbc:mysql://localhost:3306/demo</value>
   </property>
   <property name="username">
       <value>root</value>
   </property>
   <property name="password">
       <value>123</value>
   </property>
   <property name="maxActive">
       <value>15</value>
   </property>
   <property name="initialSize">
       <value>2</value>
   </property>
</bean>
<bean id="sessionFactory"
   class="org.springframework.orm.hibernate3.LocalSessionFactoryBean">
   <property name="configLocation"
       value="classpath:hibernate.cfg.xml">
   </property>
   <property name="dataSource">
       <ref bean="datasource"/>
   </property>
</bean>
```

上述配置中，首先配置生成了数据源实例 dataSource，然后通过引用 dataSource 实例配置生成 LocalSessionFactoryBean 实例 sessionFactory。配置 sessionFactory 实例时，为该实例注入了属性 configLocation，值为 hibernate.cfg.xml，即 Hibernate 框架的配置文件。

6.2 HibernateTemplate 类

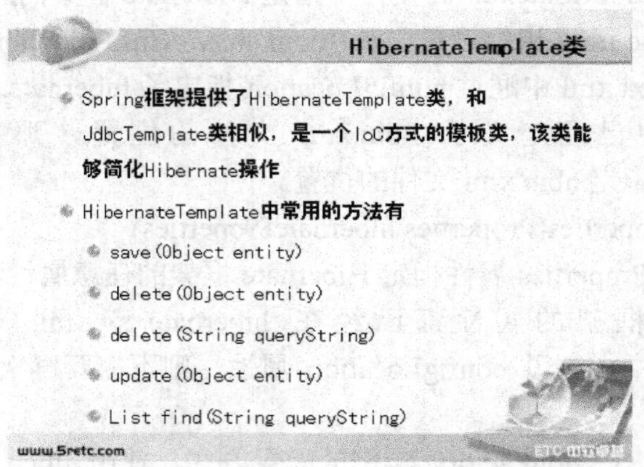

上节学习了如何在 Spring 框架中使用 IoC 方式管理装配 SessionFactory 实例。当得到 SessionFactory 实例后，Hibernate 框架就能进一步通过 SessionFactory 获得 Session 对象，进行数据库操作。Spring 框架提供了 HibernateTemplate 类，该类和 JdbcTemplate 类相似，是一个 IoC 方式的模板类，该类能够简化 Hibernate 操作。

要使用 HibernateTemplate 类，首先需要获得 HibernateTemplate 类的实例，Spring 框架可以使用 IoC 容器装配管理 HibernateTemplate 类。HibernateTemplate 实例需要注入一个 SessionFactory 类型的属性，SessionFactory 的装配管理方式已经在上节展示。接下来，在 IoC 容器中创建并装配一个可用的 HibernateTemplate 实例，如下所示：

```
<bean id="sessionFactory"
   class="org.springframework.orm.hibernate3.LocalSessionFactoryBean">
       <property name="configLocation"
           value="classpath:hibernate.cfg.xml">
       </property>
       <property name="dataSource">
           <ref bean="datasource"/>
       </property>
</bean>
<bean id="hibTemplate"
class="org.springframework.orm.hibernate3.HibernateTemplate">
       <property name="sessionFactory">
           <ref bean="sessionFactory"/>
       </property>
</bean>
```

上述配置中，首先装配成功一个 SessionFactory 类型的实例 sessionFactory，然后通过引用 sessionFactory 实例装配一个 HibernateTemplate 类型的实例 hibTemplate。获得 HibernateTemplate 实例后，就可以使用 HibernateTemplate 中的方法操作数据库。下面介绍 HibernateTemplate 中常用的方法：

（1）save(Object entity)

该方法可以持久化一个实体对象，可以将对象的状态保存到数据库中，作为一条记录插入。

（2）delete(Object entity)

该方法将删除一个持久化实体对象，可以将与该实体对象对应的记录从数据库中删除。

（3）delete(String queryString)

该方法的参数是一个查询语句，该方法将删除所有查询返回的实体对象。

（4）public int delete(String queryString, Object[] values, Type type)

该方法的参数 queryString 是一个 HQL 查询语句，参数 values 是查询语句的参数，参数 type 是语句中参数的类型。该方法将删除查询返回的所有实体对象。

（5）update(Object entity)

该方法可以更新一个实体对象，从而更新实体对象对应的数据库记录。

（6）List find(String queryString)

该方法执行一个 HQL 查询语句，将结果集封装成实体对象，返回到 List 实例中。

（7）List find(String queryString, Object[] values, Type[] types)

该方法的参数 queryString 是一条 HQL 查询语句，values 是该 HQL 语句的参数，types 是参数的类型。该方法将结果集封装成实体对象，返回到 List 实例中。

6.3　Spring 整合 Hibernate 的实例

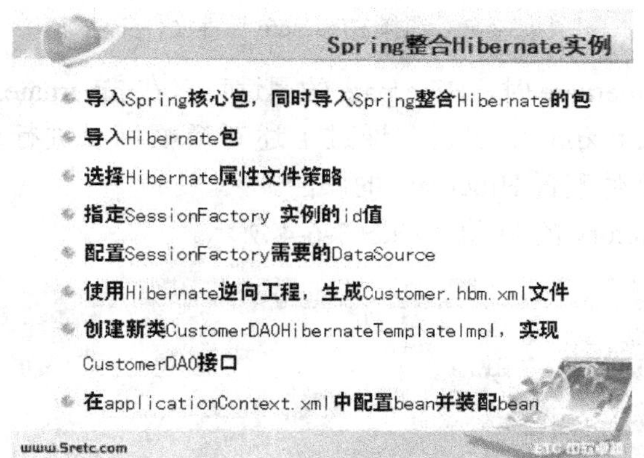

Spring整合Hibernate实例
导入Spring核心包，同时导入Spring整合Hibernate的包
导入Hibernate包
选择Hibernate属性文件策略
指定SessionFactory 实例的id值
配置SessionFactory需要的DataSource
使用Hibernate逆向工程，生成Customer.hbm.xml文件
创建新类CustomerDAOHibernateTemplateImpl，实现CustomerDAO接口
在applicationContext.xml中配置bean并装配bean
www.5retc.com

本节将通过修改“教材案例”的数据持久层编程，展示在 MyEclipse 环境中整合 Spring 和 Hibernate 的步骤。

（1）导入 Spring 核心包，同时导入 Spring 整合 Hibernate 的包。

要使用 Spring 框架整合 Hibernate 框架，首先必须导入相关的支持包，如图 3-6-1 所示。

（2）导入 Hibernate 相关包。

使用 Spring 框架整合 Hibernate 框架的应用中，需要同时导入 Hibernate 框架的相关支持包，如图 3-6-2 所示。

Select the libraries to add to the buildpath
Show: MyEclipse Libraries User Libraries
Spring 2.0 AOP Libraries - <MyEclipse-Library>
Spring 2.0 Core Libraries - <MyEclipse-Library>
Spring 2.0 Persistence Core Libraries - <MyEclipse-Library>
Spring 2.0 Persistence JDBC Libraries - <MyEclipse-Library>
Spring 2.0 Persistence JDO Libraries - <MyEclipse-Library>
Spring 2.0 Persistence IBATIS Libraries - <MyEclipse-Library>

图 3-6-1　导入必要的支持包

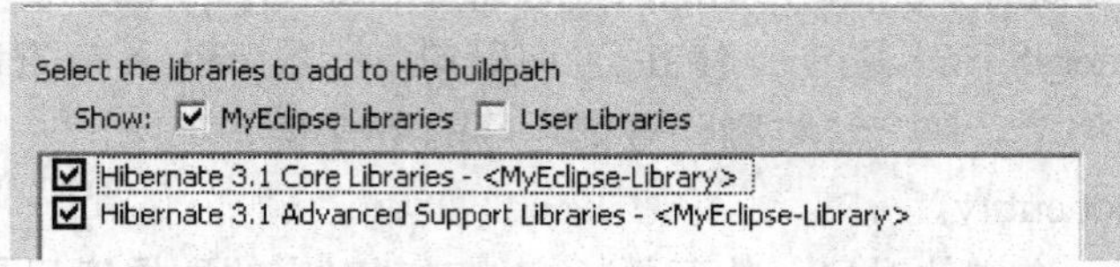

图 3-6-2　导入 Hibernate 支持包

（3）选择 Hibernate 属性文件策略，如图 3-6-3 所示。

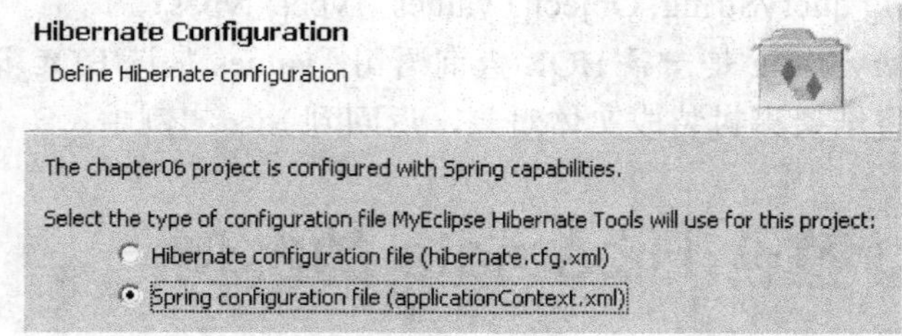

图 3-6-3　选择 Hibernate 属性文件策略

使用 Spring 整合 Hibernate 时，Hibernate 的属性可以在 hibernate.cfg.xml 中配置，也可以直接在 applicationContext.xml 中配置，通过上述对话框可以进行选择。本例中选择使用 applicationContext.xml 文件配置 Hibernate 的属性。

（4）指定 SessionFactory 的 id 值，如图 3-6-4 所示。

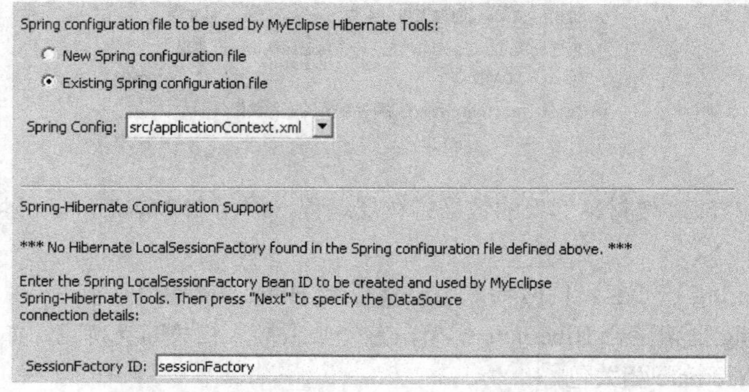

图 3-6-4　指定 SessionFactory 的 id 值

Spring 框架整合 Hibernate 时，首先需要在 Spring 的 IoC 容器中生成 SessionFactory 实例，上述对话框中即指定 applicationContext.xml 中的 SessionFactory 实例的 id 值为 sessionFactory。

（5）配置 SessionFactory 需要的 DataSource，如图 3-6-5 所示。

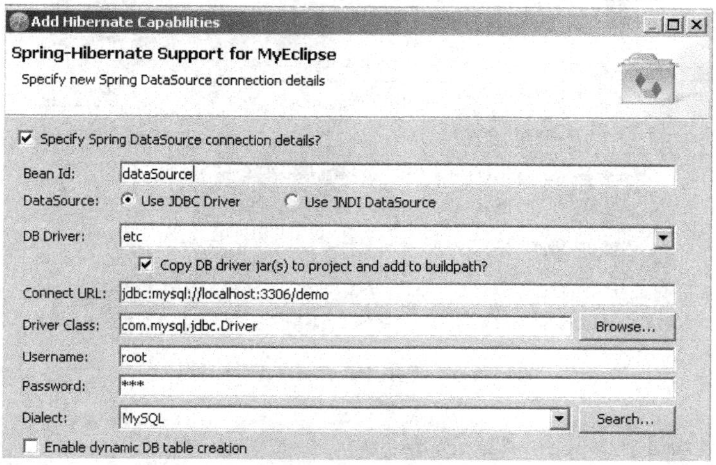

图 3-6-5 配置数据源实例 dataSource

至此，“教材案例”中将生成 applicationContext.xml 文件，内容如下：

```
    <bean id="dataSource"
       class="org.apache.commons.dbcp.BasicDataSource">
            <property name="driverClassName"
                value="com.mysql.jdbc.Driver">
            </property>
            <property   name="url"   value="jdbc:mysql://localhost:3306/demo">
</property>
            <property name="username" value="root"></property>
            <property name="password" value="123"></property>
    </bean>
    <bean id="sessionFactory"
    class="org.springframework.orm.hibernate3.LocalSessionFactoryBean">
            <property name="dataSource">
                <ref bean="dataSource" />
            </property>
            <property name="hibernateProperties">
                <props>
                    <prop key="hibernate.dialect">
                        org.hibernate.dialect.MySQLDialect
                    </prop>
                </props>
            </property>
    </bean>
```

上述配置文件中，首先装配生成一个 id 值为 dataSource 的数据源实例，然后将该实例注入到 SessionFactory 中，装配生成一个 id 值为 sessionFactory 的 SessionFactory 实例。

（6）使用 Hibernate 逆向工程，生成 Customer.hbm.xml 文件，如图 3-6-6 所示。

使用 Hibernate 逆向工程生成实体类以及 hbm.xml 文件后，在 applicationContext.xml 中的 sessionFactory 配置中将自动增加如下配置：

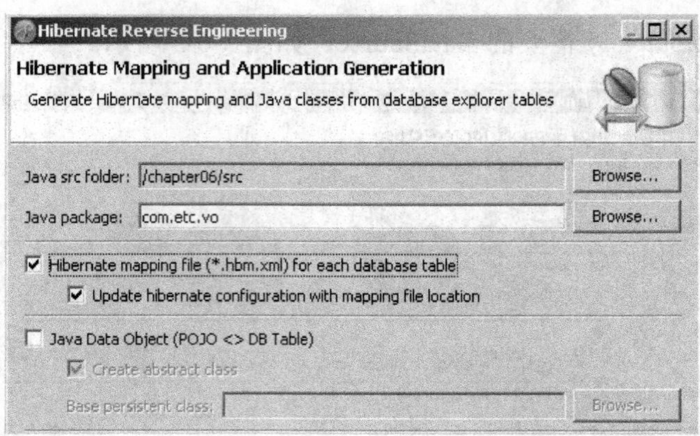

图 3-6-6　使用 Hibernate 逆向工程

```
<property name="mappingResources">
<list>
   <value>com/etc/vo/Customer.hbm.xml</value>
</list>
</property>
```

可见，applicationContext.xml 中通过 mappingResources 属性注入了 Hibernate 中的映射文件路径。

（7）创建新类 CustomerDAOHibernateTemplateImpl，实现 CustomerDAO 接口。

“教材案例”中的数据访问层接口是 CustomerDAO，接口中定义了数据访问方法。现在要对该接口创建新的实现类，使用 Spring 框架整合 Hibernate 框架，实现数据访问逻辑。类 CustomerDAOHibernateTemplateImpl 使用 HibernateTemplate 类实现 Hibernate 操作，代码如下所示：

```
public class CustomerDAOHibernateTemplateImpl implements CustomerDAO {
   private HibernateTemplate hibTemplate;
   public void setHibTemplate(HibernateTemplate hibTemplate) {
       this.hibTemplate = hibTemplate;
   }
   public void insert(Customer cust) {
       hibTemplate.save(cust);
   }
   public List<Customer> selectAll() {
       String hql="from Customer";
       List<Customer> list=hibTemplate.find(hql);
       return list;
   }
   public Customer selectByName(String custname) {
       String hql="from Customer where custname=?";
       List<Customer> list=hibTemplate.find(hql,custname);
       if(list.size()>0){
           return list.get(0);
       }else{
           return null;
       }
```

```
    }
    public Customer selectByNamePwd(String custname, String pwd) {
        String hql="from Customer where custname=? and pwd=?";
        List<Customer>  list=hibTemplate.find(hql,new  String[]{custname,
pwd});
        if(list.size()>0){
            return list.get(0);
        }else{
            return null;
        }
    }
}
```

上述代码中，首先定义了 HibernateTemplate 类型的属性 hibTemplate，并定义了 setHibTemplate 方法用来注入该属性。然后使用 HibernateTemplate 进行 Hibernate 操作，实现了 CustomerDAO 接口中的所有方法。

（8）在 applicationContext.xml 中配置 bean。

"教材案例"中的服务对象一直使用 CustomerServiceImpl 实例，该类中关联了 CustomerDAO 接口类型的属性。本节中为 CustomerDAO 接口创建了一个使用 HibernateTemplate 进行数据操作的实现类 CustomerDAOHibernateTemplateImpl，那么就可以在 applicationContext.xml 中将 dao 实例的 class 属性修改为这个新的实现类。CustomerServiceImpl 的源代码不需要任何修改，就可以使用新的实现类实现数据库操作，如下所示：

```
    <bean id="hibTemplate"  class="org.springframework.orm.hibernate3.Hibernate
Template">
            <property name="sessionFactory">
                <ref bean="sessionFactory"/>
            </property>
    </bean>
    <bean id="dao" class="com.etc.dao.CustomerDAOHibernateTemplateImpl">
            <property name="hibTemplate">
                <ref bean="hibTemplate"/>
            </property>
    </bean>
    <bean id="service" class="com.etc.service.CustomerServiceImpl">
            <property name="dao">
                <ref bean="dao"/>
            </property>
    </bean>
```

至此，基于"教材案例"的数据访问层实现类的改造已经完成，创建了新的类 CustomerDAOHibernateTemplateImpl，该类实现接口 CustomerDAO，进行数据层编程。该类中使用了 HibernateTemplate 类封装了 Hibernate 操作。通过 IoC 装配的主要对象有：数据源对象 dataSource、SessionFactory 对象 sessionFactory、DAO 对象 dao、服务对象 service。

6.4 本章小结

本章学习了使用 Spring 框架整合 Hibernate 框架的主要知识点。Hibernate 是目前使用较为广泛的 ORM 框架，Spring 框架中提供了整合 Hibernate 框架的 API，其中最常用的类是 HibernateTemplate。本章通过实例展示了在 Spring 框架 IoC 容器中装配 SessionFactory 工厂对象以及 HibernateTemplate 对象的方法，帮助读者熟悉 HibernateTemplate 的使用方法和步骤。

第 7 章

Spring 中的事务管理

事务管理是企业应用中非常重要的部分，Spring 框架对事务管理进行了高层次的抽象，为复杂的事务 API 提供了统一的编程模型，很好地整合了各种复杂的数据访问抽象。另外，Spring 框架支持声明性事务管理，这是 Spring 框架的核心价值之一。

7.1 平台事务管理器接口

- Spring框架对事务管理进行了高层次的抽象，
- PlatformTransactionManager是Spring框架事务管理架构的核心接口，定义了事务管理器的基本行为，所有的事务管理器都直接或间接实现了该接口

Spring 框架对事务管理进行了高层次的抽象，定义了各种类型的事务管理器，用来实现事务管理功能。API 中定义了 PlatformTransactionManager 接口，称为平台事务管理器接口，是 Spring 框架事务管理架构的核心接口，定义了事务管理器的基本行为，所有的事务管理器都直接或间接实现了该接口。该接口中定义了三个方法，如下所示：

（1）commit 方法：该方法用来提交一个事务。

（2）getTransaction 方法：该方法可以根据事务策略，返回一个 TransactionStatus 实例。

（3）rollback 方法：该方法用来回滚事务。

可以自定义 PlatformTransactionManager 接口的实现类作为事务管理器使用，但是往往不会直接实现这个接口。API 中的抽象类 AbstractPlatformTransactionManager 已经对 PlatformTransactionManager 接口进行了实现和扩展，往往可以通过继承这个抽象类来自定义事务管理器。然而，在实际应用中，很少自定义事务管理器类，可以直接使用 Spring API 中提供的事务管理器类。API 中的所有事务管理器类都直接或间接实现了 PlatformTransactionManager 接口，每个类基于一种特定的平台，如图 3-7-1 所示。

Spring API 中定义了各种事务管理器类，例如，HibernateTransactionManager 实现了基

于 Hibernate 框架的事务管理器；DataSourceTransactionManager 实现了基于 JDBC 的事务管理器。在 Spring 框架中，不管使用哪种方式实现事务管理，首先都需要选择一种合适的事务管理器。

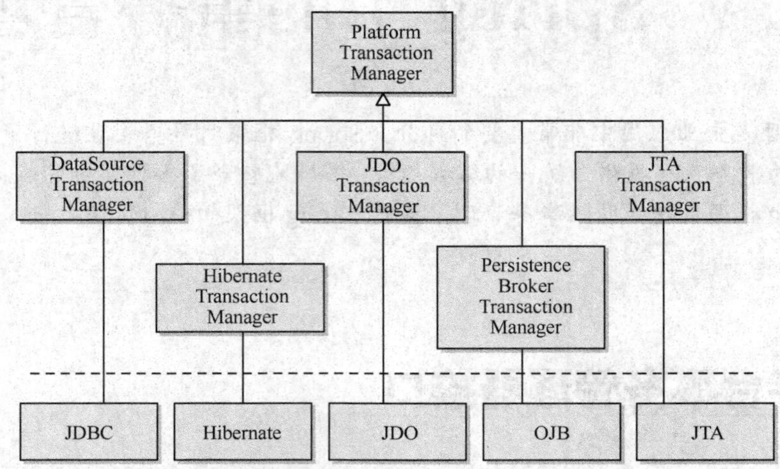

图 3-7-1　API 中的事务管理器类

7.2　编程式事务管理

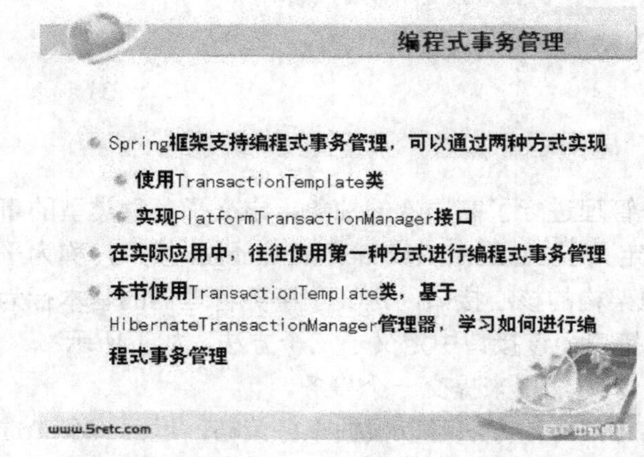

Spring 框架支持编程式事务管理，也就是可以通过编写代码实现事务管理。编程式事务管理可以通过两种方式实现：使用 TransactionTemplate 类；实现 PlatformTransactionManager 接口。在实际应用中，往往使用第一种方式进行编程式事务管理。本节将使用 TransactionTemplate 类，基于 HibernateTransactionManager 管理器，学习如何进行编程式事务管理。

TransactionTemplate 类与 HibernateTemplate、JdbcTemplate 类相似，都是通过回调机制以简化相关处理。TransactionTemplate 类简化了编程式事务处理以及异常处理过程。要使用 TransactionTemplate 类，首先必须创建该类的实例，往往使用如下构造方法创建 TransactionTemplate 类的实例：

```
public TransactionTemplate(PlatformTransactionManager transactionManager)
```

上述构造方法中，参数是平台事务管理器 PlatformTransactionManager 类型，可以自行选择一种事务管理器的实现类使用，本节使用 HibernateTransactionManager 类作为事务管理器。创建 TransactionTemplate 类的实例后，就可以通过调用其中的 execute 方法执行在一个事务中的相关代码。execute 方法声明形式如下：

```
public Object execute(TransactionCallback action)
```

可见，要使用 execute 方法，必须提供一个 TransactionCallback 接口类型的实例，该实例往往通过匿名内部类的方式获得。

本节将改造"教材案例"中的 CustomerServiceImpl 类，使得其中的 register 方法的插入记录操作，在一个事务中进行。关键步骤如下所示：

（1）在 CustomerServiceImpl 类中声明 PlatformTransactionManager 类型属性，并提供 setter 方法。

要使用编程方式进行事务管理，必须使用一种事务管理器，因此 CustomerServiceImpl 类中需要声明 PlatformTransactionManager 类型的属性，并为该属性提供 setter 方法进行注入，代码如下所示：

```
public class CustomerServiceImpl implements CustomerService {
private PlatformTransactionManager txManager;
public void setTxManager(PlatformTransactionManager txManager) {
        this.txManager = txManager;
    }
```

（2）在 applicationContext.xml 中配置事务管理器实例。

事务管理器类可以使用 IoC 容器进行装配并管理，并将其注入给 CustomerServiceImpl 实例，如下所示：

```
<bean  id="txManager"  class="org.springframework.orm.hibernate3.Hibernate
TransactionManager">
        <property name="sessionFactory">
            <ref bean="sessionFactory"/>
        </property>
</bean>
<bean id="service" class="com.etc.service.CustomerServiceImpl">
        <property name="txManager">
            <ref bean="txManager"/>
        </property>
        <property name="dao">
            <ref bean="dao"/>
        </property>
</bean>
```

上述配置中，首先装配了一个 HibernateTransactionManager 类型的 bean，作为例子中的事务管理器使用，接下来使用<property name="txManager">将这个 bean 装配给 CustomerServiceImpl 实例 service。

（3）在 CustomerServiceImpl 类的 register 方法中创建 TransactionTemplate 对象。

使用 Spring 框架进行编程式事务管理，可以通过 TransactionTemplate 对象简化事务操作。

首先创建 TransactionTemplate 类的实例，代码如下所示：

```
TransactionTemplate tTemplate=new TransactionTemplate(txManager);
```

（4）实现 TransactionCallback 接口。

创建了 TransactionTemplate 实例后，需要调用该实例的 execute 方法。execute 方法需要一个 TransactionStatus 接口类型的参数，往往使用匿名内部类的形式创建 execute 方法的参数实例，代码如下所示：

```
tTemplate.execute(new TransactionCallback(){
public Object doInTransaction(TransactionStatus arg0) {
dao.insert(cust);
return null;
   }
});
```

上述代码中，使用匿名内部类实例化了 TransactionStatus 类型的实例，覆盖了其中的 doInTransaction 方法。doInTransaction 方法中的代码都在一个事务中执行。其中 doInTransaction 方法的参数 TransactionStatus 可以用来检索及管理事务的状态。

（5）使用如下代码进行测试：

```
public static void main(String[] args) {
ApplicationContext   ctxt=new   ClassPathXmlApplicationContext("application
Context.xml");
CustomerService service=(CustomerService)ctxt.getBean("service");
try {
service.register(new Customer("wangxiaohua","123",31,"BJ"));
} catch (RegisterException e) {
    e.printStackTrace();
}
```

上述代码中，首先返回 IoC 容器中装配好的 service 对象，然后调用 register 方法。由于 CustomerServiceImpl 类中使用了 HibernateTransactionManager 事务管理器，并通过事务管理器的实例初始化了 TransactionTemplate 实例，进行了事务管理，所以，上述代码中调用了 service.register 方法后，就已经使用了编程式事务管理功能。

7.3 声明式事务管理

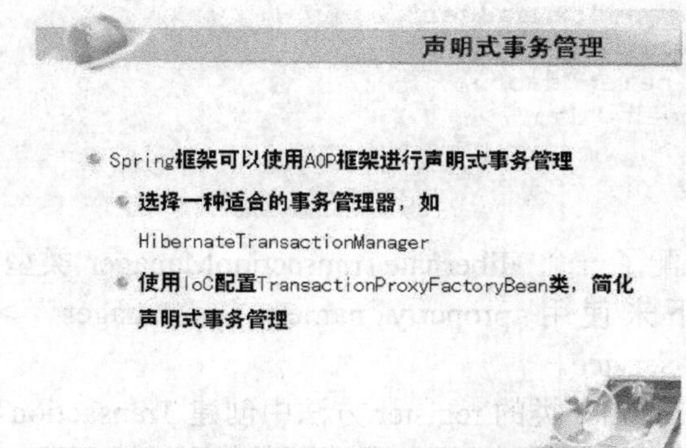

AOP 是 Spring 框架中除了 IoC 以外另外一个核心概念，Spring 中 AOP 有两个主要功能：自定义切面（参考第 3 章）；声明式事务管理。自定义切面的使用已经在第 3 章中展示，本节将学习如何使用 AOP 进行声明式事务管理。

Spring 中不仅可以使用如上节所学的编程式事务管理，同时也支持声明式事务管理。声明式事务管理就是不在源文件中编写 Java 代码管理事务，而是使用 AOP 框架，在 IoC 容器中装配进行事务管理的实例。本节将结合“教材案例”的 CustomerServiceImpl 类，通过声明式事务管理方式，将其中的 register 方法放在一个事务中执行。

1. 配置事务管理器

使用声明式事务管理也需要一个适合的事务管理器，本节中使用 HibernateTransactionManager 作为事务管理器使用。在 applicationContext.xml 中装配 HibernateTransactionManager 实例，如下所示：

```
    <bean id="txManager" class="org.springframework.orm.hibernate3.Hibernate
TransactionManager">
           <property name="sessionFactory">
               <ref bean="sessionFactory"/>
           </property>
    </bean>
```

2. 装配 TransactionProxyFactoryBean

Spring 框架定义了 TransactionProxyFactoryBean 类，可以简化声明式事务管理，该类是声明式事务管理的代理类。要使用 TransactionProxyFactoryBean 类进行事务管理，需要使用 IoC 容器对该类进行管理装配。首先，了解一下 TransactionProxyFactoryBean 类中常用的 setter 方法，如下所示：

（1）setTransactionManager(PlatformTransactionManager transactiontxManager)：该方法能够用来指定事务管理使用的事务管理器。

（2）setTarget(Object target)：该方法可以用来指定代理的目标对象，如本例中的 CustomerServiceImpl 实例就是目标对象。

（3）setTransactionAttributes(Properties transactionAttributes)：该方法可以指定事务的属性，属性使用 Properties 类型进行配置，每一个属性都由 key/value 键值对表示。如 key = "myMethod", value = "PROPAGATION_REQUIRED "，其中 key 值是目标对象中的方法，也就是需要进行事务管理的方法，对应实例中的 register 方法；value 用来设置事务的属性。配置信息如下所示：

```
    <bean id="service" class="com.etc.service.CustomerServiceImpl">
        <property name="dao">
           <ref bean="dao"/>
        </property>
    </bean>
    <bean  id="serviceProxy"class="org.springframework.transaction.interceptor.
Transaction
    ProxyFactoryBean">
       <property name="transactionManager">
           <ref bean="txManager"/>
       </property>
```

```
        <property name="target">
            <ref bean="service"/>
        </property>
        <property name="transactionAttributes">
            <props>
                <prop key="register">PROPAGATION_REQUIRED</prop>
            </props>
        </property>
    </bean>
```

上述配置中，关键点是 TransactionProxyFactoryBean 的配置。使用<property name="transactionManager">注入了事务管理器属性，使用<property name="target">指定需要进行事务管理的实例，使用<property name="transactionAttributes">配置事务的属性，最终装配成功一个 id 值是 serviceProxy 的 TransactionProxyFactoryBean 实例。该实例代理了 service 实例，对 service 实例中的 register 方法进行了事务管理，事务属性是 PROPAGATION_REQUIRED，即总需要一个事务。使用声明式的事务管理，CustomerSericeImpl 类再也不需要像使用编程式事务管理那样声明 PlatformTransactionManager 属性，register 方法中也不需要使用 TransactionTemplate 对象。register 方法的代码如下所示：

```
    public void register(final Customer cust) throws RegisterException{
           Customer c=dao.selectByName(cust.getCustname());
               if(c==null){
                   dao.insert(cust);
               }else{
                   throw new RegisterException();
               }}
```

可见，使用声明式事务管理方式，方法中并没有使用事务处理的代码，而完全是通过在 IoC 容器中，使用 AOP 框架配置事务管理的代理对象完成。

3. 测试

至此，已经使用声明式的事务处理方式，对 CustomerServiceImpl 中的 register 方法进行了事务处理，使用如下代码调用 register 方法进行测试：

```
    public static void main(String [] args) {
    ApplicationContext  ctxt=new  ClassPathXmlApplicationContext("application
Context.xml");
    CustomerService service=(CustomerService) ctxt.getBean("serviceProxy");
    try {
       service.register(new Customer("ETC","123",31,"BJ"));
    } catch (RegisterException e) {
       e.printStackTrace();
    }
```

上述代码中，首先通过 getBean 方法获得 serviceProxy 实例，即事务处理的代理对象，然后用该对象调用 register 方法，则使用到了有事务管理的 register 方法。如果不需要事务管理，则直接获得目标对象 service 即可，不需要进行任何修改。声明式的事务管理，很大程度降低了业务逻辑和事务管理的耦合性，提高了程序的扩展性。

7.4 本章小结

事务管理是数据持久层编程必须考虑的问题。Spring 框架中支持两种事务管理模式：编程式事务管理和声明式事务管理。编程式事务管理往往通过 TransactionTemplate 类和回调接口 TransactionCallback，在源码中添加事务代码，进行事务划分和管理。而声明式事务管理使用了 AOP 编程思想，使用代理类 TransactionProxyFactoryBean，针对目标对象（target）生成代理对象，从而对目标对象的某些特定方法进行事务管理。不管使用编程式事务管理还是声明式事务管理，都必须使用一种特定的 PlatformTransactionManager，可以直接实现该接口，也可以通过继承 AbstractPlatformTransactionManager 类获得事务管理器类。同时，Spring API 中也提供了基于各种持久层框架的事务管理器类，如 HibernateTransactionManager 类，实现了基于 Hibernate 框架的事务管理器类。通过本章学习，读者应该能够较为清晰地理解 Spring 框架的事务管理策略。

第 8 章

SSH 整合实例

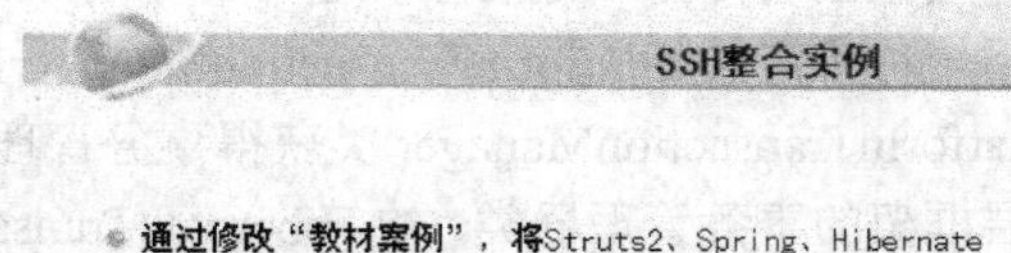

- 通过修改“教材案例”，将Struts2、Spring、Hibernate框架进行整合
- 了解每个框架在实际应用中的具体作用

通过前面章节的学习，读者已经掌握了 Spring 如何整合 Struts2 框架以及 Hibernate 框架。本章将以“step by step”的方式，基于“教材案例”，展示将 Struts2、Hibernate 以及 Spring 这三个常用框架进行整合的步骤。

（1）创建 Web 工程 ssh，如图 3-8-1 所示。

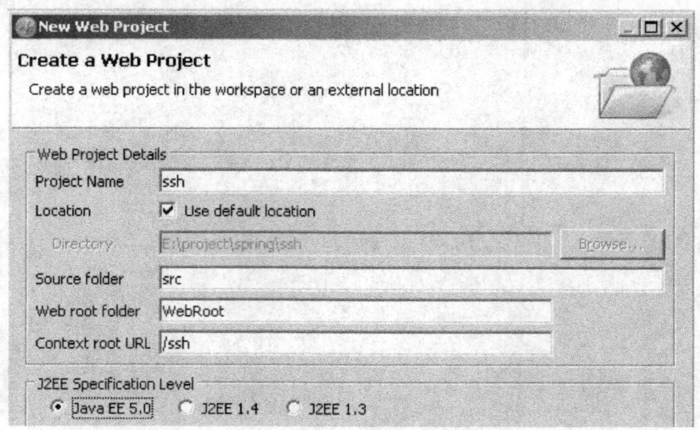

图 3-8-1　创建 Web 工程 ssh

（2）引入数据库驱动，以及 dbcp 连接池的支持包，如图 3-8-2 所示。

（3）构建工程的 Model 部分。

工程的 Model 部分主要包括四个包，即 com.etc.vo 包、com.etc.dao 包、com.etc.exception 包以及 com.etc.service 包，结构如图 3-8-3 所示。

其中，CustomerDAO 是数据访问层的接口，定义了数据层操作逻辑，接口的实现类将使用 HibernateTemplate 类辅助实现，将在后续步骤展示。CustomerService 是服务层的接口，CustomerServiceImpl 是该接口的实现类，需要注入一个 CustomerDAO 类型的属性才能实现所有业务逻辑。Customer 类是实体类，RegisterException 是注册失败时抛出的业务异常。

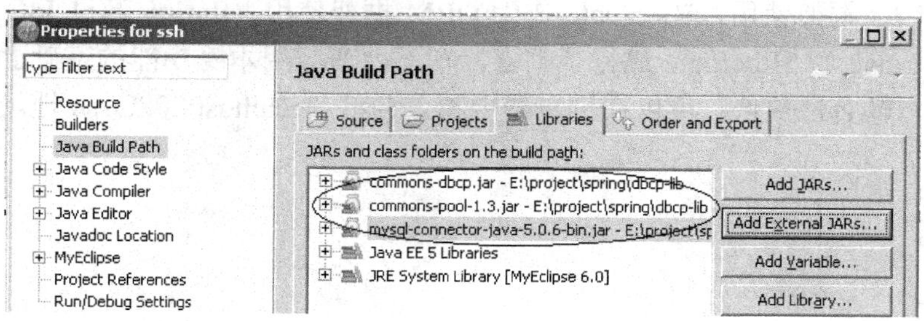

图 3-8-2　引入支持包

（4）构建工程的 View 部分，如图 3-8-4 所示。

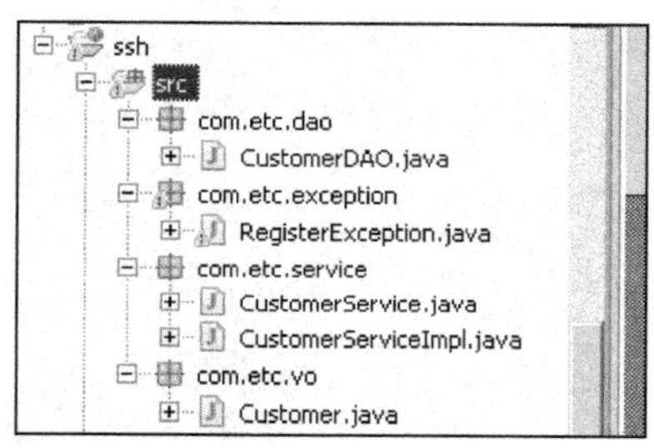

图 3-8-3　工程的 Model 层结构

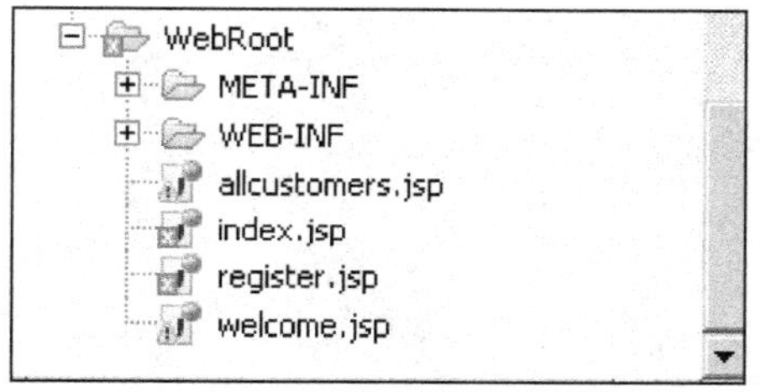

图 3-8-4　View 部分的结构

工程的 View 部分使用 JSP 页面实现，主要包括 index.jsp、register.jsp、welcome.jsp 以及 allcustomers.jsp 几个页面。

（5）导入 Struts 框架的包，导入 Struts2 的 Spring 插件包，如图 3-8-5 所示。

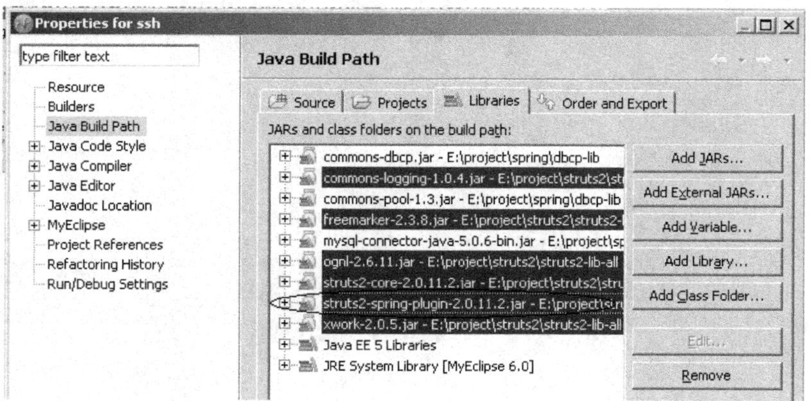

图 3-8-5　导入 Struts2 相关支持包

（6）创建 Action 类，配置 web.xml、struts.xml、struts.properties 文件。

此步骤的具体步骤请参考第 4 章 Spring 框架整合 Struts2 的相关内容。

（7）导入 Spring 包、Hibernate 包，创建 CustomerDAOHibernateTemplateImpl 类并使用 IoC

装配。

此步骤的具体步骤请参考第 6 章 Spring 框架整合 Hibernate 的相关内容。

至此，“教材案例”已经改造成使用了 Struts2、Hibernate、Spring 三个框架的实例，其中 Struts2 作为 MVC 框架使用，Hibernate 作为 ORM 框架使用，Spring 通过 IoC 容器以及其他整合 API 对 Struts2 和 Hibernate 进行了整合，在不改变应用本身功能的基础上，使得应用的可扩展性更高，耦合性更低。可以在浏览器中输入 http://localhost:8080/ssh 地址测试整合后的实例。

第 9 章

Spring3 快速入门

自 Spring 诞生以来，一直与 JavaEE 携手并进，Spring3 更是提早对 JavaEE6 进行支持，增加了很多新的特性，例如 Spring 表达式语言、增强的 IoC 支持等，本章将学习 Spring3 中常用的新特性，对 Spring3 快速入门。

9.1 Spring 表达式语言

Spring表达式语言

- Spring Expression Language简称为SpEL，为Spring表达式语言
- 类似于Struts2中的OGNL语言
- 可以在运行时构建复杂表达式、存取对象图属性、调用对象方法等

Spring 表达式语言简称为 SpEL，全称是 Spring Expression Language，是 Spring3 版本中一个重要的新特性。SpEL 的语法与通用的表达式语言类似，不过增加了一些新的功能，与本书第一部分 Struts2 中的 OGNL 语言的语法也非常类似。SpEL 作为 Spring 框架中表达式求值的基础，并不一定非要依赖 Spring 框架，而是可以作为一种独立的表达式语言使用，需要创建很多基础组件类。然而，大多数 Spring 用户只需要编写 SpEL 求值表达式字符串，不需要关心那些基础组件类，最常见的用法就是把 SpEL 集成到创建 bean 的过程中，本节将主要学习 SpEL 在创建 Bean 时的使用。在创建 bean 时，SpEL 都通过 value="#{表达式}"的形式使用。

（1）字面量的表示

SpEL 可以用来表示各种类型的字面量，包括整数、小数、字符串、布尔类型、科学计数法等。如下所示。

```
<property name="age" value="#{20}"></property>
<property name="weight" value="#{51.5}"></property>
<property name="address" value="#{'BeiJing'}"></property>
```

```
<property name="enabled" value="#{true}"></property>
<property name="size" value="#{5e3}"></property>
```

（2）引用其他对象

SpEL 可以用来引用其他对象，如下面配置文件所示，对象 stu 的属性 school，就是引用了 School 类型的对象 school。

```
<bean id="school" class="com.chinasofti.chapter09.School">
   <property name="schName" value="#{'北京师范大学'}"></property>
   <property name="addr" value="#{'北京市西城区'}"></property>
</bean>
<bean id="stu" class="com.chinasofti.chapter09.Student">
   <property name="school" value="#{school}"></property>
</bean>
```

（3）引用其他对象的属性

```
<property name="schName" value="#{school.schName}"></property>
<property name="schAddr" value="#{school.schAddr}"></property>
```

上述配置文件中所示，属性 schName 以及 schAddr 的值，都是通过引用另外一个对象 school 的相关属性进行赋值的。

（4）调用其他对象的方法

```
<property name="course" value="#{selector.selectCourse()}"></property>
<property name="teacher" value="#{selector.selectTeacher()}"></property>
```

上述配置文件中所示，属性 course 的值是通过调用对象 selector 的方法 selectCourse 来赋值的，属性 teacher 通过调用对象 selector 的 selectTeacher 方法赋值。

（5）链式调用方法

SpEL 可以对对象的方法进行链式调用，如下所示。

```
<property name="count" value="#{courses.getCourses().size()}"></property>
<property name="index" value="#{school.getSchName()?.length()}"></property>
```

上述配置文件的第一条语句中，先调用对象 courses 的 getCourses 方法，返回一个集合对象，然后链式调用集合的 size 方法，则得到一个整数，赋值给 count。某些情况下，链式调用的过程中可能会发生异常，例如上述配置文件的第二条语句。先调用 school 对象的 getSchName 方法，返回一个 String 对象，再调用 String 的 length 方法，如果 String 对象是 null，那么将发生空指针异常。为了解决这个问题，可以在链式调用时使用“？”，如果字符串是 null，则不调用 length 方法，避免发生空指针异常。

（6）调用任何类的静态方法

上面提到的都是调用某一个对象的方法，很多时候，需要调用某一个类的静态方法，并没有对象存在，则可以使用“#{T(类名).静态方法}”的形式调用，如下所示。

```
    <property name="schInfo" value="#{T(com.chinasofti.chapter09.School).get
Info()}">
    </property>
```

上述配置文件中，需要调用 School 类的静态方法 getInfo，将其返回值赋值给 schInfo 属性。使用 T(com.chinasofti.chapter09.School).getInfo()的形式即可实现。

（7）使用运算符

SpEL 对运算符可以进行全面支持，包括算术运算符、比较运算符、逻辑运算符等，如下所示。算术运算符包括：+, -, *, /, %, ^；比较运算符包括<, >, ==, <=, >=, lt, gt, eq, le, ge；逻辑运算符包括 and, or, not, !。如下所示。

```
<property name="birthYear" value="#{2013-20}"></property>
<property name="equal" value="#{stu.age==18}"></property>
<property name="avgScore" value="#{score.total / students.count}"/>
<property name="levelA" value="#{stu.score>85}"/>
<property name="outOfStock" value="#{not books.available}"/>
```

（8）通过下标访问集合元素

SpEL 对集合对象进行了全面支持，如下所示，在类 School 中存在属性 List<Course>，首先定义该集合对象。

```
<bean id="javaCourse" class="com.chinasofti.chapter09.Course">
   <property name="title" value="Java"></property>
   <property name="price" value="2000"></property>
</bean>
<bean id="oracleCourse" class="com.chinasofti.chapter09.Course">
   <property name="title" value="Oracle"></property>
   <property name="price" value="4000"></property>
</bean>
<bean id="webCourse" class="com.chinasofti.chapter09.Course">
   <property name="title" value="Web"></property>
   <property name="price" value="5000"></property>
</bean>
<property name="courses">
       <list>
       <value>#{javaCourse}</value>
       <value>#{oracleCourse}</value>
       <value>#{webCourse}</value>
       </list>
   </property>
```

上述配置文件中，先定义了三个 Course 对象，然后定义了一个名字为 courses 的集合对象，并包含已定义的三个 Course 对象。接下来就可以使用 SpEL 访问集合 courses 中的元素，可以通过下标访问集合元素，如下所示。

```
<property name="course" value="#{school.courses[1]}"></property>
```

上述代码中，使用 courses[1]访问集合中的第 2 个元素，即 oracleCourse。除了可以通过具体数字的下标访问，下标还可以是变量，如下所示。

```
    <property  name="course"
    value="#{school.courses[T(java.lang.Math).random()*    school.courses.
size()]}"> </property>
```

上述代码中，通过随机数确定集合的下标，调用 Math 类中的静态方法 random 生成随机数，通过与集合大小相乘，得到集合下标。如果 courses 的类型是 Map 或者 Properties，则可以通过 key 值访问，如下所示。

```
<property  name="course"
value="#{school.courses['java']}"> </property>
```

其中 java 是 Map 或 Properties 中的一个 key 值，通过 key 值作为下标则可以访问集合中对应的元素。还可以通过下标访问 SystemEnvironment 和 SystemProperties 中的系统环境变量值，如下所示。

```
<property name="homePath" value="#{systemEnvironment['HOME']}"/>
```

（9）对集合进行筛选

除了通过各种形式的下标访问集合元素外，SpEL 还可以对集合进行筛选。如下所示。

```
<property  name="stuCourses"  value="#{school.courses.?[price  gt  3000]}"></
property>
```

上述代码中，stuCourses 是一个 List 对象，通过筛选 courses 中的对象进行赋值，筛选条件是 Course 的 price 大于 3000。也就是说，courses 中所有价格 price 大于 3000 的 Course 对象，都将被筛选出。筛选出子集后，还可以进一步选择子集中的第一个或最后一个元素，如下所示。

```
<property  name="course"  value="#{school.courses.^[price  gt  3000]}"></
property>（第一个）
<property  name="course"  value="#{school.courses.$[price  gt  3000]}"></
property>（最后一个）
```

（10）对集合进行投影

SpEL 可以对集合按照列进行投影，如下所示。

```
<property name="coursesNames" value="#{school.courses.![title]}"> </property>
```

上述代码中，将 courses 集合中所有元素的 title 属性值获取，赋值给 coursesNames。

9.2 Bean 配置元数据

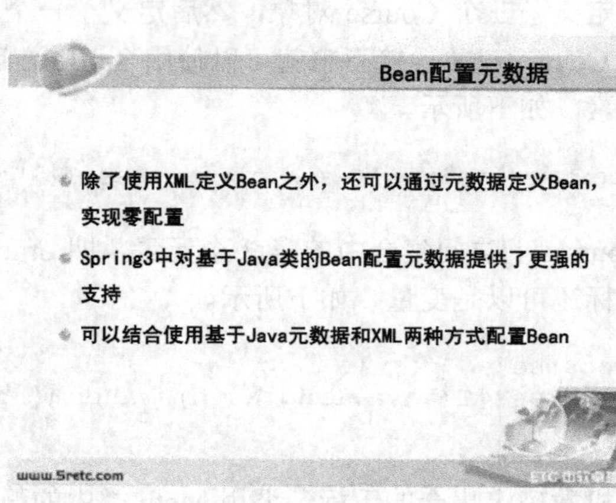

Bean配置元数据
除了使用XML定义Bean之外，还可以通过元数据定义Bean，实现零配置
Spring3中对基于Java类的Bean配置元数据提供了更强的支持
可以结合使用基于Java元数据和XML两种方式配置Bean
www.5retc.com

Spring2.0 以前，XML 配置是装配 Bean 的唯一方式。Spring2.0 版本发布以来，Spring 提供了多个注解，在某些情况下能够简化 XML 的配置，但是并没有取代 XML 配置方式。Spring3 中又提供了@Configuration 和 @Bean 两个注解。Spring IoC 容器的初始化类 ApplicationContext 接口的实现类也有很多变化，Spring2 中的 ApplicationContext 接口的最常用的实现类是 ClassPathXmlApplication Context 和 FileSystemXmlApplicationContext，以及面向 Portlet 的 XmlPortletApplication Context 和面向 web 的 XmlWebApplication Context，它们都是面向 XML 的。而 Spring 3.0 新增了另外两个实现类：AnnotationConfig ApplicationContext 和 AnnotationConfigWeb ApplicationContext，顾名思义，这两个类是为了支持注解而设计的，直接依赖于注解作为容器配置信息来源的 IoC 容器初始化类。由于 AnnotationConfigWebApplicationContext 是 AnnotationConfigApplicationContext 的 web 版本，其用法与后者相比几乎没有什么差别。AnnotationConfigApplicationContext 搭配上 @Configuration 和 @Bean 注解，自此，XML 配置方式不再是 Spring IoC 容器的唯一配置方式。两者在一定范围内存在着竞争的关系，但是它们在大多数情况下还是相互协作的关系，两者的结合使得 Spring IoC 容器的配置更简单，更强大。

使用 XML 配置 Bean 是把配置信息写在 XML 文件中，而使用注解配置 Bean 则把配置信息写在 Java 类中，用来存放注解信息的类通常建议使用“Config”结尾命名，如“HRSystemDaoConfig.java”、“HRSystemServiceConfig.java”。首先，需要在指定配置信息的类上加上@Configuration 注解，以明确指出该类是 Bean 配置的信息源。Spring 框架对标注 Configuration 的类有如下要求：配置类不能是 final 的；配置类不能定义在其他类的方法内部；配置类必须有一个无参构造函数。接下来将使用简单代码学习使用 Bean 配置元数据的过程。

首先创建一个类，用作存储配置信息，并使用@Configuration 标注，这个类型必须符合上述三个条件。如下所示，创建类 HRSystemDaoConfig，用来专门存储系统内与数据访问对象有关类的配置信息。

```
@Configuration
public class HRSystemDaoConfig {
}
```

由于本节重点是理解 Bean 配置元数据的过程，因此代码都是尽量简化的代码。假设目前系统内存在两个 DAO 实现类，如下代码所示。

```
public class AccountDaoImpl {
public void testAccountDao(){
   System.out.println("调用 testAccountDao()");
}
}

public class UserDaoImpl {
   public void testUserDao(){
       System.out.println("调用 testUserDao()");
   }
}
```

接下来，可以在 HRSystemDaoConfig 类中配置 AccountDaoImpl 以及 UserDaoImpl 类的 bean 信息，如下所示。

```
@Configuration
public class HRSystemDaoConfig {
    @Bean
    public AccountDaoImpl accountDao(){
        return new AccountDaoImpl();
    }

    @Bean
    public UserDaoImpl userDao(){
        return new UserDaoImpl();
    }
}
```

如上代码所示，HRSystemDaoConfig 类中定义了两个方法，分别是 accountDao 和 userDao，这两个方法都是用@Bean 进行标注的，标注了@Bean 的方法的返回值将被识别为 Spring Bean，并注册到容器中，受 IoC 容器管理。配置类中标注了@Bean 的方法名，即是 Bean 的 id 值。@Bean 的作用等价于 XML 配置中的<bean/>标签，也就是说，上述的元数据配置，等同于如下的 XML 配置。

```
<bean id="accountDao" class="com.chinasofti.chapter09.config.Account DaoImpl">
</bean>
<bean id="usertDao" class="com.chinasofti.chapter09.config.UserDao Impl">
</bean>
```

使用元数据配置 Bean 后，在使用 Bean 时可以通过 AnnotationConfigApplicationContext 获得。如下代码所示。

```
AnnotationConfigApplicationContext
ctxt=new AnnotationConfigApplicationContext(HRSystemDaoConfig.class);
AccountDaoImpl dao=(AccountDaoImpl) ctxt.getBean("accountDao");
dao.testAccountDao();
```

上述代码中，首先创建了 AnnotationConfigApplicationContext 对象，读取配置类 HRSystemDaoConfig 中的配置信息，然后通过 getBean 方法获得需要使用的 Bean 对象，进而调用 Bean 对象的方法。可见，Spring3.0 中，可以完全不使用 XML 文件对 Bean 进行配置。

在实际应用中，往往需要配置更为详细的信息。@Bean 有四个属性可以使用，分别是：

（1）name：指定一个或者多个 Bean 的名字。这等价于 XML 配置中<bean>的 name 属性。

（2）initMethod ：容器在初始化完 Bean 之后，会调用该属性指定的方法。这等价于 XML 配置中<bean>的 init-method 属性。

（3）destroyMethod：该属性与 initMethod 功能相似，在容器销毁 Bean 之前，会调用该属性指定的方法。这等价于 XML 配置中<bean>的 destroy-method 属性。

（4）autowire：指定 Bean 属性的自动装配策略，取值是 Autowire 类型的三个静态属性。Autowire.BY_NAME，Autowire.BY_TYPE，Autowire.NO。与 XML 配置中的 autowire 属性的取值相比，这里少了 constructor。

修改上文中的 AccountDaoImpl 类，加入两个方法，分别是 initAccount 和 destroyAccount，

分别模拟初始化方法，以及销毁方法，如下所示。

```
public class AccountDaoImpl {
public void initAccount(){
   System.out.println("调用 initAccount()");
}
public void destroyAccount(){
   System.out.println("调用 destroyAccount()");
}
public void testAccountDao(){
   System.out.println("调用 testAccountDao()");
}
}
```

为了能够在配置时指定初始化及销毁方法，就可以使用@Bean 的属性。使用属性时，需要在@Bean 后面加一对小括号，多个属性用逗号分开，属性值加双引号，如下所示。

```
@Configuration
public class HRSystemDaoConfig {
   @Bean(initMethod="initAccount",destroyMethod="destroyAccount")
   public AccountDaoImpl accountDao(){
       return new AccountDaoImpl();
   }
……
```

@Bean 没有提供范围属性，可以使用@Scope 指定属性，如下所示。

```
   @Bean(initMethod="initAccount",destroyMethod="destroyAccount")
   @Scope("prototype")
   public AccountDaoImpl accountDao(){
       return new AccountDaoImpl();
   }
```

上述配置中，通过@Scope(“prototype”)将 accountDao 的范围设置为“原型”，等同于如下 XML 配置。

```
<bean
id="accountDao"    class="com.chinasofti.chapter09.config.AccountDaoImpl"
scope="prototype">
</bean>
```

看起来，使用@Configuration 和@Bean 可以完全替代 XML，然而设计这两个注解的初衷并不是为了替代 XML。目前企业在实际使用过程中，往往是二者共存，而不会只使用@Bean 或者只用 XML。在决定使用 Spring3.0 时，应该先决定以@Bean 为主进行配置还是以 XML 为主进行配置，二者没有优劣之分，仅是表现形式不同。对于已经大量使用 XML 配置的项目，后期需要使用注解方式的情况，只要把配置类作为普通 bean 注册，同时加入 Bean 后处理器即可，如下所示。

```
<beans … >
   ……
   <context:annotation-config />
```

```
    <bean class="com.chinasofti.chapter09.config.HRSystemDaoConfig"/>
</beans>
```

如果以注解为主的项目中，想使用 XML 配置，只要导入 XML 资源即可，如下所示。

```
@Configuration
@ImportResource("classpath:/applicationContext.xml")
public class HRSystemDaoConfig {
......
```

总体来说，Spring3.0 对 IoC 配置进行了增强，可以用多种方式配置 IoC 管理 Bean。

9.3 本章小结

Spring3 增加了很多新的特性，本章主要学习其中两个最常用的新特性，即 Spring 表达式语言，以及基于 Java 类的 Bean 元数据配置。通过使用表达式语言，能够在 XML 配置中更为灵活地操作 Bean 的属性和方法，也可以进行灵活地运算等。另外，Spring3 中对 IoC 管理 Bean 的配置进行了更强大的支持，通过结合使用新的注释和上下文对象，可以完全不使用 XML 配置，本章通过简单代码展示，学习了@Configuration 和@Bean 的使用方法。

附录 A

企业关注的技能

"学以致用"应该是每位读者的心愿，教材中讲解了 JavaEE 主流开源框架的方方面面。附录将从企业的角度列举企业所关注的与本书内容相关的技能，帮助各位读者进一步理解教材中的内容，也可以根据这部分内容有针对性地进行练习，熟悉企业招聘面试官常常关注的技能点，提高面试成功率。下面将根据教材中的内容进行划分，逐一列举企业关注的技能点，并进行简要分析。

第一部分　Struts2 框架

1. 说明 Struts2 框架的工作原理。

解析　掌握一个框架，首先必须了解这个框架的工作原理，企业非常关注应聘者对常用框架的工作原理的理解程度。

参考答案

（1）客户端向服务器端提交请求，容器初始化 HttpServletRequest 请求对象。

（2）请求对象被一系列的 Servlet 过滤器过滤，Struts2 中的过滤器有三种。

（3）FilterDispatcher 过滤器调用 ActionMapper，决定该请求是否需要调用某个 Action。

（4）如果请求需要调用某个 Action，ActionMapper 将通知 FilterDispatcher 过滤器把请求的处理交给 ActionProxy 来处理。

（5）ActionProxy 通过 Configuration Manager 解析框架的配置文件 struts.xml，找到需要调用的 Action 类。

（6）ActionProxy 创建一个 ActionInvocation 实例。

（7）ActionInvocation 实例使用命令模式回调 Action 中的 execute 方法，Action 调用业务逻辑类完成业务逻辑处理。在调用 Action 的前后，将调用该 Action 涉及的相关拦截器（Interceptor）。

（8）Action 执行完毕，ActionInvocation 根据 struts.xml 中的配置找到对应的返回结果（称为 Result）。

2. Struts2 和 Struts1 有什么区别？

解析　Struts2 和 Struts1 在名字上看是版本升级关系，实际上并不是这样。Struts2 是从另外一个优秀的框架 WebWork 的基础上发展起来的，与 Struts1 本质上没有太多联系。

参考答案　Struts1 最初是 Apache Jakarta 项目的一部分，后来作为一个开源的 MVC 框架存在。Struts1 曾经被很多 Web 应用采用，作为构建 MVC 的基础框架使用。Struts1 最大的特点是提供了 JSP 标记库以及页面导航。Struts2 是从 WebWork 框架上发展起来的，与 Struts1

没有直接关系。WebWork 是一个很优秀的 MVC 框架，然而，由于是一个新的框架，在一段时间内并没有被广泛使用。后来，Struts 和 WebWork 社区决定将二者合并，推出 Struts2 框架。Struts2 比起 Struts1，新增了很多优点，例如，Struts2 的 Action 与 Servlet API 解耦，能够进行单元测试，Struts2 的视图可以支持多种形式，如 JSP、Velocity 等。

3. Struts2 中有哪三层控制器？分别有什么作用？

解析 对于 MVC 框架来说，控制器往往都是核心部分。Struts2 的控制器更是如此，共分为三个层次。理解控制器是进一步掌握 MVC 框架的必要前提。

参考答案

（1）过滤器：过滤器是 Struts2 控制器的最前端控制器，请求对象首先被过滤器过滤。

（2）拦截器：拦截器（Interceptor）是 Struts2 中第二个层次的控制器，能够在 Action 执行前后运行一些 Action 类需要的通用功能。

（3）Action：Action 是 Struts2 的第三个层次的控制器，需要程序员自行开发。Action 是 Struts2 应用中使用数量最多的控制器，负责调用业务逻辑，执行业务操作，根据执行结果返回结果视图，实现页面导航，被称为业务控制器。

4. 如何设置一个包的默认拦截器引用？

解析 拦截器在 Struts2 中是非常重要的部分，如果一个包中的所有 Action 总是需要使用某些拦截器或者拦截器栈，那么就可以为这个包定义默认的拦截器引用。

参考答案 为一个包指定默认拦截器引用，可以在 struts.xml 中进行如下配置：

```
<package name="com.etc.chapter01" extends="struts-default">
      <default-interceptor-ref name="basicStack"/>
</package>
```

其中 default-interceptor-ref 的 name 值可以是拦截器的名字，也可以是拦截器栈的名字。

5. 如何编写并配置自定义的拦截器？

解析 API 中定义了一系列的拦截器，可以直接配置使用。同时，Struts2 也允许用户自定义拦截器，实现自定义的拦截功能。

参考答案 自定义拦截器的步骤如下：

（1）创建类实现 Interceptor 接口。

（2）覆盖 Interceptor 接口中的方法，重点实现 intercept 方法，定义拦截功能。

（3）在<package>标签中使用<interceptor>元素定义拦截器，为拦截器类指定一个名字。

（4）在需要使用该拦截器的 Action 中使用<interceptor-ref>标签引用拦截器的名字即可使用。

6. 拦截器栈和拦截器有什么区别和联系？

解析 拦截器栈和拦截器在使用上完全一样，是整体与部分的关系。

参考答案 拦截器栈是若干个拦截器的集合。如果某些拦截器总是按照一定的顺序一起工作，那么就可以把这些拦截器组织成一个拦截器栈，通过引用拦截器栈，就可以使用到栈中所有的拦截器。

7. Action 接口有什么作用？

解析 Struts2 的 API 中有一个 Action 接口，表面上看应该是 Action 类实现该接口，实际并不是这样。Action 类可以实现这个接口，也可以不实现这个接口。

参考答案　Action 接口中定义了五个常量和一个方法。五个常量都是字符串类型，分别是 ERROR、INPUT、LOGIN、NONE 以及 SUCCESS，方法的声明形式是 public String execute()。自定义的 Action 类可以实现这个接口，使用其中的常量作为 execute 方法的返回值，实现 execute 方法实现业务控制逻辑。

8. Action 类中进行业务控制的方法有什么编码规范？

解析　Action 类可以实现 Action 接口，也可以不实现，但是其中进行业务控制的方法必须遵守一定的编码规范，才能被 Struts2 框架自动调用。

参考答案　Action 类中进行业务控制的方法必须遵守一定的编码规范，即返回值为 String，权限为 public，没有形式参数。方法的名字默认为 execute，可以被自动调用，如果不是 execute，则需要进行配置或指定才能使用。

9. 什么是动态方法调用（DMI）？

解析　当 Action 类中的方法名不是 execute 时，有很多种方法可以调用，DMI 就是其中的一种方法。

参考答案　如果 Action 类中的方法名不是 execute，可以在 JSP 中调用 Action 时指定需要调用的方法名，这种方式称做 DMI，即动态方法调用。在 JSP 中调用 Action 的语法为：action="Action 的 name!方法名字"，如 action="Account!save"，指定调用名字是 Account 的 Action 的 save 方法。

10. 如果 Struts2 应用中的一个表单，需要同时有两个提交按钮进行不同处理，如何解决？

解析　实际应用中，很可能一个表单有两个提交按钮，例如某个表单对应“保存”、“放弃”两个按钮，每个按钮应该调用不同的方法进行处理。Struts2 中的提交按钮提供了 method 属性，能非常方便地解决这个问题。

参考答案　可以使用提交按钮的 method 属性指定 Action 中的方法名字，就可以调用到相应的方法。例如：

```
<s:form action="Customer">
…
<s:submit value="Login" method="login"></s:submit>
<s:submit value="Register" method="register">
</s:form>
```

上述代码中的表单将提交到名字为 Customer 的 Action 上，使用 method="login"将调用 Action 中的 login 方法，使用 method="register"将调用 Action 中的 register 方法。

11. 如果一个 Action 类中需要处理请求范围属性，使用什么方法实现可以与 Servlet API 脱耦？

解析　请求属性在 Web 应用开发中经常被使用，在 Struts2 中，利用 ActionContext 类可以操作请求属性，同时 Action 与 Servlet API 依然脱耦，可以进行单元测试。

参考答案　如果要与 Servlet API 脱耦，同时又要处理请求属性，那么可以使用 Struts2 API 中的 ActionContext 类实现。该类中的 put 方法可以向请求范围存属性，该类中的 get 方法可以从请求范围返回属性。

12. ActionContext 类中的哪个方法可以用来处理会话范围内的属性？

解析　会话属性是 Web 应用开发中常用的属性，ActionContext 类可以返回会话相关的

Map 对象，从而操作会话属性。

参考答案 ActionContext 中的 getSession 方法可以返回一个与会话对象相关的 Map 对象，通过使用该 Map 对象的 put 方法，可以往会话中存入属性，通过使用 Map 对象的 get 方法可以从会话中返回属性。

13. ActionContext 类中的哪个方法可以用来处理上下文范围内的属性？

解析 上下文属性是 Web 应用中可能会用到的属性，ActionContext 类可以返回上下文相关的 Map 对象，从而操作上下文属性。

参考答案 ActionContext 中的 getApplication 方法可以返回一个与上下文对象相关的 Map 对象，通过使用该 Map 对象的 put 方法可以往上下文中保存属性，通过使用 Map 对象的 get 方法可以从上下文中返回属性。

14. 如果一个 Action 类中需要获得 Servlet API 中的对象进行处理，如何解决？

解析 如果 Action 类中只处理请求、会话、上下文中的属性，那么可以通过 ActionContext 类实现，与 Servlet API 脱耦。然而，有时候 Action 类中可能必须直接处理 Servlet API 中的对象，这种时候就不能够脱耦，无法进行单元测试。

参考答案 如果 Action 类中需要获得 Servlet API 中的对象，那么可以使用 ServletActionContext 类实现。该类中定义了以下四个方法：

（1）public static PageContext getPageContext()：获得 PageContext 对象。

（2）public static HttpServletRequest getRequest()：获得 HttpServletRequest 对象。

（3）public static HttpServletResponse getResponse()：获得 HttpServletResponse 对象。

（4）public static ServletContext getServletContext()：获得 ServletContext 对象。

15. Struts2 框架有哪两种封装请求参数的方式？

解析 Web 应用中总是不可避免地需要处理请求参数，而对请求参数的封装是每个 MVC 框架都试图解决的问题，Struts2 框架中有两种方式可以封装请求参数。

参考答案 Struts2 中封装请求参数的方式有两种，即 Field-Driven 和 Model-Driven。其中 Field-Driven 是域驱动，在 Action 类中定义与请求参数对应的属性，并为之提供 getters 和 setters，Struts2 框架将自动把请求参数封装到这些属性中。Model-Driven 是模型驱动，Action 类需要实现 ModelDriven 接口，声明一个与表单对应的 JavaBean 属性，覆盖其中的 getModel 方法，返回 JavaBean 实例，Struts2 框架将自动把请求参数封装到 JavaBean 实例中。

16. 什么是 OGNL？有什么作用？

解析 OGNL 是功能强大的表达式语言，是 Struts2 中使用的表达式语言。

参考答案 OGNL 是 Object Graphic Navigation Language 的缩写，即对象图导航语言，是一种功能强大的 EL。OGNL 往往结合 Struts2 的标记使用，就像 EL 总是结合 JSTL 使用一样。

17. OGNL 中的#有哪三种作用？

解析 #在 OGNL 中经常使用，开发员应该熟练掌握。

参考答案

（1）访问非根对象：OGNL 上下文的根对象是值栈，可以直接访问；当访问其他非根对象时，需要使用#，如#session.cust，可以获得会话范围的 cust 属性。

（2）用于过滤集合：如 list.{?#this.age>20}，取出年龄大于 20 的集合元素。

（3）用来构造 Map：如#{“cust0”:cust0,“cust1”:cust1}，可以构建一个 Map 对象，包含两对键值记录，

18. OGNL 中的%有什么作用？

解析 当标记中某一个属性值不是具体的值，而是需要通过另外一个 OGNL 表达式进行计算获得，那么就可以使用%号。

参考答案 %号用来计算 OGNL 表达式的值。

19. OGNL 中的$可以在哪些场合使用？

解析 $号在 OGNL 两个场合可以使用，不管在哪种场合，都是引用 OGNL 表达式。

参考答案

（1）国际化资源文件中使用：在国际化资源文件中，使用${ }引用 OGNL 表达式。

（2）Struts2 的配置文件中使用：使用${}引用 OGNL 表达式。

20. struts.properties 文件有什么作用？

解析 struts.properties 文件其实是可以不存在的，其中的配置完全可以在 struts.xml 中进行配置。然而，为了方便管理以及可读性更高，往往还是会单独配置 struts.properties。

参考答案 struts.properties 文件可以用来定义 Struts2 框架的属性，能够修改 default.properties 文件中的默认属性值。

21. 如果一个 Struts2 应用中有多个模块，每个模块都有一个配置文件，如何处理？

解析 在实际应用中，往往每个模块至少存在一个配置文件，最终会合并到应用的 struts.xml 中。

参考答案 实际开发过程中，往往是多模块同时开发。可以对每个模块定义一个配置文件，最终在 struts.xml 的根元素<struts>下使用<include>包含即可，如下所示：

```
<struts>
   <include file="/bbs/bbs.xml"></include>
   <include file="/news/news.xml"></include>
</struts>
```

22. ActionSupport 类有什么作用？

解析 对输入进行校验是 Web 应用中必须实现的功能，ActionSupport 类就是 Struts2 框架进行输入校验时至关重要的一个类。由于表单的域都被封装到了 Action 中，所以输入校验应该在 Action 中进行。凡是需要进行输入校验的 Action 类，都必须继承 ActionSupport 类。

参考答案 ActionSupport 类定义了一系列与输入校验有关的方法，如果 Action 需要对输入进行校验，那么 Action 必须继承 ActionSupport 类。

23. Struts2 中有哪三种校验信息？分别有什么含义？

解析 对输入进行校验是每个 Web 应用都必须实现的功能，进行输入校验后，要把校验结果信息显示到客户端。Struts2 框架中定义了不同类型的校验信息，并定义了不同的方法和标记进行处理。

参考答案 Struts2 中有以下三种校验信息：

（1）Action 错误：指的是 Action 级别的错误，不和某个域的输入直接相关。

（2）Field 错误：指的是域级别的错误，和某个输入域有关的校验错误。

（3）Action 消息：不是错误信息，而是一些友好的提示信息。

24. 如果校验失败，Struts2 将导航到什么视图上？

解析 如果校验失败，Struts2 框架将直接导航到当前 Action 中名字是 input 的结果视图上，这点与 Struts1 类似。

参考答案　如果校验失败，Struts2 框架将导航到当前 Action 中名字是 input 的结果视图上，如果 Action 中没有名字为 input 的结果视图，则查找名字为 input 的全局结果，如果依然没有，则发生错误。

25. 如何使用校验器校验 Struts2 应用的输入信息？

解析　输入校验对于 Web 应用来说非常重要，Struts2 框架不仅可以使用编码方式进行输入校验，还能够使用校验器进行输入校验，开发员应该熟悉常用校验器的作用。

参考答案

（1）Action 类继承 ActionSupport 类，但是不需要覆盖 validate 方法。

（2）在 Action 类所在包中定义 XXX-validation.xml 文件，其中 XXX 是 Action 的类名。

（3）在 XML 文件中配置校验器的信息，一般需要指定需要校验的域名字、校验器的名字、校验器中的属性值等，如下所示：

```
<field name="custname">
          <field-validator type="requiredstring">
              <param name="trim">true</param>
              <message key="custname.null"></message>
          </field-validator>
 </field>
```

其中 custname 是要进行校验的域名字，type="requiredstring"指定的是校验器的名字，使用<param>指定校验器的参数名和对应的值，<message>指定校验错误时的显示信息。

26. Struts2 中的<property>标签有什么作用？请使用代码说明。

解析　Struts2 定义了功能强大的标记库，标记常常结合 OGNL 语言使用，开发员应该熟悉常用标记的使用。

参考答案　<property>用来输出值栈中的值，代码如下：

```
<s:property value="#session.customer.custname"/>
```

上述代码将输出会话范围内名字为 customer 属性的 custname 值。

27. 如何在 strust.xml 中配置异常处理页面？

解析　如果某些异常需要进行统一处理，而不是在代码中分别处理，那么可以在 struts.xml 中进行异常配置。

参考答案　在 struts.xml 中可以使用<exception-mapping>配置异常处理页面，如下所示：

```
<action name="Register" class="com.etc.action.RegisterAction">
<exception-mapping  result="regfail"  exception="com.etc.exception.Register
Exception">
</exception-mapping>
   <result name="regsuccess">/index.jsp</result>
   <result name="regfail">/register.jsp</result>
   <result name="input">/register.jsp</result>
</action>
```

通过上面的配置，当发生了 RegisterException 却没有被处理时，将自动跳转到 regfail 结果视图进行处理，即 register.jsp 页面。

28. 全局异常映射与局部异常映射有什么区别？

解析　Struts2 中的结果视图以及异常映射都分全局和局部两种。全局指的是整个包中有效，局部指的是当前的 Action 有效。Struts2 遵守就近原则，就是说只有当局部范围没有符合需要的配置时，才到全局范围查找。

参考答案　全局异常映射在<package>中指定，而局部异常映射在<action>中指定。Struts2 框架总是先在局部范围查找有没有符合需要的配置，如果没有找到才到全局范围查找。

第二部分　Hibernate 框架

1. Hibernate 框架主要解决什么问题？

解析　目前框架有特别多种，每种框架能够解决的问题都不相同，对于开发人员来说，首先需要清楚每种框架能够解决什么问题，才能够正确使用这个框架。

参考答案　Hibernate 框架是一个 ORM 框架，即对象关系映射框架。能够将 Java 类与关系数据表进行映射，同时提供面向对象的数据查询机制，能够最大程度缩短程序员在 SQL 和 JDBC 上的编程时间，从大量的数据持久层编程工作中解脱出来。

2. Hibernate 属性文件主要包括哪些内容？

解析　每个框架都离不开配置文件，Hibernate 也是一样。虽然在实际工作中，很多配置都是由 IDE 生成，但是熟悉配置文件的内容非常必要。

参考答案　数据库访问的相关信息需要在 Hibernate 属性文件中配置，如数据库驱动类、连接串、用户名、密码、连接池初始化大小等。也可以使用名字为 hibernate.cfg.xml 的 xml 文件配置属性。

3. Hibernate 应用中的映射文件（hbm.xml）主要包括哪些内容？

解析　hbm.xml 文件是 Hibernate 应用中非常重要的部分，描述了对象和关系表的映射关系。

参考答案　映射文件中所有元素都存在于根元素 hibernate-mapping 下，其中使用最多的元素是 class。class 元素下最常用的子元素有 id、property、component、subclass、joined-subclass、union-subclass 等。

4. Hibernate 中持久化对象有哪三种状态？每种状态有什么特征？

解析　持久化类是 Hibernate 框架中用来映射数据库表的类，持久化对象与表中的记录对应。在不同的状态下，持久化对象有不同的特征。

参考答案

（1）瞬时状态（transient state）：当通过 new 操作符实例化了一个对象，而这个对象没有被 Session 对象操作，也就是该对象没有与一个 Session 对象关联时，那么这个对象就称为瞬时状态对象。瞬时状态的对象不能被持久化到数据库中，也不会被赋予持久化标识（Identifier）。

（2）持久状态（persistent state）：如果一个对象与某一个 Session 对象关联，例如被 Session 对象刚加载的、刚保存的、刚更新的，那么该对象就称为持久状态对象。持久状态的对象与数据库中一条记录对应，并拥有持久化标识（Identifier）。当持久状态对象有改变时，当前事务提交后，Hibernate 会自动检测到对象的变化，并持久化到数据库中。

（3）脱管状态（detached state）：当与持久状态对象关联的 Session 关闭后，该对象就变成脱管状态（detached state）。脱管状态的对象引用依然有效，可以继续使用。当脱管状态的对象再次与某个 Session 关联后，脱管状态对象将转变为持久状态对象，脱管期间进行的修改将被持久化到数据库中。

5. HQL 语言与 SQL 语言有什么区别？

解析　HQL 语言从形式上虽然与 SQL 有些类似，甚至很多关键字也完全相同，但是本质上却有很多区别。HQL 语言是针对类和属性进行操作，而 SQL 语言是针对表和字段进行操作。开发员要理解这些区别，以避免混淆。

参考答案　主要有以下三点区别：

（1）HQL 语言中出现的是类名、属性名；SQL 语言中出现的是表名、字段名。

（2）HQL 语言严格区分大小写；SQL 语言不区分大小写。

（3）HQL 语言理解继承、多态等面向对象的概念。

6. 一对多/多对一关联主要有哪两种实现方式？

解析　Hibernate 中能够对多表的关联关系进行映射，这是 Hibernate 的亮点，也是难点。尤其当表的关系比较复杂时，要做到正确有效地映射需要对 Hibernate 有深入理解和实践才可以。开发员应该在映射关联表方面多投入精力。

参考答案　一对多/多对一关联主要有以下两种实现方式：

（1）基于主外键的一对多/多对一关联：这种关联指的是从表通过外键参考主表的主键，从而实现关联。

（2）基于连接表的一对多/多对一关联：这种关联指的是两个表之间不直接关联，而是把各自的主键存放到关联表中，维护二者的关联关系。

7. 什么是 Hibernate 中的 TPS？

解析　Hibernate 中不仅能够实现关联关系的映射，还能够实现继承关系的映射，TPS 是实现继承关系映射的一种策略。

参考答案　TPS（Table Per Subclass）是 Hibernate 中一种实现继承映射的策略，即每个子类对应一张表，TPS 使用<joined-subclass>元素配置子类映射关系。

8. 什么是 Hibernate 中的 TPH？

解析　Hibernate 中不仅能够实现关联关系的映射，还能够实现继承关系的映射，TPH 是实现继承关系映射的一种策略。

参考答案　TPH（Table Per Class Hierarchy）是 Hibernate 中一种实现继承映射的策略，即每个子类对应的是表的一个分层结构。TPH 策略中，使用<subclass>来配置子类指定子类的区分字段值，同时配置子类扩展的属性。

9. 什么是延迟加载？如何设置是否使用延迟加载？

解析　延迟加载是 Hibernate 保证性能的一种策略，建议默认都使用延迟加载。

参考答案　延迟加载的意思是，当查询某个实例时，默认情况下不查询其关联的实例。使用属性 lazy 可以设置是否使用延迟加载，lazy="true"表示使用延迟加载，lazy="false"表示不使用延迟加载。

第三部分 Spring框架

1. 什么是IoC？IoC有什么作用？

解析 IoC是Spring框架的基础模块，其他功能都是构建于IoC之上的，理解IoC是掌握Spring框架的必备基础。

参考答案 IoC即控制反转，也被称为DI，即依赖注入。IoC的意思是，将对象的创建以及装配过程交给容器实现，而不再使用代码进行。使用IoC创建并装配对象，能够使得应用可以不管将来具体实现，完全在一个抽象层次进行描述和技术架构，使得应用的可扩展性提高。

2. 什么是AOP？AOP有什么作用？

解析 AOP并不是Spring框架提出的概念，Spring框架只是对AOP进行了支持。

参考答案 AOP（Aspect Oriented Program）编程能够将通用的功能与业务模块分离，是OOP编程的延续和补充。在企业应用中，很多模块可能需要实现相同的功能，如多个模块都需要日志功能、权限校验功能、事务管理功能等，这些相同的功能就被称为“切面”。使用AOP编程，可以单独对“切面”编程，然后将这些切面动态织入到功能模块中。

3. Spring框架整合JDBC时，主要使用哪个类简化JDBC的操作？

解析 在实际应用中，常常使用Spring框架整合其他技术或框架。Spring框架对JDBC提供了整合方案，能够大大简化JDBC编程。

参考答案 使用JdbcTemplate类简化JDBC操作。

4. Spring框架整合Hibernate时，主要使用哪个类简化Hibernate操作？

解析 在实际应用中，常常使用Spring框架整合其他技术或框架。Spring框架对Hibernate提供了整合方案，能够大大简化Hibernate编程。

参考答案 使用HibernateTemplate类简化Hibernate操作。

5. Spring框架整合Struts2框架时主要需要哪些步骤？

解析 在实际应用中，常常使用Spring框架整合其他技术或框架，Spring框架对Struts2框架提供了整合方案，能够将Struts2的Action使用IoC进行管理，从而能够使用Spring框架的其他服务。

参考答案

（1）web.xml中增加listener以及context-param的配置；

（2）struts.properties中指定struts.objectFactory的常量值为spring；

（3）struts.xml文件中的Action的class属性可以进行简化；

（4）applicationContext.xml中将Action进行IoC装配；

（5）完善Action类，声明Action需要关联的属性并提供setter方法。

反侵权盗版声明

举报电话：（010）88254396；（010）88258888

传　　真：（010）88254397

E-mail:　　dbqq@phei.com.cn

通信地址：北京市万寿路 173 信箱

　　　　　电子工业出版社总编办公室

邮　　编：100036